21 世纪高等院校数字艺术类规划教材

服装 CAD 实用教程——富怡 VS 日升

陈义华　编著

人民邮电出版社

北　京

图书在版编目（CIP）数据

服装CAD实用教程：富怡VS日升 / 陈义华编著. --
北京：人民邮电出版社，2012.11（2024.1重印）
21世纪高等院校数字艺术类规划教材
ISBN 978-7-115-29242-1

Ⅰ．①服… Ⅱ．①陈… Ⅲ．①服装－计算机辅助设计
－AutoCAD软件－高等学校－教材 Ⅳ．①TS941.26

中国版本图书馆CIP数据核字(2012)第210394号

内 容 提 要

作为一本实践应用型的教材，本书简要介绍了服装 CAD 系统的基础知识；系统介绍了富怡服装 CAD 系统和 NAC2000 服装 CAD 系统的画面组成、工具和菜单命令；通过对比讲解的方式，重点介绍了代表性服装款式打板、推板的详细流程和方法，裙子和原型上衣纸样变化设计的方法和技巧，服装 CAD 排料、算料以及纸样输入、输出的具体流程和方法，以多种方式提出并化解操作过程中的重点、难点和注意事项。为达到巩固所学知识的目的，每个章节后面都附了相关的练习。

本书可作为各类服装院校服装 CAD 教学的教材，也可作为服装企业技术人员的技术培训与参考用书，对广大服装专业爱好者来说也是一本非常好的自学用书。

◆ 编　　著　陈义华
　　责任编辑　李海涛

◆ 人民邮电出版社出版发行　　北京市丰台区成寿寺路 11 号
　　邮编　100164　电子邮件　315@ptpress.com.cn
　　网址　http://www.ptpress.com.cn
　北京九州迅驰传媒文化有限公司印刷

◆ 开本：787×1092　1/16
　　印张：23.75　　　　　　2012 年 11 月第 1 版
　　字数：695 千字　　　　2024 年 1 月北京第 11 次印刷

ISBN 978-7-115-29242-1

定价：49.80 元（附光盘）

读者服务热线：(010) 81055256　印装质量热线：(010) 81055316
反盗版热线：(010) 81055315

计算机打板取代传统手工打板是服装产业发展的必然趋势。自 20 世纪 70 年代以来，服装 CAD 系统就在全球范围内的服装企业得到了迅速、深入、广泛的应用，并产生了巨大的经济效益，它的产生与应用使得人类渴望可以轻轻松松地坐在计算机前面，用一只小小的鼠标推动服装产业变革的伟大梦想变成了现实！

目前，在国内服装企业和院校中，CAD 系统的使用已经基本普及，应用的软件更是多达二三十种。由于不同的企业所采用的服装 CAD 系统都不尽相同，甚至一个企业就采用了多套系统，加上服装企业技术人员的流动性大，掌握某一套服装 CAD 系统已不能满足现代企业的实际生产需求，熟悉两套甚至多套 CAD 系统才会有更好的适应与发展空间。

在众多服装 CAD 系统中，富怡与日升是很有代表性的两种，无论在企业、还是在院校，都有着大量的客户群体。目前，在教育部主办的一年一度的全国服装技能大赛中，富怡和日升是唯一被指定用于比赛平台的两个软件。从打板模式上来讲，富怡采用点线结合打板的模式，日升则采用了线打板的模式，代表了当今世界服装 CAD 发展的主流。基于以上两点原因，本书选择这两个软件作为写作的平台。

近些年，关于富怡、日升和其他服装 CAD 应用的书籍出版了不少。这其中，有专门介绍一个软件的，也有同时介绍几个软件的，但对比介绍软件的还没有。而且在介绍软件应用的过程中，从教学角度考虑的居多，从企业实践应用角度编写的很少；在编写过程中，注重流程编写的居多，对操作过程中的重点、难点和注意事项提到的很少；简要介绍的居多，深入讲解应用的偏少。有鉴于此，本书采用了对比写作的方式，让读者在对比学习的过程中达到对两套软件的深入了解和熟练应用，这在国内尚属首例。本书内容涵盖了服装 CAD 应用从输入到输出的全过程，确保与企业的实际应用过程完全吻合。另外，首次将企业手工打制的样板用读图板输入的流程和工业样板用绘图机输出的流程详细写出，使得该书更具有企业实践应用价值。

本书的主要特色可具体归纳为以下几点。

1. 对比讲解。将两套软件从工具、命令、纸样输入、打板、推板、排料、算料到纸样输出的全过程进行对比讲解，从而达到对两个软件、两种打板模式的熟练掌握，进而拓展知识面，达到在最短时间、以最快速度适应和熟悉其他服装 CAD 软件的目的。

2. 学习的注意事项、重点、难点、操作技巧和笔者的实战经验等以多种形式突出。"学习提示"、"小贴士"、"教师建议"、"教师指导"、"注意"、"提个醒"等多种形式贯穿于全书的讲解过程中，使读者对实践应用过程中的重点、难点一目了然。

3. 图文并茂、深入讲解、细致分析。大量的操作过程图片示例配以详细的文字解释和过程分析，就像师傅带徒弟一样，手把手地教，读者可以轻松地跟着笔者的思路，层层深入，饶有兴趣地学下去。

4. 将软件功能与企业实际案例有机融合，并兼顾技能大赛要求。本书的很多内容都源自于笔者精选的企业的实际生产案例，因此无论是对企业的技术人员，或院校师生都有很好的借鉴作用。同时考虑到在校学生和参赛的具体特点，另行设计了一部分具有学院特色的内容，使得教学和实践需求都得到满足。

5. 独辟一章，专门介绍纸样输入与输出的具体流程和注意事项。这一部分的内容，多数服装 CAD 书籍没有涉及，原因在于这部分内容比较难写，没有丰富的实践经验很难写好。但这一部分内容却是服装企业每一个 CAD 技术人员都必须要面对的。

6. 书本内容与教学光盘紧密配合。限于篇幅，软件菜单命令的详细内容和部分实践应用的相关技巧以电子文档的形式存于光盘中，读者可以随时查阅；书中所有实践操作部分的内容都有与之相对应的视频，与书本内容对照起来学习，效果会更好。另外，考虑到软件升级，光盘中还加入了富怡 V8 最新版的相关操作内容。

由于时间仓促，加上编者水平所限，书中疏漏与不足之处肯定不少，敬请相关专家、广大师生和各位读者批评指正，愿与您共勉！

编　者

2012 年 8 月

目录

第1章　服装 CAD 概述

1.1　服装 CAD 的系统组成 ……………2
1.1.1　放码系统 ………………3
1.1.2　排料系统 ………………4
1.1.3　打板系统 ………………5
1.1.4　款式设计系统 …………6
1.1.5　试衣系统 ………………7
1.2　服装 CAD 的硬件配置 ……………7
1.2.1　计算机 …………………7
1.2.2　打印机 …………………8
1.2.3　绘图机 …………………8
1.2.4　读图板 …………………9
1.2.5　扫描仪和数码相机 ……10
1.2.6　光笔 …………………10
1.3　国内外常见的服装 CAD 系统 ……11
1.4　服装 CAD 在工业生产中的作用 ……12
1.5　服装 CAD 的发展趋势 ……………13
1.5.1　集成化 …………………13
1.5.2　网络化 …………………14
1.5.3　三维立体化 ……………14
1.5.4　智能化与自动化 ………14
1.5.5　开放式与标准化 ………14
1.5.6　简易直观化 ……………15

第2章　富怡服装 CAD 系统介绍

2.1　设计与放码系统 …………………17
2.1.1　工作画面 ………………17
2.1.2　图标工具 ………………21
2.2　排料系统 …………………………74
2.2.1　工作画面 ………………74
2.2.2　图标工具 ………………77

第3章　NAC2000 服装 CAD 系统介绍

3.1　打板系统 …………………………86
3.1.1　主画面 …………………86
3.1.2　工作画面 ………………87
3.1.3　用语、光标说明 ………90
3.1.4　图标工具 ………………92

3.2　推板系统 …………………………112
3.2.1　工作画面 ………………112
3.2.2　图标工具 ………………114
3.3　原型系统 …………………………124
3.3.1　工作画面 ………………124
3.3.2　图标工具 ………………125
3.4　排料系统 …………………………132
3.4.1　工作画面 ………………132
3.4.2　图标工具 ………………133
3.4.3　信息提示与快捷键功能说明 ……135
3.5　输出系统 …………………………136
3.5.1　工作画面 ………………137
3.5.2　图标工具 ………………138

第4章　原型裙的打板与推板

4.1　富怡服装 CAD 系统中的打板与
　　　推板 ……………………………144
4.1.1　打板 …………………144
4.1.2　推板 …………………160
4.2　NAC2000 服装 CAD 系统中的打板与
　　　推板 ……………………………170
4.2.1　打板 …………………171
4.2.2　推板 …………………180

第5章　新文化女装上衣原型的打板与推板

5.1　富怡服装 CAD 系统中的打板与
　　　推板 ……………………………191
5.1.1　打板 …………………192
5.1.2　推板 …………………204
5.2　NAC2000 服装 CAD 系统中的打板与
　　　推板 ……………………………209
5.2.1　打板 …………………209
5.2.2　推板 …………………218

第6章　直筒裤的打板与推板

6.1　富怡服装 CAD 系统中的打板与
　　　推板 ……………………………227
6.1.1　打板 …………………228

6.1.2 推板 ·············· 235

6.2 NAC2000 服装 CAD 系统中的打板与
推板 ·············· 240
6.2.1 打板 ·············· 240
6.2.2 推板 ·············· 246

第7章 男衬衫的打板与推板

7.1 富怡服装 CAD 系统中的打板与
推板 ·············· 257
7.1.1 打板 ·············· 257
7.1.2 推板 ·············· 269

7.2 NAC2000 服装 CAD 系统中的打板与
推板 ·············· 276
7.2.1 打板 ·············· 276
7.2.2 推板 ·············· 288

第8章 裙子纸样变化设计

8.1 富怡服装 CAD 系统中的裙子纸样
变化设计 ·············· 298
8.1.1 辐射窄裙的纸样设计 ·············· 298
8.1.2 袋鼠裙的纸样设计 ·············· 304
8.1.3 育克褶裙的纸样设计 ·············· 308

8.2 NAC2000 服装 CAD 系统中的裙子
纸样变化设计 ·············· 311
8.2.1 辐射窄裙的纸样设计 ·············· 312
8.2.2 袋鼠裙的纸样设计 ·············· 317
8.2.3 育克褶裙的纸样设计 ·············· 320

第9章 原型上衣纸样变化设计

9.1 富怡服装 CAD 系统中的原型上衣
纸样变化设计 ·············· 325
9.1.1 弯勾省上衣的纸样设计 ·············· 325
9.1.2 辐射省上衣的纸样设计 ·············· 327
9.1.3 叶脉省上衣的纸样设计 ·············· 328
9.1.4 曲线省上衣的纸样设计 ·············· 329

9.2 NAC2000 服装 CAD 系统中的
原型上衣纸样变化设计 ·············· 331
9.2.1 弯勾省上衣的纸样设计 ·············· 331
9.2.2 辐射省上衣的纸样设计 ·············· 332
9.2.3 叶脉省上衣的纸样设计 ·············· 334
9.2.4 曲线省上衣的纸样设计 ·············· 335

第10章 排料

10.1 富怡服装 CAD 系统中的排料 ·············· 338
10.1.1 直筒裙单一排料 ·············· 338
10.1.2 直筒裙、直筒裤与男衬衫
混合排料 ·············· 345
10.1.3 男衬衫分床排料 ·············· 347
10.1.4 直筒裙与直筒裤混合分床
排料 ·············· 348

10.2 NAC2000 服装 CAD 系统中的
排料 ·············· 349
10.2.1 直筒裙单一排料 ·············· 350
10.2.2 直筒裙、直筒裤与男衬衫
混合排料 ·············· 351
10.2.3 男衬衫分床排料 ·············· 352
10.2.4 直筒裙与直筒裤混合分床
排料 ·············· 354

第11章 纸样输入与输出

11.1 富怡服装 CAD 系统中的
纸样输入与输出 ·············· 357
11.1.1 纸样输入 ·············· 357
11.1.2 纸样输出 ·············· 362

11.2 NAC2000 服装 CAD 系统中的
纸样输入与输出 ·············· 363
11.2.1 纸样输入 ·············· 364
11.2.2 纸样输出 ·············· 370

参考文献 ·············· 374

第 1 章 服装 CAD 概述

 学习提示：

应用服装 CAD 是现代服装产业发展的必然趋势，也是服装生产加工方式由传统向现代过渡的必要手段。通过本章的学习，要求对服装 CAD 的主要作用和发展趋势有一个大致的了解。通过翻阅书本或上网查询等形式，尽可能多地了解国内外常见的服装 CAD 系统，能够清楚服装 CAD 的系统组成和硬件配置，重点掌握各个子系统和硬件的基本功能。

CAD 是英文单词 Computer Aided Design 的缩写形式，即"计算机辅助设计"，它是应用计算机实现产品设计和工程设计的一门高新技术。自 1946 年世界上第一台计算机诞生以来，计算机科学技术就以惊人的速度发展。20 世纪 60 年代末，美国麻省理工学院的 Evansouthland 教授发明了图形处理技术，使得计算机不仅能进行科学计算和文字处理，还有了显示和处理图形的能力，从而为 CAD 技术的发展开辟了道路。CAD 系统首先在机械、建筑、电子、航空、航天等技术密集型产业中研制成功，并得到深入应用和推广。CAD 技术的应用和推广对于加速传统产业向现代化产业过渡，改革产品的结构具有非常重要的战略意义，特别是对于提高产品的设计水平，其意义显得尤为重要。

服装 CAD 系统（Computer Aided Apparel Design）是计算机辅助设计技术与服装产业相结合的产物，通过运用计算机运算速度快、信息存储量大、记忆力强、可靠性高、能快速处理图形图像的特点，并结合人脑丰富的想象力和创造力，极大地提高了服装设计的质量和效率。

与其他 CAD 技术相比，服装 CAD 系统的起步相对较晚。1972 年，美国率先研制出世界上第一套服装 CAD 系统——MARCON。之后，美国格柏（GERBER）公司研制出一系列的服装 CAD/CAM 系统，并率先将其推向国际市场，为缓解当时服装批量化制作的瓶颈环节——服装工艺设计，发挥了重要的作用，因此受到服装企业的欢迎。继之而来，世界许多国家的公司都推出了类似的服装 CAD/CAM 系统。经过 30 多年的改进与发展，服装 CAD/CAM 技术到现在已渐趋成熟，并为众多服装企业采用。有没有服装 CAD 系统，已成为衡量服装企业设计水平和产品质量的重要标志之一。

✍ 重点、难点：

- 服装 CAD 的系统组成和硬件配置。
- 服装 CAD 各子系统和硬件的基本功能。

1.1 服装 CAD 的系统组成

服装设计是一门综合性的艺术，它集中体现了款式、色彩、材料、图案、造型、工艺、时尚、流行等多方面的美感，是技术与艺术的完美统一。早期的服装 CAD 系统只停留在放码和排料阶段，对复杂的图形、图像处理尚无能为力。随着计算机科学技术的发展，特别是处理彩色图形、图像、活动图像和声音的功能变为现实，计算机在艺术领域也开始发挥巨大的作用。

20 世纪 80 年代以来，服装 CAD 系统开始向服装款式设计和结构设计领域拓展，以彩色图形处理技术为基础的服装款式设计系统用鼠标和光笔取代了传统的画笔和颜料，使设计师可以更快速、更灵活、更高效地完成效果图、时装画的创作，并能极大地激发设计师的创作灵感。20 世纪 90 年代，Gerber、Lectra、PGM 等公司都推出了开头样系统，用鼠标取代传统的尺和笔，使得烦琐的打板工作可以轻松地在计算机上完成。从此，由款式设计系统、样片设计系统、放码和排料系统组成的服装 CAD 系统覆盖了服装设计的全过程。人类渴望可以轻轻松松地坐在计算机前面，用一只小小的鼠标来推动服装产业变革的伟大梦想变成了现实。

目前，已成熟且已产品化的服装 CAD 系统主要由 5 个部分组成：放码系统、排料系统、打板系统、款式设计系统和计算机试衣系统。

1.1.1　放码系统

在所有的服装 CAD 系统中，放码系统（Grading System）是最早研制成功并得到最广泛应用的子系统，也是最成熟、智能化最高的子系统，自 20 世纪 70 年代研制成功以来就在世界各国的服装企业中得到广泛应用。

小贴士：

放码，也叫推板，或纸样放缩，是服装工业制板过程中一个必不可少的技术环节，也是一个打板师必须掌握的基本技能。放码是一项技术性、实践性都很强的工作，是经验与计算的有机结合。服装放码的方法很多，归纳起来主要有两种：整体放码（规则放码）和局部放码（不规则放码）。

放码的基本原理是：以某个衣片为中间标准号型，按一定的号型档差对其进行放大和缩小，从而派生出不同型号的服装样片。较常用的放码方式有点放码、线放码、码等分等。

放码是服装设计和生产的一个重要环节，同时又是一项烦琐而又重复的工作。传统的手工放码方式带有很多人为造成的不确定因素，因而很容易发生错误。采用计算机放码既可以把人从繁杂、重复的体力劳动中解放出来，又可以保证样板推放的准确性，而且效率也会成倍地提高。

现在很多服装 CAD 软件不仅支持手动放码，还支持全自动放码，比如台湾度卡（DOCAD）服装 CAD 系统、中国航天部 ARISA 服装 CAD 系统、爱科（ECHO）服装 CAD 系统、富怡（Rich peace）服装 CAD 系统等。

CAD 手动放码的基本原理是：首先通过大幅面数字化仪，把打板师绘制好的标准样板读入到计算机内，在计算机上建立原图的 1∶1 的数字模型，或者在打板系统中直接打制放码基准样板，计算机可自动生成样板的放码基准点，然后通过键盘或系统自身提供的软键盘建立各基准点的放码规则表，或者分别设定各点的放码量，计算机依此自动生成放码规则表，在此基础上即可进行放码。

CAD 全自动放码的基本原理是：按照一定的号型档差，建立生成样板所需的各码尺寸表，选择一个打板基准码，然后依据基准码的尺寸生成样板。之后，计算机可根据先前建立的尺寸表自动生成各码的样板，从而完成全自动放码。

图 1-1 所示为日本文化式原型的 CAD 放码示意图。

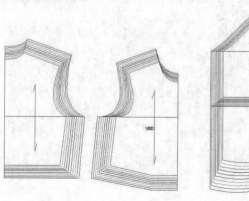

图 1-1

1.1.2　排料系统

如何在计算机屏幕上为排版师建立长、宽可任意调节的模拟裁台，并且使其操作更加灵活、方便，就是排料系统（Marking System）的设计目标。在这一原则的指导下，有两种方式可以选择，一是交互方式，二是自动方式。

在交互式排料的操作模式下，排版师首先要组织和编排好包括全部待排衣片的待排料文件。通过调用放码系统生成的衣片，并进行号型、片数、翻转片数、件数等的初步设定，待排的衣片即可放入待排区，再通过对裁床长宽、布料幅宽、面料缩水率、排料床数等的设定，即可进行排料。排料时，排版师用鼠标将衣片逐一从待排区拖放到排料区，衣片进入排料区后可进行 360° 任意旋转，左右、上下翻转等操作，衣片调整合适后，即可放到指定的位置。排版窗口可任意放大和缩小，方便排版师看清裁床上的细节；软件的覆盖检验功能会对裁片重叠现象提出警示；屏幕上可自动显示已排片数、未排片数、用布率、正排片数、反排片数等信息，从而避免出现漏排、多排、错排等现象，保证了排版工作的准确性和可靠性。

交互式排料完全模拟了手工排料过程，充分发挥了排版师的智慧和经验。同时，由于是在屏幕上排版，衣片的排放位置可随意调整却不留痕迹，非常方便灵活；屏幕上一直显示的用布率为排版方案优劣的比较提供了准确的依据；可随时选择需要显示的排料区避免了排版师在几十米长的裁台前往来奔波，从而大大缩短了排版时间，提高了工作效率。

在自动排料的操作模式下，排版师完成了待排衣片的编辑，并进行了排版设定后，不需要再进行干预。在程序的控制下，计算机自动从待排区调取衣片，逐一在排料区进行优化排放，直到衣片全部排放完毕。通常，不同的优化方案，可得到不同的排料结果。

由于衣片较多，排版可选方案非常庞大。目前，多数服装 CAD 软件自动排料方式的用布率往往低于人机交互排料方式所能达到的用布率，因此，自动排料通常只用于布料估算或实际排料的辅助和参考，实际操作过程中主要是采用交互方式进行排料。

小贴士：

目前的服装 CAD 系统，其自动排料方案能够与工厂里有经验的排版师相抗衡，甚至有所超越的，当属意大利 B.K.R.服装 CAD 系统和美国格柏服装 CAD 系统，其他多数服装 CAD 系统暂时还做不到。图 1-2 所示为意大利 B.K.R.服装 CAD 系统智能排料图。

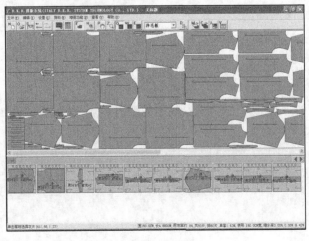

图 1-2

1.1.3　打板系统

20 世纪 80 年代末 90 年代初，随着计算机图形学和人机交互界面技术的高速发展，Gerber、Lectra、PGM、Toray 等多家公司相继推出了各具特色的"开头样"系统，即打板系统（Pattern Design System）。打板系统的研制成功，使得打板这项科学与美学、技术与艺术紧密结合的工作终于摆脱原本只能依靠纸和笔、凭借直觉和经验操作的模式，也使得计算机的科学、快速运算与打板师的丰富经验得到完美结合，打板系统所具有的强大的纸样变化功能更是为设计师发挥其无穷的想象力和创造力提供了快捷的手段和广阔的平台。

打板系统支持款式输入、尺码建立、结构设计、衣片生成、纸样变化和处理、衣片输出等功能。在打板系统中，打板师可以调用设计师设计好的款式图和效果图，以此作为打板的参考和依据，从而最大限度地体现设计者的真实设计意图。图 1-3 所示为在度卡系统中依据款式效果图打板，图 1-4 所示为在日升天辰系统中依据款式图打板。

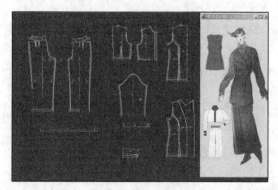

图 1-3　　　　　　　　　　　　　　　　　　图 1-4

在打板系统中可以为需要打制的样板建立号型尺寸表。尺寸表的建立可以以国标为依据，按统一的档差设定，也可以以个人的测量尺寸数据为基础。打板系统可根据设定好的尺寸进行板样绘制。

打板系统提供的各种绘图工具，如任意取点、等分点、交点、垂点、线上取点、水平线、垂直线、角平分线、延长线、参考圆等能够使打板师很方便快捷地完成样板的绘制。系统提供的修改工具能够帮助打板师既快又好地完成板样的修改工作；系统提供的打板自动跟踪记忆功能可真实、准确地记录打板的每一个步骤和公式，从而方便板样的查询和修改；同时，系统提供的各种测量、定位工具可以准确测量直线、曲线的长度，并进行准确的定位。衣片生成后可以进行放缝、做贴边、加省、做褶、剪切、分割、移动、旋转、复制、镜射、设定对位点、添加板型标示等操作。打版系统生成的样片可直接打印和绘图，也可调入放码和排料系统进行放码、排料操作。

另外，打板系统生成的样片能永久保存，方便随时调用。打板师可以在已有的样板上直接进行修改来生成新的样板，或者只要对尺寸表稍作修改，计算机即可重新生成新的样板，既避免了很多重复性的工作，又极大地提高了设计的效率。

小贴士：

目前，服装 CAD 系统打板的方法主要有 4 种：点生成法、线生成法、点线结合法和样板移点法。

● 点生成法是在打板时先定出生成样板所需的关键点，然后连点成板，再对样板进行修改，最终得到所需的样板。点生成法最有代表性的软件是台湾度卡服装 CAD 系统。

- 线生成法则是完全模拟手工打板的习惯，打板时直接画线，不分辅助线和轮廓线，线条封闭的区域就是样板。线生成法最有代表性的软件是北京日升天辰服装 CAD 系统。
- 点线结合法是在打板时辅助点和辅助线同时应用，然后在辅助线的基础上提取样板，再对样板进行修改，最终得到所需的样板，样板轮廓线与辅助线严格区分。大多数服装 CAD 系统，如格柏、力克、PGM、富怡、爱科、丝绸之路等都采用这种方式打板。
- 样板移点法是先生成基础样板，然后通过样板移点修改的方式产生新的样片的打板方法，如格柏、PGM、PAD 等服装 CAD 系统采用这种方式打板。

1.1.4　款式设计系统

彩色图形、图像技术的发展，把计算机的应用领域拓展到了艺术的范畴。计算机提供的丰富的色彩表现能力、超强的图形图像处理能力、快速高效的反应机制为艺术家充分展示和表现其灵感提供了最为广阔的空间，同时也极大地激发了其设计和创作的灵感。

基于彩色图形、图像处理技术的款式设计系统一经问世便受到很多设计师的青睐，虽然其目前的发展还不算成熟，但是基于计算机款式设计系统取代传统的纸和笔是发展的必然趋势。我们也完全有理由相信，不久的将来，每一位服装设计师都可以轻松地坐在计算机屏幕前面，用一根小小的光笔，完成各式各样服装的设计。

款式设计系统（Fashion Design System）提供了各种绘画工具，如铅笔、麦克笔、喷枪、喷漆罐、毛笔、水彩笔、油画棒、橡皮擦、直线、曲线、矩形、圆形、多边形、复制、克隆、对称、旋转、镜射、群集等，使设计师可以随心所欲地进行创作。计算机中预存的各种款式图、效果图，以及从扫描仪和数码相机输入的各种服装图片，为设计师的创造构思提供了参考和借鉴。

计算机提供的各种色盘和颜色填涂模式，可以使设计师按照自己的品位和意愿，在很短的时间内完成服装的填色、换色、配色等工作，最终达到满意的着色效果。

纹理映射和图案填充功能使设计师可以从资料库内提取真实面料图样，填充到所设计的款式或效果图上，并加上皱褶和阴影效果，模拟真实的着装效果。

另外，款式设计系统提供的各种效果工具可以完成许多充满艺术情调而用手工又难以完成的变幻无穷的效果。图 1-5 所示为不同的艺术效果处理。

图 1-5

1.1.5　试衣系统

在图像处理和多媒体技术相结合的基础上研制出来的计算机试衣系统（Fitting Design System）是服装 CAD 系统中的新成员。20 世纪 90 年代以来，随着多媒体技术的逐渐成熟，数字图像处理技术的应用开始从大中型计算机系统、昂贵的图像处理设备进入微机和家用计算机领域，当价格低廉的微机系统也具有了实时图像采集和处理能力后，计算机试衣系统的产生也就成为必然。

计算机试衣的基本原理是：通过连接在视频卡上的数码相机，为模特或顾客摄像，并将其照片显示在计算机屏幕上，在对其进行测量后，即可调用系统款式库中已有服装款式对模特或顾客进行试衣。试衣款式可连续在计算机屏幕上显示，供顾客浏览和挑选，只需轻轻一按鼠标，顾客即可在计算机屏幕上看到自己的着装效果，对于细节部位不满意还可以随时修改，从而帮助其挑选和设计服装。

除了系统本身提供的款式以外，设计师还可以自己用扫描仪或数码相机输入想要的服装图片，并为其建库。建库后的图片同样可以用来试衣。图 1-6 所示为试衣效果。

图 1-6

1.2　服装 CAD 的硬件配置

服装 CAD 系统是以计算机为核心，由硬件和软件两部分组成。硬件（Hardware）是指可见的实际物理设备，如计算机、绘图机、切割机、打印机、光笔、读图板、扫描仪、数码相机等。其中计算机是起核心控制的硬件，也是软件运行的基础。软件（Software）是指为服装设计应用而专门编制的程序。软件是整个服装 CAD 系统的灵魂，只有在软件的控制下，计算机和外部设备才能够按照设计师的想法和意图，完成设计，打板、推版、排料、打印、绘图等各项工作。

1.2.1　计算机

计算机（Computer）按照其体积、结构和性能的不同可以分为巨型机、大型机、中型机、小型机和微机。早期的 CAD 系统往往采用中、小型机为主机，如 Gerber 公司在 20 世纪 80 年代初推出的服装 CAD 系统就是以 HP-1000 小型机为主机的，Lectra 服装 CAD 系统的 M100、M200 则是以工作站为主机。随着计算机技术的飞速发展，IBM 公司于 1980 年正式推出了 IBM-PC（Personal Computer），也就是现在意义上的微机（Microcomputer）。微机的诞生引起了电子计算机领域的一场革命，大大扩展了计算机的应用领域。微机的一个最显著的特点是它的 CPU（Central Processing Unit）的全部功能都由一块高度集成的超大规模集成电路芯片完成。随着 Pentium、Core 等一系列处理器的推出，微机的处理能力已非常强大，因此选用微机作为服装 CAD 系统的主机已成为国内外服装 CAD 的主流。

典型的计算机至少由 4 部分组成：主机、显示器、键盘和鼠标。

1.2.2 打印机

打印机（Printer）是应用最广泛的一种计算机输出设备，利用它可以完成文字、图形、图像等的打印。

根据工作原理的不同，打印机一般可以分为 4 种：针式打印机、喷墨打印机、激光打印机和热感应打印机。其中，喷墨打印机是目前应用最广泛的打印机。

喷墨打印机按所用墨水的性质可分为水性喷墨打印机和油性喷墨打印机。水性喷墨打印机所用的墨水是水性的，因此喷墨口不容易堵塞，打印效果较好；但打印纸不可沾水，碰到水，打印纸上的墨就会扩散开来。油性喷墨打印机所用的墨水是油性的，沾水也不会扩散，但喷墨口容易堵塞。

喷墨打印机具有价格适中、打印速度快、噪声小、体积小、重量轻、打印品质较高等优点。高分辨率的彩色喷墨打印机打印出来的图片已达到照片的分辨率。

服装 CAD 系统一般应配置彩色喷墨打印机，这样才可以输出品质较高的彩色款式图和效果图。图 1-7 所示为两款喷墨打印机。

惠普 Photo smart Pro B8338   爱普生 STYLUS PHOTO R390

图 1-7

1.2.3 绘图机

绘图机（Plotter）是服装 CAD 系统中必不可少的输出设备，样板设计系统生成的样片，放码系统产生的放码图，排版系统生成排料图都必须用绘图机绘出。

绘图机一般分为两种：笔式绘图机和喷墨式绘图机。

目前的笔式绘图机以滚筒式为主，绘图时卷纸装在滚筒上沿 y 方向作快速运动，笔装在绘图笔架上沿 x 方向运动，从而产生图形轨迹。笔式绘图机由于结构简单，操作方便，价格便宜，且绘图精度较高，因此被广泛应用于机械、电子、建筑、工程绘图等多个领域，成为通用的绘图设备。滚筒式绘图机比较有代表性的是美国 IOLINE 系列笔式绘图机，其绘图纸张宽度为 0.9～1.9m，最大打印卷纸长度可达 545m，且打印长度不受限制。IOLINE 系列绘图机支持多种绘图专用笔，具有笔压监测、滚轴控制、远红外自动控制等功能，是目前世界上最为先进的滚筒式绘图机。笔式绘图机的缺点是对纸张的要求较高。图 1-8 所示为 IOLINE Model 600 型笔式绘图机，图 1-9 所示为服装大师 FD-1350H 笔式绘图机，图 1-10 所示为时装大师笔式 KY1350T 绘图仪，这几款都是目前市面上常见的笔式绘图机。

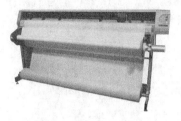

图 1-8

图 1-9

　　喷墨式绘图机具有如下特点：由于是扫描式逐点绘制，因而能绘制和输出复杂的图形和图像，且在进行超长绘图时不存在幅与幅之间的对接问题；与笔式绘图机相比，上纸简便，对纸张的规格和质量要求也不是太高，价格也低于笔式绘图机；只是目前在绘图精度上还低于笔式绘图机，速度也慢一些。常见的喷墨绘图机有图 1-11 所示的 JETLINK-180 喷墨绘图机、图 1-12 所示的 IOLINE FJ8 喷墨绘图机和图 1-13 所示的幻影-I-183 喷墨绘图机。

图 1-10

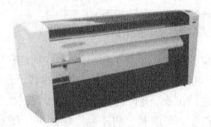

图 1-11

图 1-12

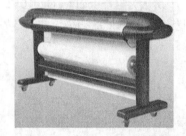

图 1-13

1.2.4　读图板

　　读图板（Digitizer）也叫数字化仪，是服装 CAD 系统中一种很重要的图形输入设备，它可以将手工打制的服装样板读入计算机储存起来，从而可以保存大量有价值的服装样板。应用于服装 CAD 系统的读图板的规格一般为 A00、A0、A1、A2 等。

　　读图板由图形板和游标两部分组成。它利用电磁感应原理，在图形板下面沿 x 和 y 方向分布多条印刷线，这样就将图形板分成很多小的方块，每一小方块对应一个像素。在游标中装有一个线圈，当线圈中有交流信号时，小方块的中心就会产生一个电磁场，因此，当游标在图形板上移动时，面板上的印刷线上就会产生感应电流，从而就将游标线十字交叉中心点的位置信息输入计算机。用读图板输入服装样板时，首先要把样板平铺在图形板上，然后定出样板的丝道方向，再沿样板的轮廓线移动游标，这样就可以把衣片轮廓上各点的坐标输入到计算机内。同样，利用游标定位器上的小键盘也可以把衣片内的附加点，如省尖点、对位点、打孔点、扣位点等输送到计算机内。输入到计算机内的样板可以在计算机上直接修改，设置放码规则后就可以放码，修改满意后保存即可。读图板式样有图 1-14 所示的 Rich peace 读图板和图 1-15 所示的 CD-91200L 读图板等。

图 1-14　　　　　　　　　　　　　　　　　　图 1-15

1.2.5　扫描仪和数码相机

在服装 CAD 系统中，扫描仪和数码相机（Scanner and Camera）是专门为试衣和款式设计系统配备的。利用扫描仪，设计师可以将顾客的照片或已有的服装图片和款式图、效果图扫描进计算机，为顾客进行试衣，进行各种各样的设计变化，从而成倍地提高设计效率；利用数码相机为顾客拍照，再将文件传入计算机，同样可为顾客进行试衣和款式设计。近些年，一些高档次配置的计算机自带数码摄像头，使顾客坐在计算机前就可以试衣了。

图 1-16 所示为惠普 scan jet G4010（L1956A）扫描仪，图 1-17 所示为三星 i8 数码相机，图 1-18 所示为明基 Scanner5000S 扫描仪的工作界面。

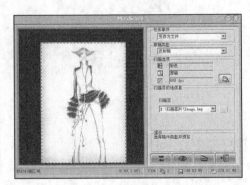

图 1-16　　　　　　　图 1-17　　　　　　　　　　　图 1-18

1.2.6　光笔

光笔（Light Pen）也叫压感笔，是近些年出现的专门为图形、图像处理而设计的一种光电绘图笔。

很多时候，许多图形设计需要直接用手工绘制，尤其是绘制服装设计效果图，如果用鼠标来控制往往难度很大，效果也不理想。光笔的出现正好解决了这一难题，因为它在外形上和普通铅笔差不多，用它在计算机上进行绘图，正好符合了人们长期以来形成的绘图习惯，且手感非常相似。绘图时，设计师可以随时通过应用不同的压力来调节笔触的粗细浓淡，操作简单、方便，设计效果好，效率也比鼠标高得多。另外，光笔具有鼠标的一切功能。所以，在图形、图像设计领域，光笔取代鼠标是发展的必然趋势。

光笔一般由笔和压力板两部分组成，如图 1-19 所示为 WACOM 影拓 3 代 PTZ-930（9×12）光笔，图 1-20 所示为 WACOM 影拓 2 代（4×5）光笔。

图 1-19

图 1-20

1.3 国内外常见的服装 CAD 系统

服装 CAD 系统众多，每个都有其各自的特点。目前在国内市场常见的服装 CAD 系统主要有美国格柏（Gerber）服装 CAD 系统，法国力克（Lectra）服装 CAD 系统，德国艾斯特（Assyst）-奔马服装 CAD 系统，西班牙爱维（Investronic）服装 CAD 系统，日本优卡（SUPER ALPHA PLUS）、东丽（Toray）、旭化成（AGMS）服装 CAD 系统，意大利 B.K.R.服装 CAD 系统，加拿大派特（PAD）服装 CAD 系统，美国 PGM 服装 CAD 系统，台湾度卡（DOCAD）服装 CAD 系统，北京日升天辰（NAC2000）、丝绸之路（Silk Road）、智尊宝纺（Modasoft）、航天（ARISA）、比力（BILI）服装 CAD 系统，杭州爱科（ECHO）服装 CAD 系统，富怡（Rich peace）、ET、佑手（Right Hand）、时高、樵夫、其士曼、盛装/突破（Tupo）、拓普、博克（Boke）、服装大师等服装 CAD 系统。

部分服装 CAD 系统的工作界面如图 1-21 所示。

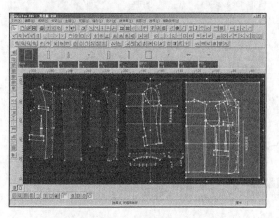

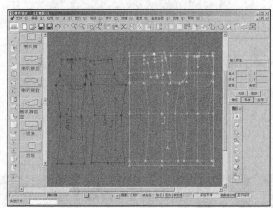

（a）PGM 服装 CAD 系统打板与放码界面　　　（b）美国格柏服装 CAD 系统打板与放码界面

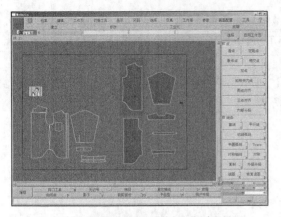

（c）法国力克服装 CAD 系统打板与放码界面

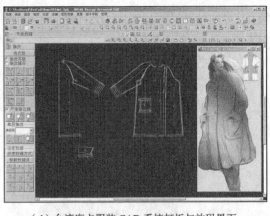

（d）台湾度卡服装 CAD 系统打板与放码界面

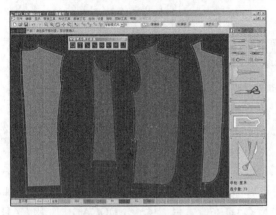

（e）ET2000 服装 CAD 系统打板与放码界面

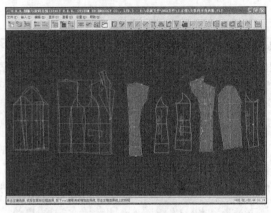

（f）意大利 B.K.R.服装 CAD 系统打板与放码界面

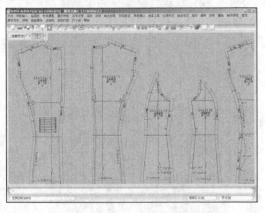

（g）日本优卡服装 CAD 系统打板与放码界面

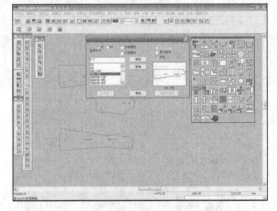

（h）西班牙爱维服装 CAD 系统打板与放码界面

图 1-21

1.4 服装 CAD 在工业生产中的作用

服装 CAD 技术的应用已成为当今服装工业发展的必然趋势，它带给服装企业的不仅是人力资源的节约，更重要的是产品质量的提高，这两点都有助于增强服装企业的市场竞争力。服装 CAD 技术在工业生产中的作用主要表现在以下 4 个方面。

（1）提高工作效率，缩短服装设计和生产加工周期。

（2）改善工作环境，减轻劳动强度，提高设计质量。

（3）降低生产成本，提高经济效益。

（4）有利于生产管理，方便资源共享。

从应用现状来看，目前的服装 CAD 系统，在服装企业用得比较多的、具备较高实用价值的，还是打板、放码和排料系统。很多服装企业的打板师现在都在用服装 CAD 系统打板、放码、辅助排料和算料。当今社会，在服装企业，如果一个打板师不能够应用服装 CAD 系统来进行制板、放码等工作，我们就有理由怀疑他是不是一个合格的打板师？他还能在这个行业干多久？

 小贴士：

服装 CAD 系统具有速度快、绘图准确、管理方便、易于修改等优点，非常适合于多品种、小批量、短周期、变化快的服装行业。据国外统计表明，通过运用服装 CAD 系统，企业的设计成本可降低 10%～30%，设计周期可缩短 30%～60%，产品质量可提高 2～5 倍，设备利用率可提高 2～33 倍，面料利用率提高 2%～3%，节省人力或场地 2/3。

1.5 服装 CAD 的发展趋势

服装 CAD 技术的成功应用不仅拓展了计算机的应用领域，也加速了传统服装企业向现代化转型。随着计算机技术的不断发展，多媒体和网络技术的逐渐成熟，服装流行速度的加快，消费需求的多样化，服装 CAD 系统在服装企业中的应用将越来越广泛，并深入渗透到设计、生产、管理、销售的各个环节。服装 CAD 系统也将朝着集成化、网络化、智能化和三维立体化的方向飞速发展。

1.5.1　集成化

随着服装制造业向多品种、小批量、周期短、反应快的方向发展，为了在激烈的市场竞争中取得优势，服装企业将不得不建立快速反应机制。提高生产效率，实现整个服装生产的高度集成已成为当今服装业发展的必然趋势。

早在 20 世纪 80 年代，计算机集成制造的概念就已经提出，到现在，它已经成为现代服装设计和生产的发展方向。计算机集成制造系统（Computer Integrated Manufacturing System，CIMS）是在信息网络技术、计算机技术、自动化技术和现代科学管理的基础上，将设计、生产、管理、营销等各个环节，通过新的生产管理模式、工艺制造理论和计算机网络有机地集成起来，根据市场需求丰富多变的特点，随时做出相应的合理调整。由于是信息资源共享，企业内部各部门之间很容易协调，反应的速度也非常快，从而可以充分利用人力物力资源，最大限度地降低生产成本，提高生产效率。

CIMS 给工业自动化赋予了崭新的含义，是迄今为止计算机技术与设计、制造系统完美结合的最佳典范。CIMS 将在传统服装产业向现代化产业过渡中起到关键的作用，因而正在逐步被服装企业接纳和采用，并将在不久的将来被整个服装行业广泛推广和应用。有鉴于此，国际上一些知名服装 CAD 系统制造商，如 Gerber、Lectra、Investronica 等已经推出由服装 CAD、自动裁床、柔性加工系统等组成的一体化的计算机集成制造系统。

1.5.2　网络化

对一个现代化的服装企业来讲，能否建立高效、快速的反应机制是其在激烈的市场竞争中能否胜出的关键所在。而在接单、原料采购、设计、制定工艺到生产出货的全过程中的网络化运作，已成为服装企业在市场竞争中不可缺少的快速反应手段。近年来，随着因特网的高速发展，一个现代服装企业的 CIMS 已成为信息高速公路上的一个网点，其产品信息可以在几秒之内传输到世界各地。随着专业化、全球化生产经营模式的发展，企业对异地协同设计、制造的需求也将越来越迫切。21 世纪是网络的时代，基于网络的辅助设计系统可以充分利用网络的强大功能保证数据的集中、统一和共享，实现产品的异地设计和并行加工。因此，开发开放式、分布式的工作站或网络环境下的 CAD 系统将成为网络时代服装 CAD 发展的重要趋势。

1.5.3　三维立体化

目前的服装 CAD 系统都是基于平面图形学原理开发的，无论是款式设计、样片设计还是试衣系统，其中的基本数学模型都是平面二维模型。随着人们对服装品质与合体性要求的不断提高，服装 CAD 系统迫切需要由当前的二维平面设计状态发展到三维立体设计状态。然而，服装是柔性的，它会随着人体的运动不断变化形态。服装 CAD 系统在实现从二维到三维的转化过程中，如何解决织物质感和动感的表现、三维重建、逼真灵活的曲面造型等问题，是三维 CAD 系统走向实用化、商品化的关键所在，这将会是很漫长的一段征途。

1.5.4　智能化与自动化

早期的服装 CAD 系统比较缺乏灵活的判断、推理和分析能力，使用者仅限于具有较高专业知识和丰富经验的服装专业技术人员，而且只是简单地用鼠标、键盘和显示器等现代工具代替了传统的纸和笔。随着 CAD 使用人群的扩大和计算机技术的飞速发展，开发智能化专家系统已成为服装 CAD 系统发展的新方向。

服装款式千变万化，但万变不离其宗。利用人工智能技术开发的服装智能化系统，可以帮助服装设计师构思和设计更多新颖的服装款式，完成从款式到服装样片的自动生成设计，从而提高产品设计与工艺的水平，缩短生产周期，降低生产成本。

1.5.5　开放式与标准化

目前国际、国内的服装 CAD 系统众多，所采用的计算机外部设备也是品牌繁多，因此宜采用开放式系统，以便用户根据需要灵活地选择、配置各种设备。开放式系统主要体现在开放的工作平台、开放的用户接口、开放的开发环境和应用系统，以及各系统之间的信息交换和共享。在信息化时代，开放的标准是一个全球性的问题。制定和完善服装 CAD 技术标准并贯彻执行，不仅可以促进服装 CAD 技术进一步提高，而且可以促进服装 CAD 技术在服装行业的普及应用，还可以促进国际间的交流与合作。只有标准化的服装 CAD/CAM 系统，才有利于计算机的数据管理，便于查询和资源利用，才能加快信息传递的速度，减少等待的时间和重复劳动，从而更好地推广和应用。

1.5.6　简易直观化

一套服装 CAD 系统，如果界面晦涩难懂，操作起来烦琐复杂，操作过程中调节参数过多，就算功能再强大、稳定性再好、计算方法再先进、兼容性能再优越、精确度再高，也很难让多数操作人员接受。即使是服装专业水平和计算机水平都很高的专业技术人员，也更乐于接受直观形象、简单易学、操作方便快捷、让人一看就懂、一用就能上手的服装 CAD 系统，更不用说非专业人员和计算机水平很一般的人了。所以，一套好的服装 CAD 系统，不仅要性能稳定、功能强大，还要界面友好、操作方便、易学易懂、快捷高效，只有这样，才可以最大限度地激发设计者的创作灵感、简化操作过程、提高生产效率。而这也是服装 CAD 系统在发展与完善的过程中必然的选择。界面友好、易学易懂的最明显标志就是将原本很抽象的界面和工具图标变得非常直观形象化，对每一步操作都给出简洁明了的提示，让多数操作者通过只看提示就能饶有兴趣地做下去。目前，很多服装 CAD 系统，如 Gerber、Lectra、Inves、度卡、富怡、爱科、ET、博克、服装大师等，都在这方面做了很大的改进。

图 1-22 所示为富怡服装 CAD 打板系统旧版与改进后的新版的界面对比。

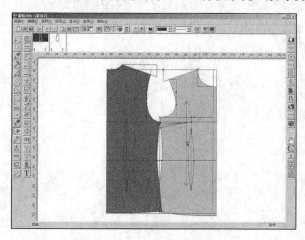

旧版

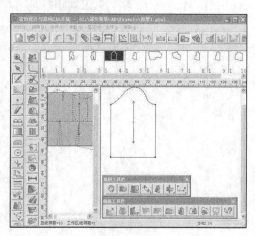

新版

图 1-22

　巩固复习：

复习 1：服装 CAD 系统的输入设备和输出设备主要有哪些？

复习 2：服装 CAD 系统主要由哪几部分组成，各有什么功能？

复习 3：服装 CAD 系统相比手工的优势主要有哪些？

复习 4：目前国际、国内的服装 CAD 系统主要有哪些？

复习 5：服装 CAD 系统的发展趋势是什么？

　小结：

本章主要分析了服装 CAD 的系统组成、硬件配置、作用和发展趋势，简单介绍了目前国际、国内常见的服装 CAD 系统，重点是服装 CAD 的系统组成和硬件配置，难点是服装 CAD 各系统和硬件的基本功能。

第 **2** 章 | 富怡服装 CAD 系统介绍

❀ 学习提示:

为达到了解软件、熟悉工具和命令的目的,本章将对富怡服装 CAD 系统的工作界面、工具的功能、操作方法、使用技巧等做一个详细的介绍。

通过本章的学习,要求了解富怡服装 CAD 系统的基本特点和各种工具的使用方法,并在所学知识的基础上,运用系统提供的各种工具,完成一些基本的服装打板、放码与排料操作。

富怡服装 CAD 系统由两个模块组成：设计与放码系统、排料系统。其中，设计与放码系统主要用于打板、纸样变化、加缝、样板标注、放码等工作；排料系统主要用于排料和算料工作。富怡服装 CAD 系统简便易学、功能齐全，既便于初学者上手，也便于专业人员从事各种服装样板的设计处理工作。

正所谓"工欲善其事，必先利其器"，要熟练应用服装 CAD，必须首先熟悉系统的界面、软件的基本功能和各种工具的使用方法，而熟悉工具最好的办法莫过于实践。本章要求在勤动手、多练习的过程中逐步认识富怡服装 CAD 系统，为后续的实战打板、纸样变化、放码、排料等工作做准备。

2.1 设计与放码系统

设计与放码系统是富怡服装 CAD 系统中富有个性与特色的一个子系统，也是服装打板师进行电脑打板、纸样设计和放码的主要工具。

✍ **重点、难点：**
- 设计与放码系统的工作画面与窗口组成。
- 图标工具的功能与操作方法。

2.1.1 工作画面

▌双击 Windows 桌面上的快捷图标 ，进入富怡服装 CAD 设计与放码系统的工作画面。

工作画面窗口主要由标题栏、菜单栏、快捷工具栏、衣片列表框、传统设计工具栏、专业设计工具栏、纸样工具栏、编辑工具栏、放码工具栏、左右工作区等组成，如图 2-1 所示。

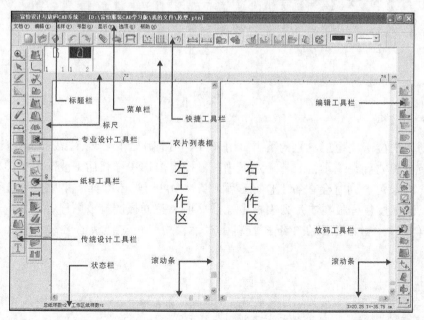

图 2-1

1．标题栏

标题栏位于富怡服装 CAD 设计与放码系统工作画面的顶部，通常为蓝色。标题栏的左侧显示软件名称和文件保存的路径，右侧有 3 个按钮，分别是【最小化】按钮 ▬，【向下还原】按钮 ◻ 和【关闭】按钮 ⊠。

2．菜单栏

菜单栏位于标题栏的下方，共有 7 个菜单，分别是【文档】、【编辑】、【纸样】、【号型】、【显示】、【选项】和【帮助】，如图 2-2 所示。

文档(F)　编辑(E)　纸样(P)　号型(G)　显示(V)　选项(O)　帮助(H)

图 2-2

每个菜单下面又分若干个子菜单。单击一个主菜单时，会弹出相应的子菜单。在富怡服装 CAD 系统中，很多菜单命令被定义了快捷键，如【新建】命令的快捷键为 Ctrl+N，【号型编辑】命令的快捷键为 Ctrl+E 等。熟记快捷键会大大提高工作效率。

☞ **教师指导：**

在设计与放码系统中，可以用鼠标单击选择打开子菜单，也可以先按住键盘上的 Alt 键，再按菜单命令后面括号内的字母来选择打开这个子菜单。例如，按住键盘上的 Alt 键，再按键盘上的 F 键，即可打开【文档】子菜单命令。

3．快捷工具栏

快捷工具栏位于菜单栏的下方，上面放置了新建、保存、撤销、纸样绘图、复制纸样、颜色设置等常用命令的快捷图标，如图 2-3 所示。

图 2-3

4．衣片列表框

衣片列表框位于快捷工具栏的下方，用来放置用【剪刀】工具 ✄ 裁剪生成的服装样板，每一块样板单独放置在一小格衣片显示框中。鼠标单击选中样板后（被选中的样板在左工作区中被填充为绿色，同时会在右工作区显示出来），可通过【纸样】菜单命令进行复制、删除等操作；鼠标按住样板在衣片列表框中拖动，可调整样板的排放顺序；鼠标双击样板，会弹出【纸样资料】对话框。在【纸样资料】对话框中，可对样板的名称、布纹方向等进行设置。

🔔 **操作提示：**

单击【选项】菜单栏，选择下拉菜单中的【系统设置】命令，在弹出的【系统设置】对话框中选中【界面设置】选项卡，可设置衣片列表框在界面上的摆放位置。

教师指导：

按键盘上的"Tab"键，可依次切换选择衣片列表框中的衣片。

5. 传统设计工具栏

传统设计工具栏位于界面的最左边，包括了"自由设计"和"公式法设计"两种打板模式下，服装 CAD 打板需要用到的基本工具，如图 2-4 所示。

6. 专业设计工具栏

专业设计工具栏位于传统设计工具栏的右上边，包括了"自由设计"打板模式下，服装打板需要用到的一些工具，如图 2-5 所示。

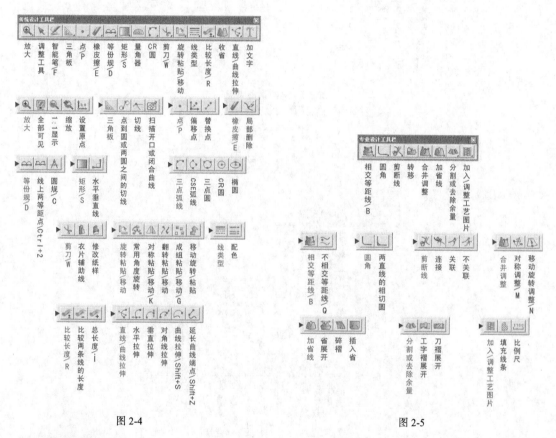

图 2-4　　　　　　　　　　　　图 2-5

7. 纸样工具栏

纸样工具栏位于传统设计工具栏的右下边，提供了对裁片进行细部加工的常见工具，如打剪口、加省、做裥、长度测量等，如图 2-6 所示。

8. 编辑工具栏

编辑工具栏位于打板工作区的右上侧，可用来对生成的纸样进行修改、调整等操作，还可以改变纸样、布纹线的方向，如图 2-7 所示。

9. 放码工具栏

放码工具栏位于打板工作区的右下侧，编辑工具栏的下方，上面存放着放码所需的常用工具，可用来对纸样进行移动、加缝、放码、修改、调整等操作，如图 2-8 所示。

图 2-6

图 2-7

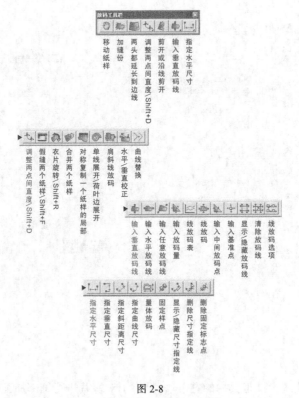

图 2-8

10. 状态栏

状态栏位于界面的最底部,用来显示当前选择工具的名称以及该工具在使用过程中的一些操作提示。

11. 工作区、滚动条、标尺

工作区就像一张带有坐标的无限大的纸,分为左右两区,其中左工作区主要用来打板,右工作区主要用于纸样变化、加缝、放码、排图等操作。鼠标移到左、右工作区的分界线上,待出现移动符号"↔"后按下鼠标左键拖动,可改变左、右工作区的大小。

当工作区内的图形被放大不能全屏幕显示时，其下方和右侧会出现滚动条，用来控制图形的显示。用鼠标按住滚动条移动，可控制图形在工作区内左右或上下移动显示。

工作区的上方和左侧显示有标尺，可使操作更为精确。

 操作提示：

可以通过滚动鼠标左右键中间的滚轮，上下滚动显示工作区内的图形。

2.1.2　图标工具

图标工具是系统最核心的部分，也是打板师进行软件操作、样板设计的直接武器，下面对其逐一进行介绍，具体如表 2-1 至表 2-6 所示。

表 2-1　　　　　　　　　　　快捷工具栏图标工具介绍

图标	名称	功能	操作方法与图例
	新建	重新建一个空白文档	① 鼠标单击该按钮，弹出【界面选择】对话框（见图例） 图例 ② 选择一种打板方式，单击"确定"按钮即可
	打开	打开一个已有的文档	① 鼠标单击该按钮，弹出【打开】对话框（见图例） 图例 ② 选择一个样片文件，单击"打开"按钮即可
	保存	保存正在编辑的文档	① 鼠标单击该按钮，如果是第一次保存，会弹出【保存为】对话框，选择文件保存的文件夹，起文件名，单击"保存"按钮即可 ② 如果不是第一次保存，则没有提示，文件会按默认的设置保存
	撤销	撤销已完成的操作	① 单击一次，撤销当前操作，返回到上一次操作状态 ② 若连续单击，可连续返回，直到该图标变灰为止
	重新执行	复原被撤销的操作	① 与【撤销】按钮 匹配使用 ② 单击一次，则复原一次撤销后的操作 ③ 可连续单击，连续恢复撤销结果，直到该图标变灰为止

图标	名称	功能	操作方法与图例
	读纸样	用数字化仪和游标将需要再编辑或保存的样板输入到计算机中进行放码和修改等操作	① 鼠标单击该按钮，弹出【读纸样】对话框（见图例） 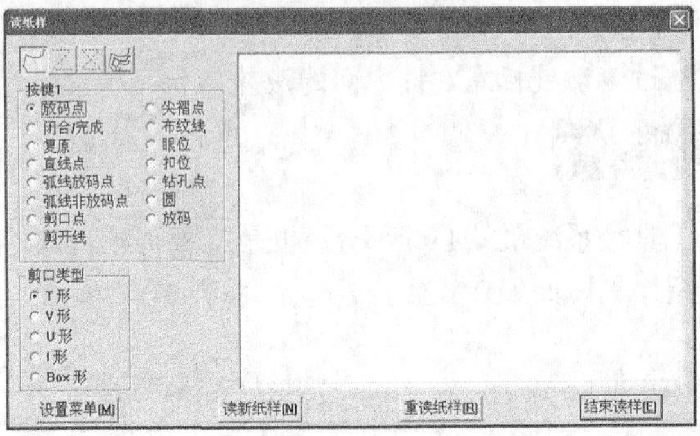 图例 ② 选择"剪口类型"，即可用游标读入纸样 ③ 纸样全部读完后，单击"结束读样"按钮，样板被输入到软件中，之后即可进行计算机上的操作
	打印和预览纸样	打印和预览纸样	① 单击该按钮，弹出【打印和预览纸样】对话框 ② 单击"打印预览"按钮，弹出打印预览纸样窗口 ③ 单击"打印"按钮，开始打印，并显示打印进程对话框
	纸样绘图	对纸样进行绘图输出（在学习版中不可用）	① 单击该按钮，弹出【绘图】对话框（见图例1） 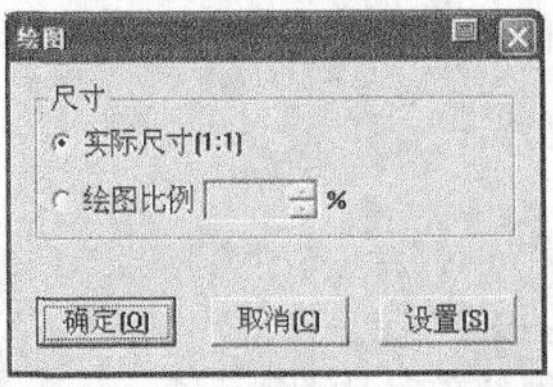 图例1 ② 单击"设置"按钮，弹出【绘图仪】对话框，可对绘图仪和纸张等进行设置 ③ 单击"确定"按钮，弹出【绘图中心】对话框（见图例2），开始绘图 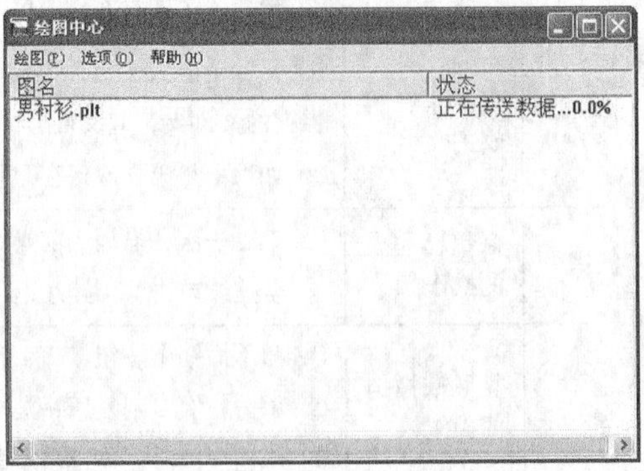 图例2

图标	名称	功能	操作方法与图例
	点放码表	对纸样进行点放码	① 鼠标单击该按钮，弹出【点放码表】对话框（见图例） 图例 ② 选中【纸样工具栏】中的【选择与修改工具】，然后鼠标单击右工作区中的某一放码点，dX、dY 栏变亮 ③ 在 dX、dY 栏的文本输入框中输入放码档差，再单击相应的放码按钮，即可完成该点的放码
	规则放码表	用于储存点放码数据并复制到当前选中的衣片上	① 用【选择与修改工具】选择某个放码点或逆时针选中纸样的一条线段，进而选中整个纸样的放码点 ② 单击【规则放码表】图标，弹出【规则放码表】对话框，再单击对话框中的【新建】图标，【添加规则项】按钮变为可用状态（见图例 1） 图例 1 ③ 单击【添加规则项】按钮，弹出【添加规则项】对话框，选择数据来源，输入规则名（见图例 2），再单击"添加"按钮，最后单击"关闭"按钮 图例 2 ④ 选择要放码的样片，用【选择与修改工具】选择相对应的点或线，在【规则放码表】对话框中单击【规则名】输入框右侧的下拉按钮，弹出下拉列表，选择刚才输入的规则名，再单击【采用】按钮即可（见图例 3） 图例 3

图标	名称	功能	操作方法与图例
)=?)	长度检验表	显示和比较线段长度	① 单击该按钮，弹出【比较纸样线段长度】对话框（见图例） 图例 ② 用【选择与修改工具】选择某线段上的一端点，按住鼠标左键，顺时针拖动到另一端点松开，线段被选中 ③ 单击对话框中的 + 按钮，将显示测量数据 ④ 单击对话框中的 ×X 按钮，将显示该线段水平方向的距离 ⑤ 单击对话框中的 +Y 按钮，将显示该线段垂直方向的距离 ⑥ 用【选择与修改工具】选择另一条线段，再单击对话框中的 -、×或Y按钮，将显示后一条线段的测量数据，以及与第一条线段的差值 ⑦ 单击"清除"按钮，将清除数据，重新开始测量 ⑧ 单击"打印"按钮，弹出【可以输入表名】对话框，输入表名，单击"确定"按钮即可
显示/隐藏标注	显示/隐藏标注	显示/隐藏标注	① 按下该按钮，显示标注 ② 按起该按钮，隐藏标注 显示标注　　　　　　　隐藏标注 图例 操作提示 标注只有在"公式法设计"打板模式下才显示，在"自由设计"打板模式下不显示
显示/隐藏变量标注	显示/隐藏变量标注	显示/隐藏变量标注	① 按下该按钮，显示变量标注 ② 按起该按钮，隐藏变量标注 显示变量标注　　　　　　隐藏变量标注 图例 操作提示 变量标注在两种打板模式下都显示

图标	名称	功能	操作方法与图例
	显示/隐藏设计线	显示/隐藏设计线	① 按下该按钮，显示结构线 ② 按起该按钮，不显示结构线 显示设计线 隐藏设计线 图例
	仅显示一个纸样	锁定工作区内的某一纸样	① 鼠标在【衣片列表框】中的某一块纸样上单击，按下该按钮，工作区中只显示该选中纸样 ② 这时，【纸样工具栏】内的所有工具只能对当前被锁定纸样进行操作，其他纸样都不能选中 未锁定纸样　　　　　后片纸样被锁定 图例
	更新纸样	将右工作区中的纸样移回到【衣片列表框】中	① 鼠标单击该按钮，右工作区中的当前纸样被移回到【衣片列表框】中，每单击一次，移回一块 ② 按下键盘上的 F12 键，可将右工作区中的所有纸样一次性移回到【衣片列表框】中
	等幅高放码	将两个放码点之间的弧线按照等高的方式放码	① 选中样板，选中【选择与修改工具】，单击鼠标左键选择起点，然后按住左键拖动到另一端点松开，选中修改线段 ② 按下【等幅高放码】按钮即可（具体见图例） 未采用等幅高放码　　　采用等幅高放码 图例

图标	名称	功能	操作方法与图例
	定形放码	设定曲线按照一定的形状放码	① 选中样板，选中【选择与修改工具】，单击鼠标左键选择起点，然后按住左键拖动到另一端点松开，选中修改线段 ③ 按下【定形放码】按钮即可（具体见图例） 未采用定形放码　　　　　采用定形放码 图例
	自动放码效果	将样板自动放码	在"公式法设计"打板模式下，单击该按钮，弹出【富怡设计与放码 CAD 系统】对话框，单击"确定"按钮即可 富怡设计与放码CAD系统 你确信使用自动放码效果？ 确定　　取消 图例
	复制纸样	将工作区中选中的纸样复制一份，并放置在【衣片列表框】中	① 选中一个纸样，单击该按钮，弹出【再复制一个纸样】对话框，单击"确定"按钮即可 ② 复制的纸样自动放置在【衣片列表框】中 再复制一个纸样 新纸样重新生成结构线？ 是 不，与原纸样共用结构线! 确定[O]　　取消[C] 图例
	颜色设置	设置和修改界面颜色	① 单击该按钮，弹出【设置颜色】对话框 ② 在对话框中，可对"纸样列表框"、"工作视窗"和不同"号型"的颜色进行设置 设置颜色 纸样列表框　工作视窗　号型 纸样背景 纸样轮廓 纸样序号 确定　取消　应用(A)　帮助 图例
	线颜色	设置点或线的颜色	① 鼠标单击下拉按钮，弹出颜色选择框，选择一种颜色 ② 接下来绘制的结构点、线的颜色就是选定的颜色 ③ 或者按下【传统设计工具栏】中的【配色】图标，然后在"线颜色"下拉框中选择一种颜色，移动鼠标靠近要改变颜色的点或线使它们呈红色，单击鼠标左键即可使其颜色变为选定的颜色

续表

图标	名称	功能	操作方法与图例
![线类型]	线类型	设置线的类型	① 鼠标单击下拉按钮，弹出线的类型选择框，选择一种线型 ② 接下来绘制的结构线的线型就是选定的线型 ③ 或者按下【传统设计工具栏】中的【线类型】图标▦，然后在"线类型"下拉框中选择一种线型，移动鼠标靠近要改变线型的线使它们呈红色，单击鼠标左键即可使其线型变为选定的线型
![2]	参数编辑	设置等分数	① 选中【等份规】工具▱，出现【参数编辑】输入框，输入等分数值即可 ② 系统默认等分数为 2，可自由设定等分数 ③ 图例为 5 等分效果 图例

表 2-2   传统设计工具栏图标工具介绍

图标	名称	功能	操作方法与图例
![放大]	放大	框选放大工作区中的图形	① 单击选中该工具 ② 在工作区中框选需要放大的图形即可 👉 **教师指导** ❶ 右键单击，可全屏显示；按下 Ctrl 键，可切换到【缩小】工具状态🔍 ❷ 按数字键盘区的"+"号，则以鼠标所在的位置为中心逐级放大，按数字键盘区的"−"号，则以鼠标所在的位置为中心逐级缩小。 框选放大前 框选放大后 图例

续表

图标	名称	功能	操作方法与图例
	全部可见	使图形在工作区全部可见	单击该工具图标即可 全部可见前　　　　　　　全部可见后 图例
	1：1 显示	按 1：1 的方式显示工作区的图形	单击该工具图标即可 1：1 显示前　　　　　　1：1 显示后 图例
	缩放	按指定位置放大图形	① 单击选中该工具 ② 在工作区中单击鼠标左键或按住鼠标左键不放，图形即可以该点为基准位置进行放大 ③ 右键单击，可全屏显示 缩放前　　　　　　　　缩放后 图例
	设置原点	设置标尺的原点位置	① 单击选中该工具 ② 鼠标在工作区任意位置单击，该点即为标尺的原点位置 图例

图标	名称	功能	操作方法与图例
	调整工具	调整曲线的弯度、线条的长度和点、线的位置等（既可以修改辅助线，也可以修改样板）	**1. 在左工作区中的用法** ① 单点移动：选中该工具，鼠标单击选中一点，松开拖动到另一位置再单击即可 ② 线上点的移动：单击选中一条线，线变成红色，鼠标移到控制点上单击，将点选中，松开鼠标拖动到合适位置单击，在空白位置再单击，结束操作（见图例 1） ③ 线上加点并移动：单击选中一条线，线变成红色，鼠标在线上需要加点的位置单击，松开鼠标拖动到合适位置单击，空白位置再单击，结束操作（见图例 2） 移点中　　移点后　　　加点移动中　　加点移动后 图例 1　　　　　　　图例 2 ④ 端点移动：鼠标移到线段的端点上单击，然后松开鼠标拖动到合适位置再单击即可（"自由设计"打板模式下可对直线和曲线进行操作，"公式法设计"打板模式下只对曲线有效）（见图例 3） 选中要删除的点 ➡ 按下 Delete 键后 移点中　　移点后 图例 3　　　　　　　图例 4 ⑤ 定量修改独立点或线上点的位置：鼠标移到要修改位置的点上右键单击，弹出【偏移量】对话框，输入移动数值，单击"确认"按钮即可 ⑥ 删除曲线和折线上的控制点：鼠标单击选中线，再移到需要删除的点上，按键盘上的 Delete 键即可（见图例 4） ⑦ 删除曲线和折线：鼠标单击选中线，再按键盘上的 Delete 键即可 ☞ **教师指导** ❶ 曲线选中后，鼠标移到控制点上，按下 Shift 键，可将曲线切换成折线，再按一下 Shift 键，又切换成曲线； ❷ 在其他工具状态下，右键单击，弹出快捷菜单，选择【工具转换】或【调整工具】命令，即可切换到调整工具状态，再右键单击，又可切换到最初的工具状态下 **2. 在"自由设计"打板模式下的特别用法** ① 移动一组点和线：按住键盘上的 Ctrl 键，鼠标框选要移动的点和线，弹出【移动量】对话框，输入水平和垂直移动量，单击"确认"按钮即可 ② 删除直线：鼠标单击选中线，再移到线的端点上，按键盘上 Delete 键即可 **3. 在"公式法设计"打板模式下的特别用法** ① 伸缩直线段：鼠标移到线段的末端点上单击，然后松开鼠标拖动即可伸长或缩短线段，到合适位置单击即可（见图例 5） L=4.221cm Angle=-17.81945 伸缩前　　　伸缩中　　　伸缩后 图例 5 ② 移动直线段：鼠标移到线段的起始端点上单击，然后松开鼠标拖动，到合适位置单击即可

图标	名称	功能	操作方法与图例
	调整工具	调整曲线的弯度、线条的长度和点、线的位置等（既可以修改辅助线，也可以修改样板）	4. 在右工作区中的用法 ① 移动边线点：鼠标在需要移动的点上单击，松开拖动到空白位置再单击，弹出【移动边线点】对话框，输入移动距离，单击"确定"按钮即可。 ② 线上加边线点：鼠标在线上需要加点的位置左键单击，再右键单击，弹出【移动边线点】对话框，单击"确定"按钮或"取消"按钮即可。 ③ 线上加边线点并移动：鼠标在线上需要加点的位置单击，再右键单击，弹出【移动边线点】对话框，输入移动距离，单击"确定"按钮即可 ④ 平行移动边线点：单击边线上一点，按住鼠标移动到另一点再单击（注意：一定要按照样板生成的方向选点），然后松开鼠标拖动到空白位置再单击，弹出【平行移动样点】对话框，输入移动距离，单击"确定"按钮即可（见图例6） 移动前　　　　　移动中　　　　　移动后 图例 6 ⑤ 比例移动边线点：在平行移动边线点状态下，按一下 Shift 键，即可切换到比例移动边线点状态，操作方法与平行移动边线点的方法相同，只是弹出的对话框是【比例移动样点】（见图例7） 图例 7 🔔 操作提示 平行移动边线点状态下和比例移动边线点状态下鼠标的指针形状不同，见图例8 平行移动状态　　　比例移动状态 图例 8
	智能笔	具备丁字尺、直尺和开口曲线等工具的所有功能，可用来画直线、曲线和折线，也可以对直线进行延长或画直线的平行线等诸多操作	1. 输入状态切换 ① 在工作区单击定出起点后，再单击鼠标右键可在丁字尺输入状态 和曲线输入状态 之间进行切换 ② 在左工作区可以画任意长度的水平线、垂直线和 45°角度线或曲线，当有样板存在时，在右工作区可以定辅助点，画辅助直线或辅助曲线

续表

图标	名称	功能	操作方法与图例
	智能笔	具备丁字尺、直尺和开口曲线等工具的所有功能，可用来画直线、曲线和折线，也可以对直线进行延长或画直线的平行线等诸多操作	（见下文）

2. 丁字尺状态下

丁字尺可以画水平线、垂直线和 45°角度线

（1）从打板区任意位置画直线

① 单击选中该工具

② 鼠标在工作区中所需任意位置单击定起点，松开鼠标拖动可选择画水平线、垂直线和 45°角度线，然后再单击鼠标，会弹出【长度】或【长度裁剪公式】对话框，在【长度输入框】中输入长度数值，单击"确定"按钮即可（见图例 1）

自由设计打板模式下　　　　　　公式法设计打板模式下

图例 1

（2）过线上任意点画直线

① 鼠标在线上任意位置单击定起点，弹出【点的位置】对话框（见图例 2），在【长度】输入框或【比例】输入框中输入长度或比例数值，单击"确认"按钮

② 然后再单击鼠标，会弹出【长度】或【长度裁剪公式】对话框，在【长度】输入框中输入长度数值，单击"确定"按钮即可

自由设计打板模式下　　　　　　公式法设计打板模式下

图例 2

⚠ **注意**

❶ "长度"或"距离"是指鼠标在线上单击的点与线段最近的端点的距离

❷ "比例"是指鼠标在线上单击的点到线段最近端点的长度与整段线长度的比值

3. 曲线状态下

① 画任意方向直线：鼠标在工作区中所需任意位置单击定起点，松开鼠标拖动到合适位置后再单击，右键单击，弹出【直线】对话框，在【长度】输入框中输入长度数值，单击"确定"按钮即可（见图例 3）

自由设计打板模式下　　　　　　公式法设计打板模式下

图例 3

图标	名称	功能	操作方法与图例
✎	智能笔	具备丁字尺、直尺和开口曲线等工具的所有功能，可用来画直线、曲线和折线，也可以对直线进行延长或画直线的平行线等诸多操作	② 两点连接直线：鼠标单击一点为起点，然后松开拖动到另一点为终点再单击，右键单击结束 ③ 画曲线、折线：依次单击鼠标左键定点（最少 3 个点），右键单击结束；如果要画折线，先按住 Shift 键，再往下定点即可，松开 Shift 键继续画曲线（见图例 4） 图例 4 👉 教师指导 ❶ 画线时，如果靠近点或线则会自动吸附，要取消吸附特性，必须按住 Ctrl 键（见图例 5） 图例 5 ❷ 线条被吸附后，用"修改"工具移动吸附点时，所有线会跟着一起移动（见图例 6） 图例 6 ❸ 当画线结束时，若终点重叠在起点上单击右键，则画出的是闭合曲线，否则为开口曲线（见图例 7） 图例 7 ❹ 连角：在左工作区，鼠标框选需要连角的两根线，右键单击完成（见图例 8） 图例 8

图标	名称	功能	操作方法与图例
![智能笔图标]	智能笔	具备丁字尺、直尺和开口曲线等工具的所有功能，可用来画直线、曲线和折线，也可以对直线进行延长或画直线的平行线等诸多操作	❺ 单向靠边：在左工作区，鼠标框选需要靠边的线（可以是一条，也可以是多条），再选择被靠边的基准线，右键单击完成（见图例 9） 框选靠边线　　　　　　　　靠边后 图例 9 ❻ 双向靠边：在左工作区，鼠标框选需要靠边的线（可以是一条，也可以是多条），再分别单击选择被靠边的两条基准线即可（见图例 10） 框选靠边线、选择基准线　　　　靠边后 图例 10 ❼ 偏移：在左工作区，鼠标移到点上发亮后，按 Enter 键，会弹出【偏移量】或【偏移点】对话框，输入偏移数值，单击"确定"按钮即可（见图例 11） 自由设计打板模式下　　　　　公式法设计打板模式下 图例 11 ❽ 框选、删除：在左工作区，鼠标左键在空白位置单击并按住拖动，框选需要删除的点线，然后松开鼠标，点、线被选中，按 Delete 键即可
			4. 画直线延长线 在左工作区，鼠标单击直线一侧端点，然后按住左键拖动到另一个端点松开，再单击该点，则以该点为起点，在延长线方向画直线（见图例 12） 定出延长端点　　　　　　　延长后 图例 12

图标	名称	功能	操作方法与图例
	智能笔	具备丁字尺、直尺和开口曲线等工具的所有功能，可用来画直线、曲线和折线，也可以对直线进行延长或画直线的平行线等诸多操作	**5. 画直线平行线** 在左工作区，鼠标单击直线一侧端点，然后按住左键拖动到另一个端点松开，再单击线外一点，可过该点画这条直线的平行线（见图例 13） 找到平行线的端点　　　　　平行线画出 图例 13
	三角板	画与任意直线相垂直的线段（可用于画省中线）	单击选中该工具 ① 鼠标分别单击直线的两端点，将直线选中，然后在直线上的任意位置单击，会弹出【点的位置】对话框，在输入框中输入长度或比例值，单击"确认"按钮，再拖动鼠标到目标位置单击，弹出【长度】对话框，输入长度，单击"确定"按钮即可 ② 或者将直线选中后，过线外的点，也可作垂线段 ③ 作垂线段的方式见图例 （一）　　　　　　　　（二） （三）　　　　　　　　（四） （五）　　　　　　　　（六）
	点到圆或两圆之间的切线	1. 画点到圆或点到圆弧的切线	选中工具，鼠标分别单击点和圆或圆弧即可（见图例 1） 图例 1
		2. 画两圆或圆弧的切线	选中工具，鼠标分别单击两圆或圆弧即可（见图例 2） 图例 2

图标	名称	功能	操作方法与图例
	切线	用于画过曲线上某一点的切线	单击选中该工具 ① 鼠标单击曲线，会弹出【点的位置】对话框，输入数值，单击"确定"按钮 ② 松开鼠标拖动，再单击，弹出【长度】对话框，输入数值，单击"确定"按钮即可 L=45.936cm
	扫描开口或闭合曲线	1. 扫描开口曲线：用来拾取开口的扫描图的轮廓线	① 操作方法和结果与【智能笔】工具画曲线完全相同（见图例） 画线方向 按下Shift键　　松开Shift键 图例 ② 打开【显示】菜单，勾选【扫描图】 ③ 打开【文档】菜单，选择【扫描图像】命令，用扫描仪输入样板，该样板显示在工作区 ④ 选中工具，在靠近轮廓线处单击，系统会自动拾取线上的点，右键单击结束操作
		2. 扫描闭合曲线：用来拾取闭合的扫描图的轮廓线	① 操作方法与【扫描开口曲线】完全相同 ② 选中工具，在靠近轮廓线处单击，系统会自动拾取线上的点，最后将终点重合在起点上，右键单击，线条自动闭合
	点	打板区或线上任意位置加点	1. 在左工作区 ① 打板区任意位置定点：鼠标在打板区任意位置单击即可 ② 线上任意位置定点：鼠标移到线上单击，弹出【点的位置】对话框（见图例1），输入长度或比例值，单击"确认"按钮即可（见图例2） 点的位置 长度= 45 　cm 比例 0.49147 参考另一端[B] 确认[O]　　取消[C] 图例1 L=11.25cm P=0.34952 鼠标移到线上　　　点定出 图例2

图标	名称	功能	操作方法与图例
（点图标）	点	打板区或线上任意位置加点	③ 删除点：鼠标在点上单击，可删除点 2. 在右工作区 ① 线上加点：鼠标移到线上，线变成红色虚线，单击，弹出【线上加点】对话框（见图例3），设置点的特性，单击"确定"按钮即可 图例 3 ② 等分某条线：鼠标单击选中线的端点，按住左键沿顺时针方向拖动到另一端点再松开，弹出【在线上等份加点】对话框，在输入框中输入等份数，单击"确定"按钮即可
（偏移点图标）	偏移点	依据参照点定点	① 选中工具后，单击选中参照点，松开鼠标拖动，再单击，弹出【偏移量】对话框 ② 在水平和垂直偏移量输入框中输入数值，或在角度线长度和角度输入框中输入数值，单击"确定"按钮即可 DX=14.063cm DY=20.625cm 选中参照点，松开鼠标拖动　　　点定出 图例
（替换点图标）	替换点	将被替换点移到替换点位置，与之相连的线也跟着一起移动（可用于查看领子驳头的翻折效果）	鼠标单击被替换点，再单击替换点即可 被替换点 替换点 替换前　　　　　　替换后 图例

续表

图标	名称	功能	操作方法与图例
✎	橡皮擦	删除辅助点和辅助线	单击选中该工具 ① 点选删除：鼠标靠近想要删除的点或线，变红后单击左键即可删除 ② 框选删除：鼠标在要删除的点线上用左键拉出一矩形框，使所有要删除的点线包含在这个矩形框中，松开左键即可删除这些点线 黑色为框选框，红色为被框选的点和线 图例
✐	局部删除	"自由设计"打板模式下：可删除直线或曲线上两点（包括端点和交点）之间的线段或整段线 "公式法设计"打板模式下：可删除曲线段	① 删除两点之间的线段：单击线上一点，然后单击线，再单击另一点，则两点之间的线段被删除；（见图例 1） 选中点、线、点　　　　线段被删除 图例 1 ② 删除整段线：单击线的一个端点，然后单击线，再单击另一个端点，则整段线被删除（见图例 2） 选中端点、线、端点　　　　整段线被删除 图例 2 ① 方法一：单击线上要切断的一点，然后单击要被删除的线即可（见图例 3） 选中切断点、被删除的线　　　　线段被删除 图例 3 ② 方法二：单击线的一个端点，然后单击线，再单击线上需要切断的一点，则选中的端点到切断点之间的线段被删除（见图例 4） 选中端点、线、切断点　　　　线段被删除 图例 4

图标	名称	功能	操作方法与图例
	等份规	等分线段或两点之间进行等分	① 等分线段：选中工具，工具栏的右边出现【参数编辑】输入框 2 ⬚，在输入框中键入等分数值，然后鼠标移到需要等分的线段上单击即可（见图例 1） 鼠标移到线段上出现等分点　　等分完成 图例 1 ② 两点之间等分：【参数编辑】输入框中键入等分数值后，鼠标单击第一个等分点，出现等分线标，再单击第二个等分点即可（见图例 2） 图例 2 👉 教师指导 ❶ 在"公式法设计"打板模式下，只能两点之间等分，不能等分线段 ❷ 选中工具，按键盘上的数字键，可直接设定等分数
	线上两等距点	在线上画出距线上一点长度相等的两个点（常用于定省口）	选中工具，鼠标单击线上一点（该点必须是固定点或与其他线的交点），松开鼠标拖动，再单击，弹出【长度】对话框，输入长度值，单击"确定"按钮即可（见图例） 方式一 方式二 方式三 图例
	圆规	作距离线或两点一定长度的线	① 过一点作距某一根线一定长度的线：（可用来画前后肩斜线、前后袖山斜线等）鼠标单击 A 点，再移到线段 BC 上单击，弹出【长度】对话框（见图例 1），输入长度值，单击"确定"按钮即可（见图例 2） 图例 1

图标	名称	功能	操作方法与图例
A	圆规	作距离线或两点一定长度的线	 图例 2 ② 作距离两点一定长度的线：（可用来画上衣的腋下省或同时画出袖山斜线和袖山高线等）鼠标单击 A、B 点，然后松开拖动，再单击，弹出【双圆规】对话框（见图例 3），输入第 1 边和第 2 边的长度，单击"确认"按钮即可（见图例 4） 图例 3 图例 4 🔔 操作提示： 在图例 4 中，第 1 边是指线段 AC，第 2 边是指线段 BC，其中线段 AC 与线段 AD 等长
▢	矩形	画长方形	在工作区中所需位置单击定起点，松开鼠标拖动，再单击弹出【矩形】对话框（见图例），然后分别在"水平长度"输入框和"垂直长度"输入框中输入矩形长和宽的数值，单击"确认"按钮，完成矩形绘制。 图例
⌐	水平垂直线	过点或线的端点画水平、垂直的直角线	① 单击选中该工具 ② 鼠标分别单击选中线的端点，然后松开鼠标拖动，再单击，直角线画出（见图例） 选中端点、松开鼠标拖动　　　有两种结果供选择 图例

图标	名称	功能	操作方法与图例
量角器	量角器	1. 在左工作区：用于绘制与选中直线成一定夹角的直线	鼠标分别单击线的两个端点将线选中，拖动鼠标，出现角度线，再单击，弹出【直线】对话框，输入长度和角度数值，单击"确定"按钮即可（见图例1） L=25.51cm A=-30.963757 出现角度线　　　　直线画出 图例1
		2. 在右工作区：测量线条的角度	鼠标分别单击要测量的线的两个端点，弹出【角度测量】对话框（见图例2），单击"确定"按钮即可。如果单击"更改"按钮，会弹出【改变角度】对话框 角度测量(单位:度) 号型　　水平夹角　垂直夹角　夹角1 基码　　0.00　　90.00　　90.00 确 定[O]　　更 改[G] 图例2
三点弧线	三点弧线	定三点画圆弧	依次单击3个点位，即可作出以这3个点为圆上点的一段圆弧（见图例） 2 3 1 图例
CSE弧线	CSE 弧线	圆心、圆上两点画圆弧	单击选中该工具 ① 鼠标单击定出圆心点，拖动鼠标，确定半径长度后再单击定圆上第一点 ② 然后拖动鼠标再单击，弹出【长度】对话框，输入圆弧长度，单击"确定"按钮即可（见图例） 圆心点　　　圆心点 L=13.448cm　　圆上点2 圆上点1 图例
三点圆	三点圆	定三点画圆	依次单击3个点位，即可作出以这3个点为圆上点的一个圆（见图例） 2 3 1 图例

图标	名称	功能	操作方法与图例
	CR 圆	圆心、半径画圆	单击鼠标定出圆心点，拖动鼠标出现圆形线，再单击，会弹出【圆】对话框，在输入框中输入半径或周长数值，单击"确定"按钮即可（见图例） R=30.856cm 图例
	椭圆	画椭圆	单击鼠标定一点，拖动鼠标出现椭圆形线，再单击，会弹出【椭圆】对话框（见图例），在输入框中输入水平轴和垂直轴的长度，单击"确定"按钮即可 椭圆　92.813　cm 25　cm 确定[O]　取消[C] 图例
	剪刀	用于把样板从辅助线中提取出来（提取出来的样板被自动放到衣片列表框中，且自动生成布纹线）	1. 左工作区 ① 逐线提取：单击用于生成样板的任一辅助线的端点为起点，然后按照顺时针或逆时针的顺序，依次单击用于生成样板轮廓线的辅助线的端点，如果是曲线则在曲线上任意位置单击追加一点，回到起始端点再单击，样板生成（见图例 1） 回到起点 起点 逆时针提取　　样板生成 图例 1 ② 框选提取：鼠标框选用于生成样板的辅助线，即可生成样板（见图例 2）。框选时，纸样轮廓线外的辅助线必须删除（该方式在"公式法设计"模式下无效） 框选线 辅助线 框选辅助线　　样板生成 图例 2 ☞ 教师指导 ❶ 逐线提取样板时，如果选线不满意，可按键盘上的 Esc 键取消操作 ❷ 细小部位不方便提取时，可将该部分先放大，然后用移动滑块移动屏幕，再来选取用于生成样板的细小线段即可 ❸ 如果不是第一次生成纸样，会弹出【拾取纸样结束】对话框

图标	名称	功能	操作方法与图例
✂	剪刀	用于把样板从辅助线中提取出来（提取出来的样板被自动放到衣片列表框中，且自动生成布纹线）	**2. 右工作区** 逐线提取：鼠标依次单击用于生成样板轮廓线的辅助线，待轮廓封闭后会弹出【富怡设计放码 CAD 系统】对话框，单击"确定"按钮即可 🔔 **操作提示** ❶ 逐线提取样板时，在左工作区是通过选择线的两个端点来选择线，在右工作区则是通过直接单击选线 ❷ 在右工作区不支持框选提取样板 ❸ 在左工作区生成的样板会同时出现在衣片列表框和右工作区，同样，在右工作区生成的样板也会同时出现在衣片列表框和左工作区
	衣片辅助线	为样板添加辅助线、点	① 单击衣片列表框中的样板，将其在左工作区选中 ② 选中工具，鼠标直接在需要作为样板内部辅助线、点的线、点上单击（辅助点单击后要击右键），或框选即可（见图例） 图例
	修改纸样	增加或减少局部纸样	**1. 增加局部纸样** ① 选中需要修改的纸样，再选择该工具 ② 鼠标依次单击 1、2、3、4、5、6、1 点，或 3、2、1、6、5、4、3 点直至图形封闭（见图例 1） 图例 1 **2. 减少局部纸样** ① 选中需要修改的纸样，再选择该工具 ② 鼠标依次单击 1、3、4、5、1 点，或 5、3、2、1、5 点直至图形封闭（见图例 2） 图例 2

图标	名称	功能	操作方法与图例
	旋转粘贴/移动	用于旋转并复制选中的点和线（自由设计打板模式下，按住 Ctrl 键为旋转）	选中工具后 ① 单击左键依次选中需要旋转的点线（被选中会变红），或者单击空白处拖出一个矩形框，框选要旋转的点线，右键单击确定 ② 然后左键依次单击旋转中心点和旋转端点，松开鼠标拖动，再单击，弹出【旋转】对话框（见图例 1），输入角度或宽度，单击"确定"按钮即可完成操作（见图例 2） 图例 1 图例 2
	常用角度旋转	按 45° 角旋转选中的点和线	选中工具后 ① 单击左键依次选中需要旋转的点线（被选中会变红），或者单击空白处拖出一个矩形框，框选要旋转的点线，右键单击确定 ② 然后依次单击旋转中心点和旋转端点，松开鼠标拖动，被选中的点和线可按 45° 角旋转，到合适角度再单击即可（见图例） 图例 🔔 操作提示 ❶ 旋转时，既可以是顺时针，也可以是逆时针 ❷ 此工具在公式法设计打板模式下不可用

续表

图标	名称	功能	操作方法与图例
	对称粘贴/移动	用于沿对称轴对称并复制选中的点和线（自由设计打板模式下，按住 Ctrl 键为对称）	鼠标分别单击两点作为对称轴，然后框选或逐一单击选择需要复制的点和线，右键单击结束（见图例） 🔔 **操作提示** 在公式法设计打板模式下，被对称的点线也具有联动功能 点1 点2 图例
	翻转粘贴/移动	用于翻转、移动并复制选中的线	① 鼠标单击线段的端点 ② 按空格键，线段被垂直对称，再按空格键，线段被水平对称，每按一次，就对称一次 ③ 满意后再单击鼠标，也可移动一定位置后再单击鼠标完成操作（见图例） 垂直对称线 被翻转的线段　按一下空格键 　　　　　　　　　　　　　　水平对称线 按三下空格键　按两下空格键 图例
	成组粘贴/移动	用于移动并复制选中的点和线（自由设计打板模式下，按住 Ctrl 键为移动）	① 框选需要复制的点和线，右键单击结束选择 ② 单击其中的一点（这点为该组移到目标位置的参照点），拖动到目标位置后单击，弹出【偏移量】对话框（见图例1），输入数值，单击"确定"按钮即可（见图例2） 偏移量 73.838 cm　73.839 cm -0.375 cm　359.70901 度 确认(O)　取消(C) 图例1 框选需要复制的点和线　　移动复制完成 并选择移动点 图例2

图标	名称	功能	操作方法与图例
	移动旋转/粘贴	用于移动、旋转并复制选中的点和线（可用于领窝、袖窿、袖山、前后浪等需要对合部位的圆顺修改）（自由设计打板模式下，按住 Ctrl 键为移动、旋转）	① 依次单击对应起点 A1、A2 和对应终点 B1、B2（要先选起点的移动点—目标点，再选终点的移动点—目标点，顺序不能错（见图例 1） 图例 1 ② 再单击或框选需要作移动的线条——领窝线 B1C1、袖窿线 A1D1，右键单击完成（见图例 2） 图例 2 ③ 在公式法设计打板模式下，用【调整】工具修改移动旋转后的领窝线 B1C1、袖窿线 A1D1，使其与前片的领窝线 B2C2、袖窿线 A2D2 在颈侧点和肩点连接圆顺，这时，被复制的后片的领窝线 B1C1、袖窿线 A1D1 会跟着一起修改（见图例 3） 图例 3
	线类型	用于修改线的类型，与工具栏中的 配套使用	1. 在左工作区 ① 按下"线类型"图标 ② 然后在工具栏的【线类型】下拉框 中选择一种线型 ③ 移动鼠标靠近要改变线型的线上，使它们呈红色，单击即可使其线型变为选定的线型（见图例） 改变前　　　　改变后 图例 2. 在右工作区 ① 按下"线类型"图标 ② 单击纸样上的辅助线，弹出【线型设定】对话框，选择一种线型，单击"确定"按钮即可

图标	名称	功能	操作方法与图例
	配色	用于修改点、线的颜色，与工具栏中的 ▅▅▅▅ 配套使用	① 按下"配色"图标 ▅▅▅ ，然后在工具栏【线颜色】下拉框 ▅▅▅▅ 中选择一种颜色 ② 移动鼠标靠近要改变颜色的线或者点上，使它们呈红色，单击即可改变颜色（见图例） 改变前　　　　改变后 图例
	比较长度	比较一组线相加后的长度与另一组线相加后的长度差值	选中工具后 ① 单击第一组线，右键单击结束选择 ② 依次单击第二组线，右键单击结束选择，弹出【长度比较】对话框，显示第一组线相加后的长度减第二组线相加后的长度的差值 ③ 单击"OK"按钮即可 🔔 操作提示 该工具可用于袖窿弧线与袖山弧线、领脚线与领窝线等长度的比较
	比较两条线长度	比较两条线长度，并显示其差值	① 鼠标分别在两条线上单击，弹出【长度比较】对话框（见图例） 长度比较 长度差 4.47　　cm OK 图例 ② 单击"OK"按钮即可
	总长度	显示一组线相加后的长度	鼠标在一组线上单击，右键单击结束选择，弹出【长度比较】对话框，显示线段相加后的长度，单击"OK"按钮即可
	收省		选中工具后 ① 单击选择收省边线，再单击选择省线；见图例（1） ② 单击省的倒向侧，弹出【省宽】对话框，输入省宽量，单击"确定"按钮，省边线变成图例（2）所示 省线 收省边线 (1)　　(2) (4)　　(3) 图例 ③ 移动省边线上的调节点，将其调圆顺，见图例（3） ④ 右键单击结束，最终效果见图例（4）

续表

图标	名称	功能	操作方法与图例
	直线/曲线拉伸	用于调整两点间曲线的长度，调整后只改变曲线的弧度，两端点不动	1. 在左工作区 ① 鼠标在要调整的曲线任意位置单击，弹出【调整曲线长度】对话框 ② 在对话框内输入新长度或长度增减数值，单击"OK"按钮即可 2. 在右工作区 ① 鼠标单击纸样上的线，或者分别单击两个点，先选的点为 1，后选的点为 2，弹出【长度调整】对话框（见图例） ② 在需要修改的号型长度输入框中输入修改数值，选择一种调整方式，单击"确定"按钮即可 图例
	水平拉伸	线段以一端为轴心，另一端沿水平方向拉长或缩短	① 鼠标移到线上，线变红后在需要移动的一端单击，松开鼠标拖动到另一位置再单击，弹出【调整曲线长度】对话框 ② 在对话框内输入新长度或长度增减数值，单击"OK"按钮即可
	垂直拉伸	线段以一端为轴心，另一端沿垂直方向拉长或缩短	① 鼠标移到线上，线变红后在需要移动的一端单击，松开鼠标拖动到另一位置再单击，弹出【调整曲线长度】对话框 ② 在对话框内输入新长度或长度增减数值，单击"OK"按钮即可
	对角线拉伸	线段以一端为轴心，另一端沿两点连线方向拉长或缩短	① 鼠标移到线上，线变红后在需要移动的一端单击，松开鼠标拖动到另一位置再单击，弹出【调整曲线长度】对话框 ② 在对话框内输入新长度或长度增减数值，单击"OK"按钮即可
	曲线拉伸	线段以一端为轴心，另一端沿任意方向拉长或缩短	鼠标移到线上，线变红后在需要移动的一端单击，松开鼠标拖动到另一位置再单击即可（见图例） 拉伸中　　　拉伸后 图例

图标	名称	功能	操作方法与图例
	延长曲线端点	线段的一端沿该线的延长线方向伸长或缩短	① 鼠标移到线上，线变红后在需要伸长或缩短的一端单击，弹出【调整曲线长度】对话框（见图例） 图例 ② 在对话框内输入新长度或长度增减数值，单击"OK"按钮即可。
	加文字	标注文字	1. 增加文字 ① 选中该工具，在工作区单击，弹出【文字】对话框（见图例） （1）左工作区对话框　　（2）右工作区对话框 图例 ② 在【文字】输入框中输入文字，单击"确定"按钮即可 🔔 操作提示 ❶ 单击"确定"按钮后，【文字】输入框中输入的文字会自动存入到【词库】输入框中 ❷ 双击【词库】输入框中的文字，该文字会自动输入到【文字】输入框中 ❸ 在【文字】对话框中，可对文字的高度、角度和字体进行设置 ❹ 在右工作区添加的文字具有依附性，它会自动依附于当前操作纸样，当该纸样被移动时，文字也会跟着一起移动，而左工作区添加的文字则没有依附性 2. 移动文字 ① 左工作区 鼠标移到文字上，文字变红，然后单击，松开鼠标移动合适位置再单击即可；或者文字变红后按下鼠标拖动到合适位置再单击即可 ② 右工作区 鼠标移到文字上单击，弹出原来的【文字】对话框，鼠标按住【文字】对话框中的移动键←、↑、→、↓，文字被移动，到合适位置后松开，单击"确定"按钮即可 3. 更改文字 ① 左工作区 鼠标移到文字上，文字变红，然后双击，弹出原来的【文字】对话框，在【文字】输入框中输入更改文字，单击"确定"按钮即可 ② 右工作区 鼠标移到文字上单击，弹出原来的【文字】对话框，在【文字】输入框中输入更改文字，单击"确定"按钮即可

表 2-3　　　　　　　　　　　　　专业设计工具栏图标工具介绍

图标	名称	功能	操作方法与图例
	相交等距线	作与某一线段平行，且两端点分别与平行线段的两条相邻线相交的线段（可用于作领窝、袖窿等处的贴边线）	选中工具 ① 鼠标单击平行参考线（若该线由多条线连接而成则需利用选点的方式拾取，即依次单击每条线的起点、终点，拾取完成后单击鼠标右键。注意：曲线需拾取 3 个点） ② 然后再单击与该线相邻的两条线，出现等距线，拖动鼠标在空白处单击，弹出【距离】对话框（见图例 1），如果在相邻的线上单击，则弹出【点的位置】对话框（见图例 2） 图例 1　　　　　　　　　图例 2 ③ 在对话框中输入距离或长度数值，单击"确定"按钮即可（见图例 3） 图例 3
	不相交等距线	作与某一线段平行的一条或多条线段	选中工具 ① 鼠标单击平行参考线（若该线由多条线连接而成，则选取方法与【相交等距线】工具完全相同） ② 松开鼠标拖动，在空白处单击，弹出【平行线】对话框（见图例） 图例 ③ 分别在平行距离、线段条数、线段间隔输入框中输入数值，单击"确定"按钮即可

续表

图标	名称	功能	操作方法与图例
⌐	圆角	作与两条线相切的圆角,并清除两条线圆角以外的部分,可用于领尖、口袋、袋盖等部位的圆角处理	选中工具 ① 鼠标分别单击两条线,沿着任意一条线移动鼠标,出现一条圆弧,并可见该线的一端显亮 ② 再次单击鼠标,弹出【点的位置】对话框(见图例1) 图例1 ③ 在长度或比例输入框中输入数值,单击"确定"按钮即可(见图例2) 图例2 ⊙ **注意** 长度输入框中输入的数值为发亮点与切点之间的长度
⌐	两直线的相切圆	作与两条线相切的圆角,并保留两条线圆角以外的部分	操作方法与【圆角工具】⌐完全相同(见图例) 图例
✂	剪断线	将一条线在线上任意位置断开,使它变成两条线	选中工具 ① 鼠标在线上单击,将线选中,系统自动抓取线段的某一端点 ② 再在线上单击,弹出【点的位置】对话框,在长度或比例输入框中输入数值,单击"确定"按钮即可将线断开(见图例) 定断开点　　　　　　　线被剪断 图例

续表

图标	名称	功能	操作方法与图例
	连接	用于将两条线连接起来	选中工具，鼠标分别单击两条需要连接的线，右键单击结束（见图例） 连接前　　连接后　　连接前　　连接后 图例
	关联	用于设置端点相交的两条线在用【调整工具】调整时，端点是一起移动，还是单独移动	选中工具，鼠标分别单击两条线段，即可关联两条线的相交端点（见图例） 选中工具，鼠标分别单击两条线段，即可不关联两条线的相交端点（见图例） 设置关联　　　　相交端点一起移动 设置不关联　　　相交端点分开移动 图例 🔔 操作提示 系统默认的状态是关联
	不关联		
	转移	省道转移	选中工具 ① 鼠标依次单击需要转移的点和线（可以框选），选中的点线显示为红色，完成后单击右键 ② 依次单击新省位置的剪开线，线段显示为蓝色，右键单击完成选择 ③ 单击合并省的起始边，亮点要在省尖上，点显示为绿色 ④ 单击合并省的终止边，边显示为紫色，转省结束（见图例） 选择转移的点和线　　　　转省　　　　省道转移完成 图例 🔔 操作提示 ❶ 如果按住 Ctrl 键单击合并省的终止边，会弹出【旋转】对话框，在【角度】或【宽度】输入框中输入数值，单击"确定"按钮即可 ❷ 通过在【旋转】对话框中对角度或宽度进行设置，可实现省道的部分转移

图标	名称	功能	操作方法与图例
	合并调整	用于调整省线或分割线两边的长度，以及省合并后纸样边缘线的圆顺度	**1. 调整省线及边缘线** ① 先单击轮廓线上欲调整的边线 AB 和 CD，右键单击结束选择 ② 然后单击对应的省线 BE 和 CE，右键单击，省闭合，边线上出现调整点 ③ 沿着闭合省线 EC 的方向调整点，再在边线上按下鼠标拖动加点，直到边线调圆顺，右键单击结束（见图例 1） 图例 1 **2. 调整分割线及边缘线** ① 先单击轮廓线上欲调整的边线 AB 和 CD，右键单击结束选择 ② 然后单击对应的分割线 BE 和 CE，右键单击，线重叠，边线上出现调整点 ③ 沿着分割线 EC 的方向调整点，再调整其他点，直到边线调圆顺，右键单击结束（见图例 2） 图例 2
	对称调整	将线段对称后再调整，用于查看驳领的翻折效果，并进行调整	选中工具后 ① 鼠标分别单击对称轴的起点、终点，轴线被选中呈绿色 ② 再单击选择要翻转的线，线被对称复制呈蓝色，右键单击结束选择 ③ 鼠标移到被对称复制的线上，线变紫色，单击选中线，再单击，添加调整点，松开鼠标拖动点，将线调圆顺，可加多个点。右键单击结束，具体过程见图例 图例

续表

图标	名称	功能	操作方法与图例
	移动旋转调整	用于将线段移动、旋转后调整（可用于领窝、袖窿、袖山、前后浪等需要对合部位的圆顺修改）	① 鼠标依次单击点 B、点 A、点 C 和点 D（或直接依次在线段 AB 靠 B 点的一端和线段 CD 靠 C 点的一端单击），单击后袖窿弧线 BE，该线段被复制到 C 点并变成蓝色，可以选择多条线段，右键单击结束选择 ② 鼠标右键在被旋转复制的蓝色线段附近单击，然后移到线上，线变成紫色，左键单击，出现调整点 ③移动调整点，将线条调圆顺，右键单击结束操作。具体过程见图例 调整前　选择移动旋转四点　选择移动旋转线条　调整　调整后 图例
	加省线	将省口封闭	选中工具，鼠标依次单击倒向一侧的曲线 AB 和折线 BC，再依次单击另一侧的折线 CD 和曲线 DE，省口自动封闭（见图例） 图例
	省展开	用于为袖山加入展开量，以便进一步制作泡泡袖等	选中工具后 ① 鼠标单击袖山弧线，再依次单击展开线（可以是一条或多条），右键单击，弹出【展开】对话框 ② 输入展开量，单击"确定"按钮即可。具体过程见图例 1 和图例 2 展开前　　　　展开后 图例 1　单线展开 展开前　　　　展开后 图例 2　多线展开

图标	名称	功能	操作方法与图例
	碎褶	给一条线加入碎褶量	选中工具，单击要加入碎褶的线段（也可以是线段的一部分），右键单击，弹出【碎褶】对话框。输入碎褶总量和分割份数，单击"确定"按钮即可。具体过程见图例 加量前　　设置碎褶总量和分割份数　　加量后 图例
	插入省	为已经画好的样板插入省	选中工具后 ① 鼠标单击选中被调整的线，再单击选择省线，右键单击，弹出【插入省】对话框 ② 在输入框中输入省宽，单击"确定"按钮即可（见图例1） 被调整线　省线 图例1 ☞ **教师指导** 【插入省】工具　特别适合于对明贴袋进行袋角的加省处理，具体过程见图例2 被调整线　省线　被调整线 图例2
	分割或去除余量	将纸样进行修改、分割或去除余量	1. 对没有分割线的样片的操作 ① 选中工具，鼠标单击或框选整个衣片的结构线，选中的线变红色，右键单击 ② 单击不伸缩线，选中的线变蓝色 ③ 单击伸缩线，选中的线变绿色，右键单击，弹出【分割】对话框，在输入框中输入相应的数值，单击"确定"按钮即可。具体过程见图例1 伸缩线　　B　　伸缩量为负值 不伸缩线　A　　伸缩量为正值 分割前　　设置分割线　　分割后 图例1

图标	名称	功能	操作方法与图例
🖌	分割或去除余量	将纸样进行修改、分割或去除余量	

☞ 教师指导

❶ 在第③步操作中，右键单击时，鼠标点击的一侧为固定侧，另一侧为展开侧（或者鼠标移到线段 AB 上，待线变成紫色后再右键单击，这样线段 AB 就是固定侧了。如果在右键单击时按住键盘上的 Ctrl 键，可使不伸缩线与伸缩线平滑连接（见图例 2）

图例 2

❷ 【分割或去除余量】工具 🖌 的这种功能对于在外贸服装中给出了上、下腰围尺寸，直接绘制腰头来讲是非常方便的

2. 对有分割线的样片的操作——展开

① 选中工具，鼠标单击或框选整个衣片的结构线，选中的线变红色，右键单击

② 单击不伸缩线，选中的线变蓝色

③ 单击伸缩线，选中的线变绿色

④ 依次单击分割线，选中的线变紫色，右键单击，弹出【分割】对话框

⑤ 在输入框中输入相应的数值，单击"确定"按钮即可。具体过程见图例 3

选择伸缩与分割线　　设定伸缩量　　操作完成

图例 3

3. 对有分割线的样片的操作——收缩

① 选中工具，鼠标单击或框选整个衣片的结构线，选中的线变红色，右键单击

② 单击不伸缩线，选中的线变蓝色

③ 单击伸缩线，选中的线变绿色

④ 依次单击分割线，选中的线变紫色，右键单击，弹出【分割】对话框

⑤ 在输入框中输入相应的负的数值，单击"确定"按钮即可。具体过程见图例 4

图例 4

🔔 操作提示

【分割或去除余量】工具 🖌 的这种功能对于上衣当中的分座领处理来讲是非常方便的

图标	名称	功能	操作方法与图例
	工字褶展开	在衣片中加入工字褶	选中工具后 ① 框选整个衣片，选中的线变红色，右键单击，从固定的一侧开始，依次单击展开线，选中的线变蓝色，右键单击（在没有展开线的情况下直接单击鼠标右键） ③ 单击上段折线（一条或多条），选中的线变绿色，右键单击 ④ 单击下段折线（一条或多条），选中的线变紫色，右键单击，弹出【工字褶展开】对话框，在输入框中输入数值，屏幕上会自动显示相应的变化，单击"确定"按钮即可。具体过程见图例 选择展开线与折线　　设定褶量和褶线　　操作完成 图例
	刀褶展开	在衣片中加入刀褶	1. 对有分割线的样片的操作 ① 选中工具，鼠标单击或框选整个衣片的结构线，选中的线变红色，右键单击 ② 依次单击分割线，选中的线变蓝色，右键单击 ③ 单击上段折线，选中的线变绿色，右键单击 ④ 单击下段折线，选中的线变紫色，右键单击 ⑤ 单击选择倒向侧，弹出【刀褶展开】对话框 ⑥ 在输入框中输入相应的数值，单击"确定"按钮即可。具体过程见图例 图例 2. 对没有分割线的样片的操作 ① 选中工具，鼠标单击或框选整个衣片的结构线，选中的线变红色，右键单击，再次右键单击 ② 单击上段折线，选中的线变绿色，右键单击 ③ 单击下段折线，选中的线变紫色，右键单击 ④ 鼠标依次单击选择固定一侧和倒向，弹出【刀褶展开】对话框 ⑤ 在输入框中输入相应的数值，单击"确定"按钮即可
	加入/调整工艺图片	加入或调整工艺图片（学习版中不可用）	1. 加入工艺图片 ① 选中工具，鼠标单击或框选图形的所有线条，右键单击，即可看到该图形被一个虚线框框住 ② 选择【文档】菜单中的【保存到图库】命令，弹出【保存到图库】对话框 ③ 选择文件保存的路径，在文件名输入框中输入文件名，单击"确定"按钮即可

续表

图标	名称	功能	操作方法与图例
	加入/调整工艺图片	加入或调整工艺图片（学习版中不可用）	2. 调出并调整工艺图片 ① 选中工具，鼠标在需要使用工艺图片的位置单击，移动鼠标指针再单击，画出一个矩形范围，弹出【工艺图库】对话框 ② 选择一个图片，单击"确定"按钮即可调出该图片，然后在工作区可对图片进行移动、旋转和拉伸等操作，完成后在空白处单击即可
	填充线条	填充等距线条	选中工具 ① 按照与提取样板相同的方法，依次单击要填充区域的边界点（曲线要在线上再加一点），直至封闭，边线颜色变成红色 ② 在封闭区域内分别单击两个点，画出一条蓝色斜线，作为填充线条的参考方向，弹出【填充线间隙】对话框（见图例 1） 图例 1 ③ 在输入框中输入数值，单击"确定"按钮即可（见图例 2） 图例 2
	比例尺	将工作区中的所有线条按照设定的比例放大或缩小到指定尺寸	① 分别单击一条线的起点和终点，指定该线为参考线，弹出【比例尺】对话框（见图例） 图例 ② 在输入框中输入新长度或比例数值，单击"确定"按钮即可

表 2-4　　　　　　　　　　纸样工具栏图标工具介绍

图标	名称	功能	操作方法与图例
	选择与修改	在纸样上选择点、线、剪口、孔眼等标记并修改其属性（在右工作区使用）	①选择一个点：鼠标单击欲选择的点，选中的点会有一个圆形或方形的选择框（弧线点是圆形选择框，放码点是方形选择框，见图例 1） ②选择一段或多段线：鼠标单击欲选择线段的起点，按住鼠标沿顺时针方向拖动到终点再松开，选中的线段上出现若干个控制点（见图例 2） 弧线点选择框　　放码点选择框 图例 1　　　　　　　　图例 2

图标	名称	功能	操作方法与图例
选择	选择与修改	在纸样上选择点、线、剪口、孔眼等标记并修改其属性（在右工作区使用）	③ 选择多个不连续的放码点：鼠标单击一个放码点，按住 Ctrl 键再依次单击其他的放码点 ④ 取消选择：点选中后，鼠标单击空白处或按 Esc 键 ⑤ 修改点的属性：双击纸样上的边线样点，弹出【边线样点属性】对话框，在对话框中更改样点的类型，选择缝份拐角类型，单击"确定"按钮即可 ⑥ 修改钻孔或扣位：双击纸样内的钻孔点或扣位点，弹出【属性】对话框，在对话框中更改操作方式，设定孔的半径，单击"确定"按钮即可 ⑦ 匹配点选择：鼠标在纸样上具有多重性质的边线样点上双击，弹出【匹配点选择】对话框，在对话框中选择样点类型，设定孔的半径，单击"确定"按钮即可 ⑧ 修改扣眼位：双击纸样上的扣眼标记，弹出【扣眼编辑】对话框，在对话框中进行相应设置，单击"确定"按钮即可。如果单击"扣眼形状"按钮，会弹出【扣眼】对话框，修改扣眼的形状，单击"确定"按钮即可
剪口	剪口	添加剪口或调整剪口角度	1. 添加剪口 在要加剪口的纸样边线上单击，弹出【剪口编辑】对话框，在对话框中可对剪口长度、定位方式、剪口角度等进行设置，单击"确定"按钮即可。如果单击"属性"按钮，会弹出【剪口属性】对话框（见图例），在对话框中可对剪口类型、剪口深、剪口宽等进行设置，单击"确定"按钮即可 2. 调整剪口角度和方向 选中工具后，鼠标移到剪口上单击，松开鼠标拖动红色的线，旋转到合适位置再单击即可
钻孔/扣位	钻孔/扣位	在纽扣、袋位、省尖、打孔等部位做标记	鼠标在需要打孔的位置单击，弹出【纽扣/钻孔】对话框，在对话框中可对剪口长度、定位方式、剪口角度等进行设置，单击"确定"按钮即可
眼位	眼位	根据扣眼的个数和距离，自动画出扣眼的位置	① 选中工具，单击一点，移动鼠标再单击一点，弹出【加扣眼】对话框，在对话框中进行相关设置，单击"确定"按钮即可（见图例 1） 图例 1 ② 如果在【加扣眼】对话框中单击"属性"按钮，会弹出【属性】对话框（见图例 2）

图标	名称	功能	操作方法与图例
⊢⊣	眼位	根据扣眼的个数和距离，自动画出扣眼的位置	③ 如果在【加扣眼】对话框中单击"扣眼类型"按钮，会弹出【扣眼】对话框。（见图例 3） 图例 2　　　　　　　图例 3
	菱形省	已知省尖点和省腰点，在衣片上添加菱形省（主要用于上衣的腰省等衣片内部闭合省的处理）	选中工具后 ① 鼠标分别单击两个省尖点 1、2，画出省中线 ② 鼠标单击省腰点 3，松开拖动到任意位置 4 再单击，在左工作区弹出【菱形省】对话框，在右工作区弹出【省参数】对话框 ③ 在对话框中输入省宽，单击"确定"按钮即可（见图例） 左工作区操作　　　　右工作区操作 图例
	锥形省	已知省口中点、省尖点和省腰点，在衣片上添加锥形省	选中工具后 ① 鼠标分别单击省口中点 1 和省尖点 2，画出省中线 ② 鼠标单击省腰点 3，松开拖动到任意位置单击，画出省口宽度点 4，任意位置再击，弹出【锥形省】对话框 ③ 在对话框中输入省口宽、省腰宽的数值，单击"确定"按钮即可（见图例） 图例
	双向尖省	已知省口中点和省尖点，在衣片上添加双向尖省	选中工具 ① 鼠标单击省中线 1—2 的省口中点 1 ② 单击省尖点 2 ③ 松开鼠标拖动到任意位置再单击，弹出【省】对话框（在右工作区弹出【省道/尖褶】对话框） ④ 在输入框中输入省宽的数值，选择省的重叠方向和省的方式，单击"确定"按钮即可

图标	名称	功能	操作方法与图例
	单向尖省	已知省边线的省口点和省尖点，在衣片上添加单向尖省	选中工具 ① 鼠标单击省边线 12 的省口点 1 ② 单击省尖点 2 ③ 松开鼠标拖动到任意位置再单击，弹出【省】对话框 ④ 在输入框中输入省宽的数值，选择省的重叠方向和省的方式，单击"确定"按钮即可
	不定位省	已知省口两点，在衣片上添加不定位省	选中工具 ① 鼠标分别单击省口两点 1、2 ② 松开鼠标拖动到任意位置再单击，弹出【省】对话框 ③ 在输入框中输入省深的数值，选择省的重叠方向和省的方式，单击"确定"按钮即可
	不对称尖省	已知省口两点和省尖点，在衣片上添加不对称尖省	选中工具 ① 鼠标分别单击省口两点 1、2，再单击省尖点 3 ② 弹出【省】对话框 ③ 选择省的重叠方向和省的方式，单击"确定"按钮即可
	单向刀褶	在衣片上添加单向刀褶	选中工具 ① 鼠标依次单击纸样上褶裥位置线的两个端点 1、2 ② 松开鼠标向一侧拖动到合适位置再单击，弹出【刀褶】对话框 ③ 输入框中输入褶宽，单击"确定"按钮即可。具体过程见图例 1、图例 2 图例 1　　　　　　　　　　　　图例 2
	双向刀褶	在衣片上添加双向刀褶	操作方法与【单向刀褶】工具完全相同
	工字褶	在衣片上添加工字褶	操作方法与【单向刀褶】工具完全相同
	橡皮擦	删除纸样上的点、省道、剪口等	1. 删除纸样上的点、省道、剪口、钻孔等 鼠标移到纸样的点、省道、剪口、钻孔等上面，双击即可删除 2. 删除纸样上的辅助线 鼠标移到纸样的辅助线上，该线变成红色虚线，左键单击，弹出【富怡设计放码 CAD 系统】对话框，单击"是"按钮即可
	布纹线和两点平行	设定布纹线的方向、位置和长短	① 设定布纹线的方向：鼠标在纸样上任意两点单击，纸样上的布纹线会自动调整到与这两点连线平行的方向 ② 移动布纹线：在左工作区，鼠标在布纹线上单击，然后移动布纹线到新的位置，再次单击即可 ③ 延长或缩短布纹线：在左工作区，鼠标单击选中布纹线，这时按数字键盘区的"+"号可延长布纹线，按数字键盘区的"－"号可缩短布纹线

图标	名称	功能	操作方法与图例
	皮尺/测量长度	测量直线或曲线长度	1. 在左工作区 ① 测量直线长度：鼠标直接单击线段的两个端点，弹出【测量长度】对话框，单击"确定"按钮即可，如果单击"记录"按钮，则测量所得的数值可作为尺寸变量储存起来，并自动用一个变量符号表示，显示在测量直线附近（见图例 1） 单击两个端点　　　记录并作为变量标注显示 图例 1 ② 测量曲线长度：鼠标依次单击曲线上包括两个端点在内的 3 个点，剩下过程与测量直线完全相同 2. 在右工作区 鼠标直接单击线段的两个端点，弹出【测量】对话框，单击"确定"按钮即可
	拷贝点放码量	将某一点的放码量拷贝到另一点	选中工具，鼠标指针变成图例（1）所示，鼠标在被拷贝放码量的点上单击，指针变成图例（2）所示，然后在要拷贝放码量的点上单击，前一点的放码量被复制粘贴到后一个点上 1 ←　　　　→ 2 （1）　　　　（2） 图例

表 2-5　　　　　　　　　　　　编辑工具栏图标工具介绍

图标	名称	功能	操作方法与图例
	点参数	定义边线样点和辅助线点的属性	① 鼠标单击【纸样工具栏】上的【选择与修改工具】，在右工作区纸样上单击选中一点，单击【点参数】工具，弹出【边线样点属性】或【辅助线点属性】对话框 ② 在对话框中修改点的属性，单击"确定"按钮即可
	对称复制	对称复制纸样	① 鼠标单击【选择与修改工具】，在右工作区单击纸样上某一线段的起点，按住鼠标沿顺时针方向拖动到终点再松开，选中该线段为对称轴 ② 单击【对称复制】工具，生成一个对称复制的纸样，原纸样还保留
	平行设计	作某线段的平行线	① 鼠标单击【选择与修改工具】，在右工作区单击纸样上某一线段的起点，按住鼠标沿顺时针方向拖动到终点再松开，选中该线段为平行基础线 ② 单击【平行设计】工具，弹出【平行设计】对话框 ③ 在宽度输入框中输入数值，单击"确定"按钮即可（见图例 1）

图标	名称	功能	操作方法与图例
	平行设计	作某线段的平行线	 （1）一条平行线　　　（2）两条平行线 图例 1 🔔 操作提示 该工具可以一次性作多条平行线，因此可用于服装上双明线或三明线的标注（见图例 2） 图例 2
	各码按点或线对齐	各个号型的纸样按照选择的点或线对齐	鼠标单击【选择与修改工具】，在右工作区的纸样上选择一个点或一条线，单击【各码按点或线对齐】工具，各个号型的纸样会按照选择的点或线对齐
	恢复到对齐前的状态	将已经做过对齐处理的各号型纸样恢复到对齐前的状态	单击该工具图标即可
	布纹线旋转到水平方向	将纸样沿布纹线水平方向放置	① 在右工作区将需要操作的纸样选中 ② 单击【布纹线旋转到水平方向】工具即可（见图例） 图例

续表

图标	名称	功能	操作方法与图例
	布纹线旋转到垂直方向	将纸样沿布纹线垂直方向放置	① 在右工作区将需要操作的纸样选中 ② 单击【布纹线旋转到垂直方向】工具 即可（见图例） <div align="center">图例</div>
	水平翻转	将纸样水平翻转	① 在右工作区，在【调整工具】 或【选择与修改工具】 状态下，单击选中需要翻转的纸样 ② 单击【水平翻转】工具 ，会弹出【富怡设计与放码 CAD 系统】对话框，单击"是"按钮即可
	垂直翻转	将纸样垂直翻转	① 在右工作区，在【调整工具】 或【选择与修改工具】 状态下，单击选中需要翻转的纸样 ② 单击【垂直翻转】工具 ，会弹出【富怡设计与放码 CAD 系统】对话框，单击"是"按钮即可
	显示全图	显示右工作区的所有图形	单击该工具按钮即可
	曲线放码表	将各码沿着基码线的延长线放码，一般多用于上衣在公主线袖窿处的放码	① 在右工作区选中纸样上的一个点或一段线，单击【曲线放码表】工具 ，弹出【沿曲线放码】对话框 ② 在对话框中输入距基码长度，单击【均匀放码】按钮 即可
	按比例放码	输入整个纸样在水平和垂直方向的长度，实现对纸样边线、内部线的自动放码	① 选中纸样，单击【按比例放码】工具 ，弹出【水平（垂直）比例放码表】对话框（见图例） ② 在对话框内输入各码的档差尺寸，单击"均匀缩放"或"不均匀缩放"按钮即可 <div align="center">图例</div>

图标	名称	功能	操作方法与图例
	纸样关联	将纸样在用数字化仪读入的相对位置显示为关联纸样	① 单击【纸样关联】工具按钮，使其凹下 ② 在用数字化仪读入纸样时，可显示纸样在数字化仪上放置的相对位置
	辅助线转化为边线	将纸样上的辅助线转化为边线	① 用【选择与修改工具】选中要转化为边线的辅助线上的一点 ② 单击【辅助线转化为边线】工具，选中的辅助线会变为边线，生成一个新的纸样，原来的纸样会自动被删除
	缝份拐角处添加剪口	在纸样的缝份拐角处添加剪口	① 用【调整工具】或【选择与修改工具】选中需要加剪口的纸样 ② 单击【缝份拐角处添加剪口】工具，弹出【在各拐角处添加剪口】对话框（见图例1） 图例1 ③ 选择所需的选项，单击"确定"按钮即可（见图例2） 图例2
	帮助	查看选中工具的功能和操作方法	选中该工具，鼠标指针变成图标所示的形状，将鼠标指针移到任意工具图标上单击，会弹出【富怡服装 CAD 在线帮助】对话框，对话框中会告知该工具的功能和操作方法

表 2-6 放码工具栏图标工具介绍

图标	名称	功能	操作方法与图例
	移动纸样	移动纸样	选中【移动纸样】工具，将鼠标移到需要移动位置的纸样上单击，松开鼠标拖动到所需位置，再单击即可
	加缝份	给衣片添加缝份	选中工具 ① 鼠标在衣片边线上任意一点单击，弹出【加缝份】对话框 ② 在【起点缝份量】输入框中输入数值，选择一种缝份类型，单击"确定"按钮即可 ③ 如果要在衣片的不同边线上加不同的缝份，则在加好基本缝份后，用该工具先单击某条边线的起点，按住鼠标沿顺时针的顺序拖动到终点再单击，弹出【加缝份】对话框，在对话框中【终点缝份量】复选框前打√，输入起点和终点的缝份量，单击"确定"按钮即可（见图例）

图标	名称	功能	操作方法与图例
	加缝份	给衣片添加缝份	图例
	两头都延长到边线	将纸样内部的辅助线延长并与纸样的边线相交	选中工具,鼠标单击或框选要延长的辅助线段,辅助线的两端会自动延伸到边线上(见图例) 图例
	调整两点间直度	调整两点间的直线距离	选中工具 ① 鼠标分别单击线段的两个端点,先选的点为1,后选的点为2 ② 弹出【两点间直线距离调整】对话框,输入距离数值,选择调整方式,单击"确定"按钮即可(见图例) 调整前　　　　　调整后 图例
	假缝两个纸样	模拟两个纸样合并	选中工具 ① 鼠标分别单击一个纸样缝合线的起点和终点 ② 再单击另一个纸样缝合线的起点和终点,两个纸样自动缝合(见图例) 缝合前　　　　　缝合后 图例

图标	名称	功能	操作方法与图例
	假缝两个纸样	模拟两个纸样合并	**教师指导** ❶ 系统默认起点与起点、终点与终点缝合，且缝合线必须是直线，中间不能有点 ❷ 如果要将两个纸样分开，只要用【移动纸样】工具 将当前纸样移开即可
	衣片旋转	将纸样或布纹线做任意方向和角度的旋转	① 选中一个纸样 ② 单击该工具，弹出【旋转】对话框 ③ 在【角度】输入框输入角度，再单击【逆时针】按钮 或【顺时针】按钮 ，即可旋转纸样（见图例1） 旋转前　　顺时针旋转45°后 图例1 ④ 如果先用【选择与修改工具】选中一条线，再单击"线段水平"或"线段垂直"按钮，则样板会以选中的线呈水平或垂直状态来旋转样板（见图例2） 选择线 旋转前　　　旋转后 图例2 ⑤ 如果单击"水平翻转"或"垂直翻转"按钮，会弹出【富怡设计放码 CAD 系统】对话框，单击"是"按钮后纸样即可作水平或垂直翻转（见图例3） 翻转前　　水平翻转后 图例3

图标	名称	功能	操作方法与图例
	衣片旋转	将纸样或布纹线做任意方向和角度的旋转	⑥ 如果鼠标在右工作区任意位置单击，然后移动拉出一条红线后再单击，此时纸样可以第一点为旋转中心点按任意角度旋转，到合适位置再单击即可（见图例 4） 旋转中　　　　　旋转后 图例 4 ⑦ 操作结束后，单击对话框中的"关闭"按钮即可
	合并两个纸样	用于将两个纸样合并成一个纸样，或仅合并显示	选中工具 ① 鼠标在右边的纸样上单击，拉出一根红线到左边的纸样上再单击，左边的纸样自动接到右边的纸样上，合并成一个纸样（见图例 1） 图例 1 ② 或鼠标单击左边纸样的 A 点和 B 点，再单击右边纸样的 C 点和 D 点，弹出【合并纸样】对话框 ③ 在对话框中选择一种合并方式，单击"确定"按钮即可（见图例 2） A C B D 仅合并显示　　　　　两纸样合并为一个纸样 图例 2

图标	名称	功能	操作方法与图例
	对称复制一个纸样的局部	用于对称复制一个纸样的局部（复制的部分必须是封闭的）	选中工具 ① 鼠标单击线段 AB 为对称轴 ② 再单击线段 CD 为要对称复制的辅助线，则复制部分自动生成
	单线展开/荷叶边展开	在右工作区将纸样作单线展开或荷叶边展开（荷叶边展开可用于下装弧线腰、裙子荷叶边或抱脖立领等的设计）	1. 单线展开 ① 选中工具，鼠标单击要展开的一条边线上的任意点，弹出【线上加点】对话框，单击"确定"按钮，再单击另一条要展开的边线上的任意点，弹出【线上加点】对话框，单击"确定"按钮，弹出【增加展开量】对话框（见图例1） ② 在顺时针或逆时针的【距离】输入框或【角度】输入框中输入数值，单击"确定"按钮即可（见图例2） 图例1　　　　　　　　　　　图例2 2. 荷叶边展开 ① 选中工具，鼠标单击点 A，按住鼠标拖动到点 B 再松开，选中的线段 AB 变为绿色 ② 然后单击点 C，按住鼠标拖动到点 D 再松开，弹出【荷叶边展开】对话框 ③ 在输入框中输入展开数值，然后选择一种展开方式，单击"确定"按钮即可
	肩斜线放码	将衣片的肩点按照总肩宽的一半进行放码，且放码后肩斜线是平行的	选中工具 ① 鼠标分别单击纸样前中线的上下端点 1 和 2，再单击肩点 3，弹出【肩斜线放码】对话框 ② 在对话框中输入数值，选择一种放码方式，单击"确定"按钮即可（见图例） 图例

图标	名称	功能	操作方法与图例
	水平/垂直校正	数字化仪读入纸样后，将纸样上的一段线调成水平或垂直	选中工具 ① 鼠标分别单击纸样上需要调整的线的起点 1 和终点 2，弹出【线段水平/垂直校正】对话框（见图例 1） ② 在对话框中选择一种线段校正方式，单击"确定"按钮即可（见图例 2） 图例 1　　　　　图例 2
	曲线替换	用一段曲线替换另一段曲线	选中工具 ① 鼠标分别单击替换线的起点和终点 ② 再单击被替换线的起点和终点即可（见图例） 图例
	剪开或沿线剪开	剪开一个纸样	1. 沿线剪开 ① 鼠标移到分割线上单击，弹出【富怡设计放码 CAD 系统】对话框，单击"是"按钮，弹出【加缝份】对话框 ② 在对话框中设定起点和终点的拐角类型，输入起点和终点的缝份量，单击"确定"按钮即可（见图例） 剪开前　　　剪开后（纸样做了移动） 图例 2. 剪开 ① 鼠标在纸样的边线上单击，弹出【线上加点】对话框，单击"确定"按钮 ② 拖动红色线到另一条边线上再单击，弹出【富怡设计放码 CAD 系统】对话框，剩下的操作与【沿线剪开】完全相同

图标	名称	功能	操作方法与图例
	输入垂直放码线	为纸样添加垂直放码线	选中工具 ① 鼠标分别单击纸样垂直方向的1、2两点，然后右键单击，弹出快捷菜单 ② 在快捷菜单中选择【结束】命令即可（见图例） 图例
	输入水平放码线	为纸样添加水平放码线	选中工具 ① 鼠标分别单击纸样水平方向的1、2两点，然后右键单击，弹出快捷菜单 ② 在快捷菜单中选择【结束】命令即可
	输入任意放码线	为纸样添加任意方向的放码线	选中工具 ① 鼠标分别单击纸样任意方向的1、2两点，然后右键单击，弹出快捷菜单 ② 在快捷菜单中选择【结束】命令即可（见图例） 图例
	输入放码量	在放码线位置输入放码量	① 选中工具，弹出【线放码表】对话框（见图例） 图例 ② 鼠标移到放码线的端点附近单击，将放码线选中，选中的线变成紫色 ③ 在【线放码表】对话框中输入放码量，单击"确定"按钮即可 ④ 如果要规则放码，在输入S码的档差后，单击"均码"按钮，再单击"确定"按钮即可

图标	名称	功能	操作方法与图例
	线放码表	打开线放码表	鼠标单击该工具按钮，即可打开【线放码表】对话框
	线放码	对已经设置了放码线的纸样进行线放码	鼠标单击该工具按钮即可 图例
	输入中间放码点	在放码线的中间输入放码点	选中工具，鼠标移到放码线上需要添加中间放码点的位置单击即可（见图例） 图例 操作提示 ❶ 当放码线上各段的放码量不相同时，可用该工具在放码线上增加中间放码点 ❷ 在【线放码表】对话框中取消【q1，q2，q3 数据相等】选项的勾选，再单击 q2 下的输入框，可以输入中间放码点的放码值
	输入基准点	设置放码基准点，确定放码的方向	选中工具 ① 鼠标在纸样上需要设置为放码基准点的位置单击 ② 单击【线放码】按钮 ，纸样以新的基准点重新放码（见图例） 图例

图标	名称	功能	操作方法与图例
	显示/隐藏放码线	显示或隐藏已经设定的放码线	① 按下该工具按钮为显示 ② 按起该工具按钮为不显示（见图例） 　　　　显示　　　　　　　　　不显示 图例
	清除放码线	清除纸样上已经设定的放码线	单击【清除放码线】按钮，弹出【富怡设计放码 CAD 系统】对话框（见图例），单击"是"按钮即可 图例
	线放码选项	设置线放码的选项	单击【线放码选项】按钮，弹出【线放码选项】对话框（见图例），选择图元处理的方式，单击"确定"按钮即可 图例
	指定水平尺寸	为量体放码指定水平方向各码的尺寸或档差	选中工具 ① 鼠标分别单击纸样水平方向的 1、2 两点，上下移动鼠标指针，拖出一条水平标注线到合适位置后再单击 ② 弹出【指定尺寸】对话框，单击【人体尺寸表】列表框内该水平尺寸对应的尺寸名，再单击"采用尺寸"按钮，或者直接双击尺寸名，该尺寸名即可显示在【尺寸】输入框，然后在尺寸名的基础上进行公式编辑，完成后单击"确定"按钮，最终结果见图例 图例

续表

图标	名称	功能	操作方法与图例
	指定水平尺寸	为量体放码指定水平方向各码的尺寸或档差	**⚠ 注意** ❶ 单击"采用尺寸"按钮时，显示在【尺寸】输入框的［腰围］表示腰围尺寸 ❷ 单击"采用档差"按钮时，显示在【尺寸】输入框的［@腰围］表示腰围档差 ❸ 单击"采用档差常量"按钮时，会弹出【输入各码的长度差值】对话框，在【长度差值】输入框中输入值，单击"确定"按钮，显示在【尺寸】输入框的［@1］表示固定档差
	指定垂直尺寸	为量体放码指定垂直方向各码的尺寸或档差	操作参考【指定水平尺寸】工具
	指定斜距离尺寸	为量体放码指定斜向各码的尺寸或档差	操作参考【指定水平尺寸】工具
	指定曲线尺寸	为量体放码指定曲线上各码的尺寸或档差	操作参考【指定水平尺寸】工具
	量体放码	执行量体放码	量体放码的基本操作流程如下 ① 单击【号型】菜单中的【预览标准号型库】命令，弹出【标准号型尺寸库】对话框；鼠标单击【号型系列】选择框右边的三角形下拉选择按钮▾，弹出下拉列表，选择其中一个标准尺寸 ② 单击"采用"按钮，弹出【富怡设计放码 CAD 系统】对话框，单击"是"按钮即可。选择【指定水平尺寸】工具，指定水平方向各码的尺寸或档差 ③ 选择【指定垂直尺寸】工具，指定垂直方向各码的尺寸或档差 ④ 有特别放码要求的，再指定斜距离尺寸或曲线尺寸，指定放码尺寸尽量选在纸样的边线上；最后单击【量体放码】按钮，即可看到放码效果
	固定样点	指定某点是否重新放码	选中工具，鼠标单击纸样上某一点，弹出【样点限制】对话框，选择一种放码方式，单击"确定"按钮即可
	显示/隐藏指定尺寸线	显示或隐藏量体放码的指定尺寸线	① 按下该工具按钮为显示 ② 按起该工具按钮为不显示 不显示　　　　　显示

续表

图标	名称	功能	操作方法与图例
	删除尺寸指定线	删除量体放码的指定尺寸线	鼠标单击【删除尺寸指定线】工具按钮，纸样上的所有尺寸标注线被删除
	删除固定标志点	删除"固定样点"工具所定的标志	① 选中一个纸样 ② 鼠标单击【删除固定标志点】工具按钮，该纸样上的所有固定标志点被删除

巩固复习：

复习：熟悉设计与放码系统的工作界面和窗口组成。

练习：对照书中的介绍，将每一个工具反复练习 3 遍。

2.2 排料系统

富怡服装 CAD 排料系统主要用于排唛架和用料核算，可进行手工、人机交互和全自动排料。唛架排完后，可自动计算出用料长度、布料利用率、纸样总片数和放置片数。另外，富怡服装 CAD 排料系统实现了对不同布料的唛架自动分床，并具有对条、对格功能。

重点、难点：

- 排料系统的工作画面与窗口组成。
- 图标工具的功能与操作方法。

2.2.1 工作画面

双击 Windows 桌面上的快捷图标，进入富怡服装 CAD 排料系统的工作画面。

工作画面窗口主要由标题栏、菜单栏、工具匣、纸样窗、尺码列表框、工作区、状态条等组成，如图 2-9 所示。

1. 标题栏

标题栏位于富怡服装 CAD 排料系统工作画面的顶部，通常为蓝色。标题栏的左侧显示软件名称和文件保存的路径，右侧有 3 个按钮，分别是【最小化】按钮、【向下还原】按钮和【关闭】按钮。

2. 菜单栏

菜单栏位于标题栏的下方，共有 9 个菜单，分别是【文档】、【纸样】、【唛架】、【选项】、【排料】、【裁床】、【计算】、【制帽】和【帮助】，如图 2-10 所示。

3. 主工具匣

主工具匣位于菜单栏的下方，上面放置了新建、打开、保存、打印唛架、绘图唛架、后退、颜色设定、分割纸样、删除纸样等常用命令的快捷图标，如图 2-11 所示。

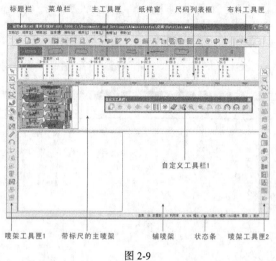

图 2-9

图 2-10

图 2-11

4．布料工具匣

布料工具匣位于主工具匣的右方，用来选择显示当前排料文件中不同布料对应的纸样，如图 2-12 左所示。

单击布料选择框右边的三角形下拉按钮，会显示当前排料文件中所有布料的种类，如图 2-12 右所示。选择其中任意一种布料，纸样窗里就会显示该布料对应的所有纸样。

图 2-12

5．唛架工具匣 1

唛架工具匣 1 位于工作画面窗口的左侧，该工具条的工具主要用于对主唛架上的纸样进行选择、移动、旋转、翻转、放大、尺寸测量、添加文字等操作。唛架工具匣 1 如图 2-13 所示。

6．唛架工具匣 2

唛架工具匣 2 位于工作画面窗口的右侧，该工具条的工具主要用于对辅唛架上的纸样进行折叠和展开等操作。唛架工具匣 2 如图 2-14 所示。

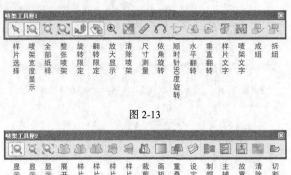

图 2-13

图 2-14

7. 自定义工具栏

在富怡服装 CAD 排料系统中，允许用户根据自己排料的特殊喜好和要求，自定义工具栏，系统允许用户最多设定 5 个自定义工具栏，分别是自定义工具栏 1～自定义工具栏 5。图 2-15 所示为笔者设定的自定义工具栏 1。

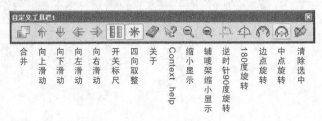

图 2-15

 操作提示：

在富怡服装 CAD 排料系统中，共定义了 74 个快捷图标工具，如图 2-16 所示。

图 2-16 中的 74 个快捷图标工具，有 58 个被分布到相应的工具匣中，余下的 16 个全部被笔者设定在自定义工具栏 1 中。

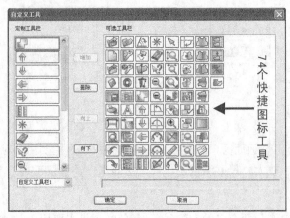

图 2-16

8. 纸样窗

纸样窗位于主工具匣的下方，用来放置当前面料对应的纸样，每一块纸样单独放置在一小格纸样显示框中。

9. 尺码列表框

尺码列表框位于纸样窗下方，用来显示对应纸样的所有尺码、每个尺码的片数、已排片数和未排片数。

10. 主唛架

主唛架位于尺码列表框下方，是计算机排料的工作区，可在上面进行多种方式的排料。

11. 辅唛架

辅唛架位于主唛架下方，排料时，可将纸样按码数分开排列在辅唛架上，然后按照需要将其调入主唛架工作区排料。

12. 状态条

状态条位于工作画面窗口的下方，可显示一些排料的重要信息，如当前光标的位置、纸样总数、已排纸样数量、布料用布率、幅长、幅宽等。

2.2.2　图标工具

主工具匣图标工具介绍如表 2-7 至表 2-10 所示。

表 2-7　　　　　　　　　　　　　主工具匣图标工具介绍

图标	名称	功能	操作方法与图例
	打开款式文件	用于产生一个新的唛架，或在当前唛架文档上添加款式	① 单击该工具按钮，如果还没有新建唛架文件，会弹出【唛架设定】对话框，单击"确定"按钮，弹出【选取款式】对话框；如果是在已有的唛架文件的基础上添加款式，则直接弹出【选取款式】对话框 ② 单击"载入…"按钮，弹出【选取款式文档】对话框，选择需要打开的款式文件，单击"确定"按钮，弹出【纸样制单】对话框 ③ 在相应的文本输入框中输入文字，再对样片进行相关的设置，单击"确定"按钮，回到【选取款式】对话框，再单击"确定"按钮，款式打开，纸样出现在纸样窗
	新建	新建一个唛架文件	具体操作过程和方法与"打开款式文件"工具　新建唛架文件完全相同，不再赘述
	打开	打开一个已经保存的唛架文件	① 单击该工具按钮，弹出【开启唛架文档】对话框 ② 选择一个已有的唛架文档，单击"打开"按钮即可
	保存	保存当前文档	① 单击该工具按钮，如果是第一次保存，会弹出【另存唛架文档为】对话框，在文本输入框中输入文件名，单击"保存"按钮即可 ② 如果不是第一次保存，则直接存档，不出现提示
	存本床唛架	将一个文件分成几个唛架保存	① 单击该工具按钮，弹出【储存现有排样】对话框 ② 选择唛架文档存储的路径和方式，单击"确定"按钮即可
	打印唛架	打印唛架	① 单击该工具按钮，弹出【打印】对话框 ② 在对话框中设定打印的范围和份数，单击"确定"按钮即可执行打印

续表

图标	名称	功能	操作方法与图例
	绘图唛架	绘图唛架	① 单击该工具按钮，弹出【绘图】对话框 ② 在对话框中选择绘图的尺寸，单击"确定"按钮即可执行绘图
	打印预览	打印预览	单击该工具按钮，即可预览打印的效果
	后退	撤销上一步操作	单击该图标工具即可
	前进	恢复上一步操作	单击该图标工具即可
	增加样片	给选中的纸样增加样片的数量	① 在尺码列表框选择要增加数量的纸样号型，然后单击该图标工具，弹出【增加样片】对话框 ② 在对话框中输入要增加的样片的数量，单击"确定"按钮即可 🔔 **操作提示** 如果要选中纸样的所有号型都增加相同的样片数量，则要将【所有号型】复选框选中
	选择单位	设定唛架的单位	① 单击该工具按钮，弹出【量度单位】对话框 ② 设置需要的单位，单击"确定"按钮即可
	参数选择	系统相关参数的选择和设置	① 单击该工具按钮，弹出【参数设定】对话框 ② 鼠标单击任一选项卡，进行相关设置，然后单击"应用"按钮 ③ 所有设定都完成后单击"确定"按钮即可
	颜色设定	设定系统界面和纸样的颜色	① 单击该工具按钮，弹出【选色】对话框 ② 在对话框中设定一般物件、码数与件套、纸样窗款式的颜色，单击"确认"按钮即可
	定义唛架	设定唛架的长度与宽度等参数	① 单击该工具按钮，弹出【唛架设定】对话框 ② 在对话框中设定唛架的长度、宽度与层数等内容，单击"确定"按钮即可
	字体设定	设定唛架显示的字体	① 单击该工具按钮，弹出【选择字体】对话框 ② 在左边的选框里选择要设置字体的选项，单击右边的"设置字体"按钮，弹出【字体】对话框，设置所需的字体形式，单击"确定"按钮 ③ 然后在【字体大小限定】输入框中输入字体的大小，单击"确定"按钮即可
	参考唛架	打开一个已经排好的唛架作为参考	① 单击该工具按钮，弹出【参考唛架】对话框 ② 单击对话框中的 📂 图标，弹出【开启唛架文档】对话框，在对话框中选择要作为参考的唛架文件，单击"打开"按钮，参考排料图出现在参考唛架对话框中
	关纸样窗	显示或隐藏纸样窗	① 按下该工具按钮，显示纸样窗 ② 按起该工具按钮，隐藏纸样窗
	开尺码表	显示或隐藏尺码列表框	① 按下该工具按钮，显示尺码列表框 ② 按起该工具按钮，隐藏尺码列表框
	纸样资料	修改或储存纸样资料	① 单击纸样窗中的某一纸样，再单击该工具按钮，弹出【富怡服装 CAD 排料系统 2000】对话框 ② 单击相应的选项卡，按需要修改设定，单击"采用"按钮 ③ 所有设定修改并采用后，单击"关闭"按钮即可

图标	名称	功能	操作方法与图例
	旋转纸样	旋转选中纸样	① 在尺码列表框中单击选择要旋转纸样的号型，再单击该工具按钮，弹出【依角度旋转纸样】对话框 ② 将【纸样复制】复选框选中，输入旋转的角度、选择旋转的方向，单击"确定"按钮，即在纸样窗中增加一个旋转的纸样
	翻转纸样	翻转选中纸样	① 在尺码列表框中单击选择要翻转纸样的号型，再单击该工具按钮，弹出【依角度旋转纸样】对话框 ② 将【纸样复制】复选框选中，选择翻转的方向，单击"确定"按钮，即在纸样窗中增加一个翻转的纸样
	分割纸样	分割并复制选中纸样	① 在尺码列表框中单击选择要分割纸样的号型，再单击该工具按钮，弹出【剪开复制纸样】对话框（见图例） 图例 ② 按需要选择水平或垂直剪开，单击"确定"按钮，即在纸样窗中增加一个分割的纸样
	删除纸样	删除纸样窗中的纸样	① 在尺码列表框中单击选择要删除纸样的号型，再单击该工具按钮，弹出【富怡服装 CAD 排料系统 2000】对话框 ② 单击"是（Y）"或者"否（N）"按钮即可

表 2-8　　　　　　　　　　　　　唛架工具匣 1 图标工具介绍

图标	名称	功能	操作方法与图例
	样片选择	选取及移动衣片	该工具有以下几个用法 ① 选取一个纸样：单击该工具按钮，再单击一个需要选择的纸样即可 ② 选取多个纸样：按住键盘上的 Ctrl 键，在唛架区用鼠标逐个单击要选择的纸样即可 ③ 框选多个纸样：在唛架区的空白处按下鼠标拖动，出现虚线矩形框，矩形框框到的纸样全部被选中 ④ 移动纸样：单击纸样，然后按下鼠标拖动到另一位置即可 ⑤ 将工作区的纸样放回纸样窗：双击唛架工作区的纸样，纸样自动回到纸样窗
	唛架宽度显示	按屏幕上主唛架区的最大宽度显示唛架	单击该工具按钮即可
	全部纸样	显示主唛架上的所有纸样	单击该工具按钮即可

图标	名称	功能	操作方法与图例
	整张唛架	显示整张主唛架	单击该工具按钮即可
	旋转限定	限制旋转工具的使用	按下该工具按钮，则【依角旋转】工具和【顺时针 90 度旋转】工具以及【旋转纸样】工具不能使用
	翻转限定	限制翻转工具的使用	按下该工具按钮，则【水平翻转】工具和【垂直翻转】工具以及【翻转纸样】工具不能使用
	放大显示	放大指定区域	① 单击该工具按钮，鼠标在需要放大的位置单击即可 ② 或者直接框选需要放大的区域，松开鼠标即可
	清除唛架	清除主唛架上的纸样，返回到纸样窗	① 单击该工具按钮，弹出【富怡服装 CAD 排料系统 2000】对话框 ② 单击"是"按钮则清除主唛架上的所有纸样，单击"否"按钮则放弃操作
	尺寸测量	测量唛架上任意两点间的距离	① 单击该工具按钮，鼠标在唛架上单击起点，再单击终点，两点间的距离被测量 ② 测量的结果显示在状态条上，其中【dx】为水平距离，【dy】为垂直距离，【D】为直线距离
	依角旋转	对选中样片设置旋转的度数和方向	①单击主唛架工作区的纸样，再单击该工具按钮，弹出【依角旋转选中样片】对话框 ②在对话框中输入旋转角度，再单击旋转方向按钮，纸样被旋转，单击"关闭"按钮即可 🔔 **操作提示** 只有【旋转限定】工具按钮被按起，该工具才起作用
	顺时针 90° 旋转	对唛架上选中的纸样进行顺时针 90° 旋转	单击唛架工作区的纸样，再单击该工具按钮即可 🔔 **操作提示** ❶ 只有【旋转限定】工具按钮被按起，该工具才起作用 ❷ 可连续旋转
	水平翻转	对唛架上选中的纸样进行水平翻转	单击唛架工作区的纸样，再单击该工具按钮即可 🔔 **操作提示** 只有【翻转限定】工具按钮被按起，该工具才起作用
	垂直翻转	对唛架上选中的纸样进行垂直翻转	单击唛架工作区的纸样，再单击该工具按钮即可 🔔 **操作提示** 只有【翻转限定】工具按钮被按起，该工具才起作用
	样片文字	给唛架上的样片添加文字	① 单击该工具按钮，然后在唛架上单击一个纸样，弹出【文字编辑】对话框 ② 输入要添加的文字，设置文字的角度和高度，按住对话框上的方向键移动文字的位置，单击"确定"按钮即可
	唛架文字	在唛架上输入文字	单击该工具按钮，然后在主唛架空白处单击，弹出【文字编辑】对话框，余下的操作与【样片文字】工具完全相同，不再赘述 ⚠ **注意** 一定要勾选【选项】菜单下的【显示唛架文字】命令，否则文字不显示
	成组	组合两个或两个以上的样片	① 鼠标左键框选两个或多个纸样，然后单击该工具按钮，被选中的纸样自动成组 ② 移动样片时，成组的纸样可一起移动
	拆组	拆开纸样组合	选中成组的纸样，再单击该工具按钮，成组的纸样自动拆开

表 2-9　　　　　　　　　　　　唛架工具匣 2 图标工具介绍

图标	名称	功能	操作方法与图例
	显示辅唛架宽度	按照辅唛架宽度显示	单击该工具按钮即可
	显示辅唛架所有样片	显示辅唛架上的所有样片	单击该工具按钮即可
	显示整个辅唛架	显示整个辅唛架	单击该工具按钮即可
	展开折叠样片	将折叠的样片展开	鼠标单击选中一个样片，再单击该工具按钮，即可看到纸样沿折叠线被展开
	样片右折	将对称的样片向右折叠	① 单击【定义唛架】工具按钮，弹出【唛架设定】对话框，在对话框中将【层数】设为两层，【料面模式】设为相对，【折转方式】设为右折转，再单击"确定"按钮 ② 鼠标单击左右对称的纸样，再单击该工具按钮，即可看到纸样被折叠为一半，并靠于唛架相应的折叠边
	样片左折	将对称的样片向左折叠	操作方法与【样片右折】工具 完全相同
	样片下折	将对称的样片向下折叠	操作方法与【样片右折】工具 完全相同 🔔 **操作提示** 【唛架设定】对话框中的【折转方式】要设为上折转或下折转
	样片上折	将对称的样片向上折叠	操作方法与【样片右折】工具 完全相同 🔔 **操作提示** 【唛架设定】对话框中的【折转方式】要设为上折转或下折转
	裁剪次序设定	设置自动裁床裁剪衣片时的顺序	① 单击该工具按钮，即可看到自动设定的裁剪顺序（见图例） 图例 ② 按住键盘上的 Ctrl 键，单击裁片，弹出【裁剪参数设定】对话框 ③ 在【裁剪序号】输入框中输入新的编号，可改变裁片的裁剪次序 ④ 在起始点栏内单击 << 按钮或 >> 按钮，可改变该纸样的切入起始点 ⑤ 最后单击"确定"按钮即可
	画矩形	画矩形参考线，可随排料图一起打印或绘图	① 单击该工具按钮，鼠标移到主唛架上单击，然后松开鼠标拖动到合适位置再单击，画出一个临时的矩形框 ② 单击【样片选择】工具 ，将鼠标指针移到矩形框的上下边线上，当指针形状变成双向箭头时，单击鼠标右键，出现【删除】快捷菜单，单击选择【删除】命令，矩形被删除

续表

图标	名称	功能	操作方法与图例
	重叠检查	检查纸样的重叠量	① 单击该工具按钮，使其按下 ② 鼠标移到重叠的纸样上单击，重叠量就会显示出来（见图例） 男西服 大袖 左片 35.36毫米 图例
	设定层	对排料时需要部分重叠的两个样片的重叠部分进行舍取设置	① 单击该工具按钮，使其按下 ② 鼠标移到样片上，左键单击层号增加一级，右键单击层号减少一级，最上层的层号为 0 ③ 绘图时，如果两块样板重叠，则层号小的样板可以完整绘出来，层号大的样板的重叠部分可以选择不绘出来，或绘虚线 0 1 2 图例
	制帽排料	设定样片的排料方式	① 单击该工具按钮，弹出【制帽单样片排料】对话框 ② 在对话框中选择排料的方式，单击"确定"按钮即可
	主辅唛架等比例显示纸样	等比例显示主、辅唛架上的纸样	① 单击该工具按钮，使其按下，主辅唛架上的纸样会等比例显示 ② 再次单击该工具按钮，使其按起，可以回到以前的显示比例
	放置样片到辅唛架	将纸样窗中的样片放置到辅唛架	① 单击该工具按钮，弹出【放置样片到辅唛架】对话框 ② 可按款式或号型选择样片，单击"放置"按钮即可按要求将样片放置到辅唛架，最后单击"关闭"按钮即可
	清除辅唛架样片	清除辅唛架上的样片，并放回到纸样窗内	单击该工具按钮即可
	切割唛架样片	切割辅唛架上的样片	暂无此功能

表 2-10　　　　　　　　　　自定义工具栏 1 图标工具介绍

图标	名称	功能	操作方法与图例
	合并	在当前唛架添加一个已有的唛架文档	① 单击该工具按钮，弹出【合并唛架文档】对话框 ② 选择要合并的 mkr 格式文件，单击"打开"按钮，打开的唛架将被添加到当前唛架后面
	向上滑动	将选中的样片向上滑动	单击该工具按钮即可
	向下滑动	将选中的样片向下滑动	单击该工具按钮即可

图标	名称	功能	操作方法与图例
	向左滑动	将选中的样片向左滑动	单击该工具按钮即可
	向右滑动	将选中的样片向右滑动	单击该工具按钮即可
	开关标尺	显示或隐藏主唛架标尺	① 该工具按钮按下，显示主唛架标尺 ② 该工具按钮按起，隐藏主唛架标尺
	四向取整	控制旋转纸样的角度	按下该工具按钮，当纸样被旋转到靠近 0°、90°、180°、270°这 4 个方向附近（左右 6°范围）时，旋转角度将自动靠近这 4 个方向之中最接近的角度
	关于	显示关于 GMS 系统的相关信息	① 单击该工具按钮，弹出【关于 GMS】对话框 ② 单击"确定"按钮即可
	帮助	用于查看选中图标工具或菜单命令的功能和	① 单击该工具按钮，使其按下，鼠标指针变成图标所示的形状 ② 移动鼠标到需要查看其功能和操作方法的图标工具或菜单命令上单击，弹出【Richpeace 服装 CAD 排料系统在线帮助】对话框 ③ 单击【关闭】按钮即可
	缩小显示	使主唛架上的样片缩小显示	① 单击该工具按钮即可 ② 每单击一次，主唛架区就缩小一次
	辅唛架缩小显示	使辅唛架上的样片缩小显示	① 单击该工具按钮即可 ② 每单击一次，辅唛架区就缩小一次
	逆时针 90°旋转	将唛架上选中的样片进行逆时针 90°旋转	单击唛架工作区的纸样，再单击该工具按钮即可 操作提示 ❶ 只有【旋转限定】工具按钮被按起，该工具才起作用 ❷ 可连续旋转 ❸ 当【四向取整】工具按钮被按下时，只能在 4 个角度之间旋转
	180°旋转	将唛架上选中的样片进行 180°旋转	单击唛架工作区的纸样，再单击该工具按钮即可 操作提示 ❶ 只有【旋转限定】工具按钮被按起，该工具才起作用 ❷ 可连续旋转 ❸ 当【四向取整】工具按钮被按下时，只能在 4 个角度之间旋转
	边点旋转	以单击点为中心旋转纸样	单击该工具按钮，再单击唛架工作区的纸样，按住鼠标不放，旋转纸样到合适位置单击即可
	中点旋转	以纸样中心为轴心旋转纸样	单击该工具按钮，再单击唛架工作区的纸样，按住鼠标不放，旋转纸样到合适位置单击即可 操作提示 ❶ 当【旋转限定】工具按钮被按起，可在 360°范围内旋转 ❷ 当【旋转限定】工具按钮被按下，只能进行 180°旋转 ❸ 当【四向取整】工具按钮被按下时，只能在 4 个角度之间旋转
	清除选中	将选中的样片放回纸样窗	选中唛架上需要清除的样片，再单击该工具按钮即可

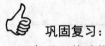

巩固复习：

复习：熟悉排料系统的工作界面和窗口组成。

练习：对照书本介绍，将每一个工具反复练习 3 遍。

小结：

本章对富怡服装 CAD 的设计与放码系统和排料系统做了一个较为详细的介绍，重点介绍了它们的工具条工具。要做到操作 CAD 时得心应手，这些知识都是必须掌握的。不要指望一天就能学好，勤动手、多练习才是最重要的。

第 **3** 章 | NAC2000 服装 CAD 系统介绍

 学习提示：

为达到掌握 NAC2000（日升）服装 CAD 系统应用的基本技巧、熟悉和灵活运用其工具的目的，本章将对该系统的工具做一个详细的介绍。

通过本章的学习，要求了解 NAC2000 服装 CAD 系统的基本特点和各种工具的常见使用方法，并在所学知识的基础上，运用系统提供的各种工具，独立完成一些基本的服装打板、放码、排料与输出操作，同时在学习的过程中能够有意识地将 NAC2000 的工具与富怡的工具进行初步地对照。

NAC2000 服装 CAD 系统主要由原型系统、打板系统、推板系统、排料系统和输出系统 5 个功能模块组成。其中，原型系统可生成用于服装打板的基本原型如 Knit 原型、文化原型等；打板系统用于打板、纸样变化、加缝和样板标注等工作；推板系统用于纸样放码工作；排料系统用于纸样排版与算料工作；输出系统则用于纸样和排料图的输出工作。NAC2000 服装 CAD 系统完全模拟了手工打板的习惯，样板生成与修改轻松随意，纸样变化与放码快捷高效，非常适合专业人员从事各种服装样板的设计处理工作。

3.1 打板系统

NAC2000 服装 CAD 打板系统采用独特的线打板方式，完全模拟了手工制板的习惯，其直接处理的对象不是点而是线，所有的打板功能完全摆脱了点打板的束缚。打板时直接画线，既不需要区分辅助线和轮廓线，更不需要样板提取，线条封闭的区域就是样板。打板师可以随意摆弄每一根线，剪切、拉伸、缩短、变形、定量和不定量皆可，十分方便、快捷。

重点、难点：

- 打板系统的工作画面与窗口组成。
- 系统的常见用语及光标的含义。
- 系统点的捕捉方式。
- 系统信息提示的表示方法和含义。
- 图标工具的功能与操作方法。

3.1.1 主画面

双击 Windows 桌面上的快捷图标 ，进入 NAC2000 服装 CAD 系统的主画面，如图 3-1 所示。

主画面主要由标题栏、菜单栏、工具栏和功能模块图标组成。

1．标题栏

标题栏位于 NAC2000 服装 CAD 系统的主画面顶部，通常为蓝色。标题栏的左侧显示软件名称，右侧有 3 个按钮，分别是【画面最小化】按钮，【画面最大化】按钮（不可用）和【关闭画面】按钮。

2．菜单栏

菜单栏位于标题栏的下方，共有 4 个菜单，分别是【功能】、【环境】、【查看】和【帮助】。每个菜单下面又分若干个子菜单，如图 3-2 所示。

3．工具栏

工具栏位于菜单栏下方，共有 7 个工具，单击其中任何一个工具，即可进入相应的功能模块或环境设置模块，如图 3-3 所示。

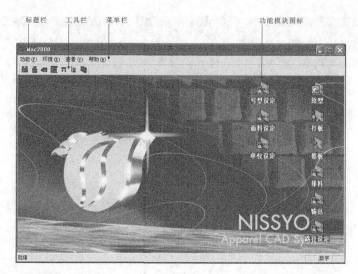

图 3-1

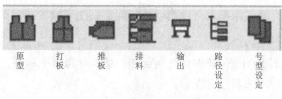

图 3-2　　　　　　　　　　　　　　图 3-3

4．功能模块图标

主画面的右侧有 9 个快捷图标，分别代表 9 个功能模块：【原型】、【打板】、【推板】、【排料】、【输出】、【号型设定】、【面料设定】、【单位设定】和【路径设定】。其中前 5 个模块属于功能模块，后 4 个模块属于环境设置模块。双击其中任何一个图标，即可进入相应的功能模块或环境设置模块。

3.1.2　工作画面

双击 NAC2000 服装 CAD 系统主画面上的【打板】快捷图标，进入打板系统的工作画面，如图 3-4 所示。

画面主窗口主要由标题栏、菜单栏、画面工具条、纸样工具条等组成。

1．标题栏

标题栏位于打板系统画面的顶部，通常为蓝色。标题栏的左侧显示软件名称、版本、文件保存的路径和名称，右侧有 3 个按钮，分别是【画面最小化】按钮，【画面最大化】按钮和【关闭画面】按钮。

2．菜单栏

菜单栏位于标题栏的下方，共有 14 个菜单，分别是【文件】、【编辑】、【作图】、【修正】、【纸样】、【文字】、【记号】、【缝边】、【检查】、【部品】、【属性】、【画面】、【查看】和【帮助】。每个菜单下面又分若干个子菜单。单击一个主菜单时，会弹出相应的子菜单。

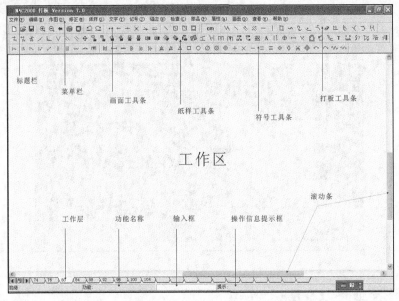

图 3-4

通过菜单，可以执行系统提供的所有命令和功能，当然也包括工具条中的所有功能。

3．滚动条

滚动条位于窗口的底部和右边，分为水平和垂直两种滚动条，用于移动当前窗口，以便查看当前窗口未显示的图形。

4．工作层

软件打板的操作页面，共分 20 层，默认的打板工作层是第 3 层，其他层是放码层。

 教师指导：

一定要在软件默认的工作层，也就是第 3 层打板。在其他层打的样板不能在推板系统中显示，也就无法推板了。有的时候由于误操作的原因，导致在新建文件时，默认的打板工作层不是第 3 层，这时可直接进入推板系统，新建一个文件，会弹出【基础层设定】对话框，如图 3-5 所示，单击 "OK" 按钮确认即可。再进入打板系统，就在第 3 层了。

如果发现所制的样板不在第 3 层上，可先将文件保存，再将默认的打板工作层设为第 3 层，然后新建一个参照文件，打开刚才保存的文件，将样板复制到参照文件的默认工作层，再进行保存即可。

图 3-5

5．功能名称

显示当前所用功能的名称。

6．操作信息提示框

显示当前选择功能的操作步骤及方法，帮助操作顺利进行。

 建议：

操作中一定要看提示，它可是最好的老师！

7．输入框

输入操作过程中所需的坐标、数据或者文字。

8. 工具栏

工具栏包含画面与打板工具条（见图 3-6）、纸样工具条（见图 3-7）和符号工具条（见图 3-8）。

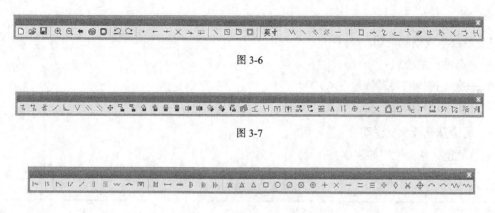

图 3-6

图 3-7

图 3-8

9. 工作区

工作区是打板的区域，用以完成各种纸样设计工作。在不选中任何工具的状态下，在工作区的任意位置按下鼠标左键拖动，可移动工作区的所有样板。而且，以这种方式移动的样板，进入推板系统后，不需要进行点对应。

10. 其他

考虑到工具栏会过多占用工作区空间，符号工具条默认不显示。除此之外，款式图、尺寸表、文字库表也设置为默认不显示，如图 3-9 所示。

图 3-9

其中款式图主要用于打板参照，尺寸表用于尺寸的输入，文字库主要是方便文字输入，文字库可自行添加内容。当输入提示符出现在输入框中时，双击文字库任意一个文字列表，其内容就会被复制到输入框内。

3.1.3 用语、光标说明

3.1.3 用语、光标说明

了解系统特性，熟悉软件的习惯用语，理解光标的意义，对于用好软件，提高打板效率都是非常有帮助的。

1．系统功能限制说明

● 一条曲线的点数：3～15 个

● 一次可选择的要素数量：≤1000

● 一个画面可处理的号型数量：≤20

2．用语及光标意义说明

用语及光标意义说明如表 3-1 所示。

表 3-1　　　　　　　　　　　　　　用语及光标意义说明

用语/光标	意义	图示
形状	由直线、曲线、圆弧组成的封闭区域的集合	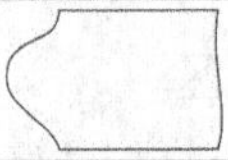
要素	构成形状的一个个单体，如一条直线、一串字符等	
层	一个号型代表一层	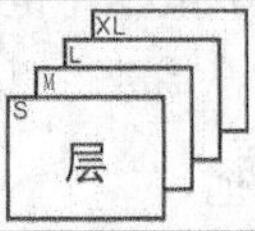
号型段	20 个连续的（20 层）号型称为一个号型段，默认是 40～60 号型段	
选取一个要素	鼠标单击指示要素	
选取多个要素	鼠标框选要素	
指示菜单或工具	使用鼠标指示或单击菜单或工具	

3．点、要素说明

点、要素说明如表 3-2 所示。

表 3-2　　　　　　　　　　　　　　点、要素说明

名称	图标	快捷键	功能和使用方法	图例
任意点	◆	F1	捕捉作图区内任意位置的点 例：作图→两点线	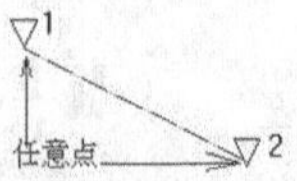
端点	 ←	F2	捕捉线的端点 输入数值后变为线上距端点一定距离的点 ① 输入正值：点在线上 ② 输入负值：点在线的反向延长线上例 例：作图→两点线	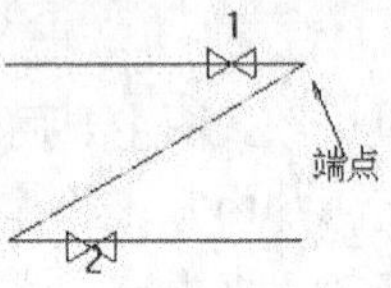

续表

名称	图标	快捷键	功能和使用方法	图例
中心点		F3	捕捉线的中心点 ①输入正值：靠近指示端 ②输入负值：远离指示端 例：作图→两点线	
交　点		F4	捕捉两条线相交的点 指示相交的两条线 例：作图→两点线	
投影点		F5	捕捉线上的任意点 例：作图→两点线	
比率点		F6	捕捉线上一定比例的点 例：作图→两点线 分别输入 0.500、0.667 即在两条线的 1/2、2/3 处 注：只识别小数如 0.250、0.333	
要　素		F7	选取 1 条要素 以删除要素为例	
领域内		F8	选取完全框选的要素 以删除要素为例	
领域外		F9	选取框选到的要素 以删除要素为例	
外轮廓		F10	选取外层封闭的轮廓边缘（如缝边） 以删除要素为例	
全画面		F12	在一个画面上显示全部图形	
再表示		Insert	重新显示图形	

4. 信息提示说明

（1）输入个数的提示。

以【删除】工具为例，如显示如下信息：

> 提示：选取图形要素（右键确认）：[领域上]　　[3]

选取图形要素：　　选择需要删除的要素。

（右键确认）：　　右键确认对要素的选择，完成删除操作。

[领域上]：　　表示要素选择的方式，共有 4 种：[要素]、[领域内]、[领域内]、[外周]。

[3]：　　表示拾取要素的个数。

（2）点指示模式的提示。

以【两点线】工具为例，如显示如下信息：

> 提示：指示作图两点：[端点]

指示作图两点：　指示连接直线的两个端点。

[端点]：　　表示点的定位或选择方式，共有 6 种，分别是：[任意点]、[端点]、[中心点]、[交点]、[投影点]、[比例点]。不同类型点的操作方法如表 3-2 所示。

（3）数值输入的表示。

以【垂直线】工具为例，如显示如下信息：

> 提示：指示垂直线的始点/终点（可输入垂直长度，正值向上负值向下）：[端点]　　[数值：5.000]

指示垂直线的始点/终点：　　　　　　先指示垂直线的始点，再指示垂直线的终点。

（可输入垂直长度，正值向上负值向下）：　可以直接输入垂直方向的长度，正值表示向上画，负值表示向下画。

[端点]：　　　　　　　　　　　　　表示点的定位或选择方式。

[数值：5.000]：　　　　　　　　　表示离端点的距离。

3.1.4　图标工具

如果说系统主画面是打板的工作台面，系统窗口是打板的纸，那么系统工具就是尺和笔了。熟练掌握工具的功能和操作方法是用好服装 CAD 的关键。

打板系统的工具条包括：画面工具条、打板工具条、纸样工具条和符号工具条。鼠标单击即可选中工具。

1. 画面工具条图标工具

画面工具条提供了打板系统软件操作、环境设定和画面调整的常用工具，如【新建文件】、【保存文件】、【全体表示】、【撤销】、【端点】、【要素】等工具。

（1）画面工具条。画面工具条的各个工具名称如图 3-10 所示。

图 3-10

（2）图标工具。画面工具条中主要工具介绍如表 3-3 所示。

表 3-3 画面工具条的工具介绍

图标	名称	功能	操作提示	图例
	新建文件	清除当前工作文件，创建一个新画面	① 单击执行操作 ② 如果画面上有图形，则显示【Apat】提示窗口，单击"确定"按钮即执行操作 **注意** 此功能不可恢复，注意保存文件	
	打开文件	打开某个已经存在的文件	① 单击执行操作，显示【Apat】提示窗口，单击"确定"按钮，弹出【打开】对话框 ② 指示目标文件名，单击"打开"按钮或双击目标文件名，即执行操作	
	保存文件	将当前内容保存	① 单击执行操作 ② 初始文件的保存，会自动转为"另存为"状态，输入文件名，单击"保存"按钮即可 ③ 如果是再次保存，会弹出【Apat】提示窗口，单击"确定"按钮，当前画面内容自动替换文件原有内容	
	放大	将框选的领域放大到充满工作区	单击选中工具，指示对角 2 点：▽1、▽21，框选部位被放大	
	缩小	整个画面缩小 1/2	① 选中即执行 ② 整个画面以中心为基准，所有形状缩小 1/2	
	前画面	回到前一画面状态	①选中即执行 ②用于放大或缩小画面后，最后两个画面之间切换	
	全体表示	将打开号型的所有图形显示在屏幕上	① 选中即执行 ② 用于查看某一层面已完成的所有图形	

续表

图标	名称	功能	操作提示	图例
回	再表示	清扫画面	① 选中即执行 ② 当画面上出现不清楚状态时使用	 ⊖ → ⊕
回	撤销	回到上一步操作	① 选中即执行 ② 在发生错误或误操作时使用	
回	重复	在进行撤销操作后回到下一步操作	① 选中即执行 ② 在发生错误或误操作时使用	
英寸	单位	显示当前文件的制图单位	软件打开后会自动显示	

2. 打板工具条图标工具

打板工具条提供了软件打板的常用工具，如【间隔平行线】、【矩形】、【曲线】、【垂线】、【曲线拼合】等工具。打板工具条是打板系统的核心模块之一。

（1）打板工具条。打板工具条的各个工具名称如图 3-11 所示。

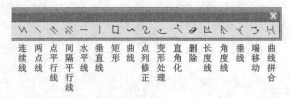

连续线　两点线　点平行线　间隔平行线　水平线　垂直线　矩形　曲线　点列修正　变形处理　直角化　删除　长度线　角度线　垂线　端移动　曲线拼合

图 3-11

（2）图标工具。打板工具条的工具介绍如表 3-4 所示。

表 3-4　　　　　　　　　　　　打板工具条的工具介绍

图标	名称	功能	操作提示	图例
连续线	连续线	连续画直线	① 软件提示：指示连续线点列：[端点] ② 作图区连续定位▷◁1、▷◁2、▷◁3、▷◁4，线条画出 ③ 右键单击结束	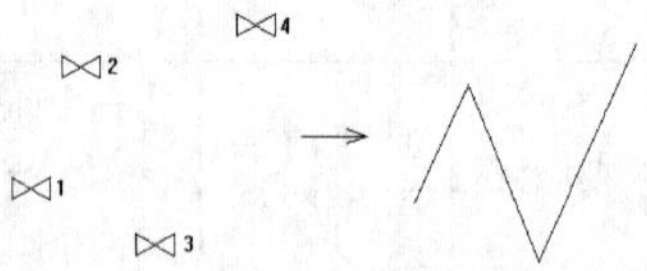
两点线	两点线	由两点作出直线	① 软件提示：指示作图两点：[端点] ② 定位两点▷◁1 ▷◁2，线条画出	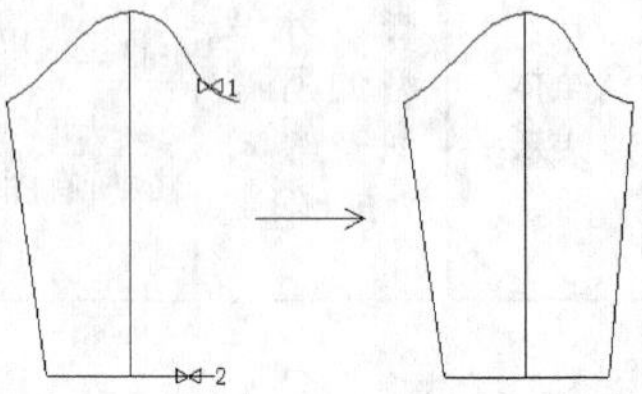

续表

图标	名称	功能	操作提示	图例
	点平行线	过某一点作平行线	① 指示被平行要素：⋈1 ② 指示通过点：[端点]⋈2，平行线画出	
	间隔平行线	作指定距离的要素平行线	① 指示被平行要素：⋈1 ② 指示平行侧：[任意点]▽2 ③ 软件提示：输入间隔量=，在输入框中输入平行距离，回车确定	
	水平线	画水平线	① 软件提示：指示水平线始点/终点（可输入水平线长度，正值向右，负值向左）：[端点] ② ⋈1选要素一，⋈2选要素二，水平线画出	
	垂直线	画垂直线	① 软件提示：指示垂直线始点/终点（可输入垂直线长度，正值向上负值向下）：[端点] ② ⋈1选要素一，⋈2选要素二，垂直线画出	
	矩形	画矩形	指示矩形对角两点：▽1 ▽2，矩形画出。或在输入框中输入 x*y*，回车确定	
	曲线	画曲线	① 软件提示：指示曲线点列：[端点] ② 作图区连续定位⋈1、⋈2、⋈3、⋈4、⋈5，曲线画出 ③ 右键单击结束 ⚠ 注意： ❶ 一条曲线的点数为 3~15，画到第15点时自动结束并生成曲线 ❷ 可按 Backspace 键回退	

图标	名称	功能	操作提示	图例
↗	点列修正	移动曲线上的点修改曲线	① 指示要修正的曲线：[要素] ▷◁ 1 ② 指示移动的点：[任意点] ▽ 2 ③ 指示移动后的点：[任意点] ▽ 3 ④ 右键单击确定	
↘	变形处理	曲线按要求变形	① 指示要变形线的端点：[要素] ▷◁ 1 ② 指示变形位置点：[任意点] ▽ 2 ③ 指示移动之后的点（或输入 dx/dy）：[端 点] ▷◁ 3（如果移动之后的点不是端点，而是距端点一定距离，则先在输入框输入距离值，回车确定，再单击端点）	
↗	直角化	在指定的位置使直线与曲线的夹角呈直角	① 指示曲线：[要素] ② 指示基准线：[要素] ③ 指示直角化位置：[任意点] ④ 指示修改点：[任意点]，移动到需要的位置 ⑤ 右键单击结束 **！ 注意** 基准线必须为直线	
⌀	删除	删除指示的要素或样板	① 选取图形要素：[领域上] ② 右键单击，要素被删除	
↗	长度线	从某一点画到另一要素上的定长直线	① 指示长度线的起点：[端点] ▷◁ 1 ② 指投影要素：▷◁ 2 ③ 输入线的长度，回车确定，线段画出 **！ 注意** 输入线的长度必须大于点到线的垂直距离	

续表

图标	名称	功能	操作提示	图例
	角度线	作与某要素成一定角度的定长直线	① 指示基准要素：[要素]▷◁1 ② 输入线的长度，回车确定 ③ 指示角度线的通过点：[端点]▷◁2 ④ 输入角度（正值为逆时针，负值为顺时针），线条画出	
	垂线	过某一点作与基准线垂直的定长直线	① 指示垂直基准要素：[要素]▷◁1；输入垂线的长度（长度=0时为投影线） ② 指示垂线的通过点：[端点]▷◁2 ③ 指示垂线的延伸方向：[任意点]▽3，垂线画出 ☞ **教师指导** "（长度=0 时为投影线）"是指输入线的长度为 0 时，指示通过的端点后，如果指示的垂线的延伸方向指向基准线，则所画直线与基准线垂直相交；如果指示的垂线的延伸方向背向基准线，则所画直线与基准线垂直，但不相交，其长度等于指示端点到基准线的投影线长	
	端移动	线的端点移动到新位置，生成一条新的线	① 指示要素的移动端：[要素]▷◁1，右键单击 ② 指示新端点：[端点]▷◁2	
	曲线拼合	将一条或多条线拼成一条曲线	① 指示进行拼合的要素：[要素]▷◁1 ▷◁2，右键 ② 输入拼合后点数，回车确定 ③ 指示移动的点，调整拼合后的曲线，右键结束。单击"再表示"按钮更新画面 ☞ **教师指导** 拼合后的曲线点数介于 3～15 之间	

3. 纸样工具条图标工具

纸样工具条提供了纸样处理、符号标注、样板校验的常用工具，如【两侧修正】、【水平反转】、【垂直补正】、【平行纱向】、【要素长度】、【拼合检查】等工具。纸样工具条也是打板系统的核心模块之一。

（1）纸样工具条。纸样工具条的各个工具名称如图 3-12 所示。

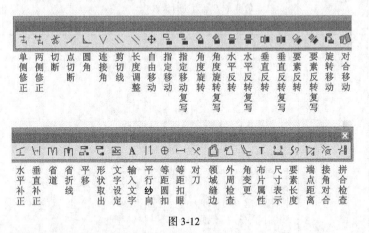

图 3-12

（2）图标工具。纸样工具条的工具介绍如表 3-5 所示。

表 3-5　　　　　　　　　　　　　　纸样工具条的工具介绍

图标	名称	功能	操作提示	图例
	单侧修正	对被切断要素选中的一端进行伸缩处理	① 指示切断线：[要素]▷◁1 ② 指示被切断要素：[领域上] ▽ 2，▽ 3 ③ 单击鼠标右键结束	
	两侧修正	对两个切断线之间的被修正要素进行伸缩处理	① 指示两条切断线：[要素] ▷◁1，▷◁2 ② 指示被切断要素：[领域上] ▽ 3，▽ 4 ③ 单击鼠标右键结束	
	切断	将一条线断开成为两条线	① 指示被切断的要素：▷◁1，单击鼠标右键 ② 指示切断线：▷◁2，被切断线以两线交点为断开点一分为二	
	点切断	将一条线断开成为两条线	① 指示被切断的要素：▷◁1 ② 指示切断位置 [端点]：▷◁2	

图标	名称	功能	操作提示	图例
	圆角	将两线的夹角变为圆弧	① 指示构成角的两条线：[要素]▷◁1，▷◁2 ② 指示圆心（端点时指示第一条线）：[任意点]，圆角画出 👉 **教师指导** 圆心位置必须在第一条线上指示，或点在空白位置，不可在第二条线上指示	
∨	连接角	将两要素的端点连接起来	指示构成角的两条要素：[领域上] ▽ 1，▽ 2 👉 **教师指导** ❶ 必须是两条线，多的部分删除，少的部分延长 ❷ 当两线连接角部位线条较多时，必须分两次框选	
	剪切线	使线变为指定长度	① 输入线的长度，回车确定 ② 指示剪切线的固定端：[要素]，▷◁ ③ 单击鼠标右键确定	
	长度调整	按指定长度对要素进行伸缩调整	① 输入伸缩长度（两端伸缩输入 a/b） ② 指示线的伸缩端：[要素]，▷◁ ③ 单击鼠标右键确定 👉 **教师指导** ❶ 伸长时输入正值，缩短时输入负值 ❷ 输入 a/b 两个量时，指示线上靠近端点侧伸缩量为 a，另一断伸缩 b ❸ 可多条线同时进行伸缩	
✛	自由移动	任意移动要素	① 选取图形要素（按 Ctrl 键为复制） ② 滑动鼠标至合适位置（单击鼠标左键确认，单击鼠标右键取消）[任意点]	

图标	名称	功能	操作提示	图例
	指定移动	定量或定向平移	① 选取图形要素（右键确认）：[领域上] ② 指示移动前后两点（可输入 dx/dy，回车确定，定向移动）：[端点]	
	指定移动复写	按指示两点的方向和距离平行移动并复写	① 指示图形要素：[要素]▷◁1，右键单击确认 ② 指示移动前后两点（或输入移动量 dx/dy）：[端点] ▽2，▽3 **⚠ 注意** 水平或垂直移动时输入 dx 或 dy	
	角度旋转	按角度旋转	① 软件提示：选取图形要素（右键单击确认）：[领域上] ② ▽1，▽2 框选，单击右键确认 ③ 指示旋转中心点：[端点]▷◁3 ④ 输入旋转角度（正值为逆时针，负值为顺时针），回车确定	
	角度旋转复写	按角度旋转并复写	① 软件提示：选取图形要素（右键单击确认）：[领域上] ② ▽1，▽2 框选，右键单击确认 ③ 指示旋转中心点：[端点]▷◁3 ④ 输入旋转角度（正值为逆时针，负值为顺时针），回车确定	
	水平反转	从指示的点作水平线，以此水平线为基准线进行反转	① 软件提示：选取图形要素（右键单击确认）：[领域上] ② ▽1 ▽2框选要素，右键单击确认 ③ 指示反转基准点：[端点]▷◁3，操作完成	

续表

图标	名称	功能	操作提示	图例
	水平反转复写	从指示的点作水平线，以此水平线为基准线进行反转复写	① 软件提示：选取图形要素（右键单击确认）：［领域上］ ② ▽1 ▽2 框选要素，右键单击确认 ③ 指示反转基准点：［端点］▷◁ 3，操作完成	
	垂直反转	从指示的点作垂直线，以此垂直线为基准线进行反转	① 软件提示：选取图形要素（右键单击确认）：［领域上］ ② ▽1 ▽2 框选要素，右键单击确认 ③ 指示反转基准点：［端点］▷◁3，操作完成	
	垂直反转复写	从指示的点作垂直线，以此垂直线为基准线进行反转复写	① 软件提示：选取图形要素（右键单击确认）：［领域上］ ② ▽1 ▽2框选要素，右键单击确认 ③ 指示反转基准点：［端点］▷◁3，操作完成	
	要素反转	以指示的要素为基准线进行反转	① 软件提示：选取图形要素（右键单击确认）：［领域上］ ② ▽1 ▽2 框选要素，右键单击确认 ③ 指示反转基准要素：［要素］▷◁3，操作完成	
	要素反转复写	以指示的要素为基准线进行反转复写	① 软件提示：选取图形要素（右键单击确认）：［领域上］ ② ▽1 ▽2框选要素，右键单击确认 ③ 指示反转基准要素：［要素］▷◁3，操作完成	

图标	名称	功能	操作提示	图例
	旋转移动	以要素的两端点为对合点进行移动旋转	① 软件提示：选取图形要素（右键单击确认）：[领域上] ② ▽1 ▽2 框选要素，右键单击确认 ③ 指示移动前的两点：[端点]▷◁3，▷◁4 ④ 指示移动后的对应两点：[端点]▷◁5，▷◁6	
	对合移动	以要素的两端点为对合点进行对合移动	① 框选指示需要移动的要素：[领域上] ▽1 ▽2，右键单击确认 ② 指示移动前的两点：[端点]▷◁3，▷◁4 ③ 指示移动后的对应两点：[端点]▷◁5，▷◁6 ④ 被移动的要素的第一个移动点自动对接到移动后的第一个对应点上，并以该点为圆心，可在360°范围内任意旋转，此时，鼠标指针一直吸附在移动前的第二个移动点上 ⑤ 任意位置单击一下，弹出"对合移动"对话框，输入"下摆宽度"或"对合距离"，单击"确定"按钮即可	
	水平补正	图形以某条线为基准水平摆放	① 框选指示需要补正的要素：[领域上] ▽1 ▽2，右键单击确认 ② 指示水平基准线：[要素] ▷◁3 ③ 指示布片新的中心位置：[任意点] ▽4	
	垂直补正	图形以某条线为基准垂直摆放	① 框选指示需要补正的要素：[领域上] ▽1 ▽2，右键单击确认 ② 指示垂直基准线：[要素] ▷◁3 ③ 指示布片新的中心位置：[任意点] ▽4	

续表

图标	名称	功能	操作提示	图例
	省道	做省道（插入省量）	① 单击弹出"省道设定"对话框 ② 选择省道形状，输入省量大小，单击"确定"按钮 ③ 指示省中心线：[要素]，右键，省道开出，"省道设定"对话框再次弹出 ④ 可连续开省，单击"取消"按钮结束操作	
	省折线	封闭省的开口	① 指示倒向侧的省线与曲线：[要素] 1，2 ② 指示另一侧的省线与曲线：[要素] 3，4，折线画出	
	平移	分开的纸样平移到另一位置	① 包围被剪开的要素：[领域上] 1，2 ② 指示剪开线： 3 右键单击确认 ③ 指示移动侧：[任意点] 4 ④ 指示移动的前后两点（可输入 dx*/dy*回车定向移动）[端点] 5，6，移动成功 ⊘ 注意 在输入 dx*/dy*时，正值打开，负值重叠	
	形状取出	取出衣片的某一部分	① 包围被剪开的要素：[领域上] 1，2 ② 指示剪开线：[要素] 3，右键单击确认 ③ 指示移动侧：[任意点] 4，右键单击确认 ④ 输入移开的量 dx/dy=[端点]或指示移动的两点：5，6 ⊘ 注意 该操作可用于挂面、贴边的提取	

图标	名称	功能	操作提示	图例
abc	文字设定	设定文字大小、角度及方向；虚线形式；纱向类型和记号直径	① 选中工具，弹出"参数设定"对话框 ② 重新设定各项参数后，鼠标单击"确定"按钮即可	
A	输入文字	在不同的位置输入同一文字符串	① 选中工具，在输入框中输入文字 ② 指示文字的位置：[任意点]▽1，单击右键结束	
‖	平行纱向	标注与基准线平行的纱向	① 指示纱向的开始点：[任意点]▽1 ② 指示纱向的终了点：[任意点]▽2 ③ 指示纱向平行的基准线：[要素]▷◁3，纱向线画出	
⊕	等距圆扣	在指定位置作出等距圆扣	① 指示圆扣沿边点列：[端点]▷◁1，▷◁2，单击右键 ② 输入扣的直径，回车确定 ③ 选择扣的类型（圆扣=1；雄按扣=2；雌按扣=3），回车确定 ④ 输入扣的个数，回车确定纽扣定出，单击"再表示"按钮刷新画面 ☞ 教师指导 ❶ 如果要定出距要素两端一定距离的纽扣，在选中工具后，先输入距第一端点的距离，回车，▷◁1指示，再输入距第二端点的距离，回车，▷◁2指示，单击右键，剩下的操作就是一样的了 ❷ 在曲线上定纽扣时，须沿曲线用投影点顺序指示多点	

图标	名称	功能	操作提示	图例
	等距扣眼	在指定位置作出等距扣眼	① 指示扣眼沿边点列：[端点]▷◁1，▷◁2，右键单击确认 ② 输入扣的直径，回车确定 ③ 指示里合侧：[任意点]▽3 ④ 选择扣眼的方向（横=1，纵=2），回车确定 ⑤ 输入扣的个数，回车，扣眼定出，单击"再表示"按钮刷新画面 ☞ **教师指导** ❶ 如果要定出距要素两端一定距离的扣眼，在选中工具后，先输入距第一端点的距离，回车，▷◁1指示，再输入距第二端点的距离，回车，▷◁2指示，单击右键，剩下的操作就是一样的了 ❷ 横扣眼方向与开始和终了点连线垂直 ❸ 纵扣眼方向与开始和终了点连线一致，且里合方向不能错，具体见图例 ❹ 在曲线上定扣眼时，须沿曲线用投影点顺序指示多点	
	对刀	在布片上标注对刀（可以是多个）	① 指示要做对刀的要素（从始点侧开始）：[要素]（只能指示一条线），▷◁，右键单击确认 ② 指示出头的方向：[任意点]▽2 ③ 弹出"对刀处理"对话框，选择刀口的类型并设置参数，输入刀口的位置量 ④单击"再计算"按钮，再单击"确定"按钮完成操作	

续表

图标	名称	功能	操作提示	图例
	领域缝边	以左下角为基准点按顺时针方向给衣片加缝边	① 指示领域（对角两点）：▽1，▽2 ② 指示宽度的改变点[任意点]：（从样板左下角的红色菱形点开始，顺时针方向依次指示宽度变更的点 ▽3、▽4、▽5、▽6），▽3 ③ 输入宽度"0"，回车确定 ④ 依次定出4、5、6点的缝边 ⑤ 指示宽度的改变点：▽7 ⑥ 输入宽度"3"，回车，缝边闭合 ⑦ 单击鼠标右键，弹出【选择层】对话框，选择除"基础号型"之外的其他号型，单击"确定"按钮，可使其他号型加上与"基础号型"相同的缝边。没进行推板时，单击"取消"按钮，只对"基础号型"的样板加缝	
	外周检查	检查图形外周是否封闭	指示领域的对角两点：▽1，▽2 ☞ 教师指导 ❶ 如果封闭，则图形外周变成红色，内线变成蓝色，左下角有红色菱形标记 ❷ 如果不封闭，则没有红色外周（经常出现蓝色外周，红色菱形标记可能会出现在其他位置，样板的某一端点位置出现红色的"+"星标记），要立即将样板修改正确 ❸ 用于做缝边、推板之前的检查	 封闭 不封闭

续表

图标	名称	功能	操作提示	图例
			⊘ **注意** ❶ 这一步工作一定要做！如果样板有问题，后面所有的推板、放缝、排料都等于白做，有时则根本不能往下继续 ❷ 红色的"+"星标记并不是指该处有问题，大多数时候是在别的地方，"+"星只表示该样板的外周封闭有问题 ❸ 做样板时尽量不要出现线条重叠，过多的尖角，多根线交在一个点上的现象	
＼	角变更	加缝边后只改变角形	① 缝边加好后，指示构成修改角的基准线：［要素］ ⋈1 ② 出现"缝边角类型"对话框，选择需要的角型，单击"确定"按钮即可；再选择其他需要修改角的基准线，选择需要的角型，再次单击"确定"按钮；将所有的边角处理好，右键单击，弹出"选择层"对话框，接下来的操作与"领域缝边"完全相同	
Ｔ	布片属性	给衣片加上属性文字	① 指示纱向线（或直线）［要素］，弹出【布片属性】对话框 ② 在【布片名】的输入框中输入衣片名，在【正常片】及【翻转片】的输入框中输入片数，选择面料，设置文字大小，单击"确定"按钮	布片属性对话框图例 原型 —— 款式名 后片面*2 —— 衣片名、片数 80 —— 号型 A —— 面料
０.５	尺寸表示	对所指示形状用标尺表示	① 指示测量的要素：［要素］ ⋈ ② 在要素上显示刻度，旁边显示要素长度 ⊘ **注意** ❶ 指示端为 0 刻度（起始端） ❷ 单击"再表示"按钮，画面上的标尺消失	0.000 5.000 10.000 15.000 20.000 20.861
∫?	要素长度	显示所指示形状的长度	① 指示要素，显示要素长度 ② 单击"再表示"按钮，标示消失	线长度　9.20

图标	名称	功能	操作提示	图例
	端点距离	测定所指示两点的间隔距离、横偏移、纵偏移	指示两要素的端点：[端点] ▷◁1，▷◁2 **注意** 单击"再表示"按钮可以清除画面	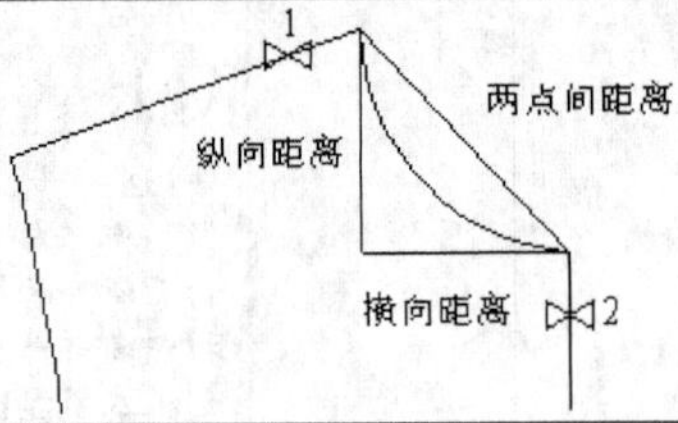
	接角对合	将布片移到另一布片处进行对合检查	① 指示移动侧基准线/移动侧相连的线：[要素] ▷◁1，▷◁2 ② 指示对应侧基准线/对应侧相连的线：[要素] ▷◁3，▷◁4 ③ 输入离对合点的距离 ④ 输入曲线的点数（3～15 点） ⑤ 指示移动前后两点：[任意点] ▽调整曲线点的位置，单击右键确定。单击"再表示"按钮刷新画面 **注意** ❶ 可以不输入离对合点的距离，单击鼠标右键跳过，计算机默认距离为零 ❷ 当接角对合的布片只是单方向平移时，输入离对合点的距离可以为任意值，如果接角对合的布片要旋转移动时，输入离对合点的距离不能为零（具体如图例所示） ❸ 输入曲线的点数，回车确认后，可以直接修改曲线，修改完成后，单击鼠标右键结束	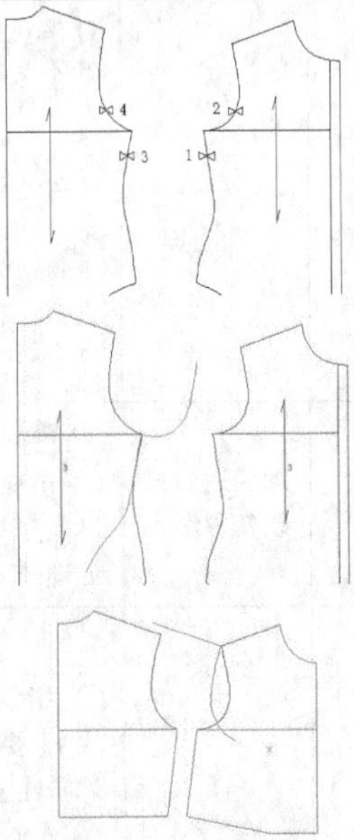 离对合点的距离为零的接角对合效果 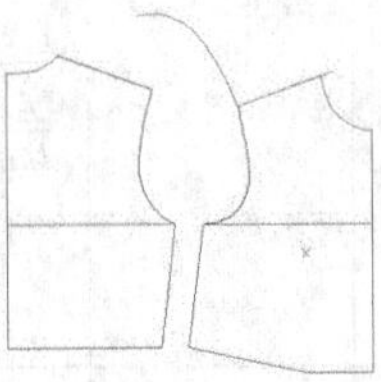 离对合点的距离不为零的接角对合效果 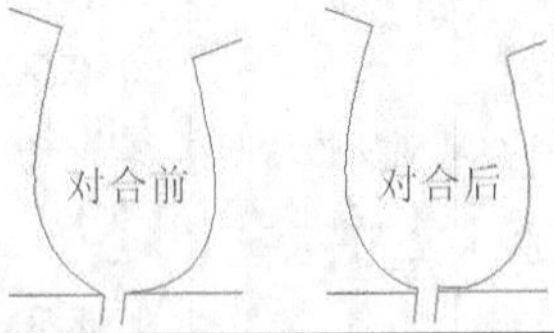
	拼合检查	检查两个或两个以上要素的长度及各个号型的长度差	① 指示拼合要素 1：[领域上] ▽1、▽2、▽3、▽4，单击右键 ② 指示拼合要素 2：[领域上] ▽5、▽6、▽7、▽8，单击右键 ③ 出现对话框（对话框中显示出各号型的要素长度以及它们的长度差）	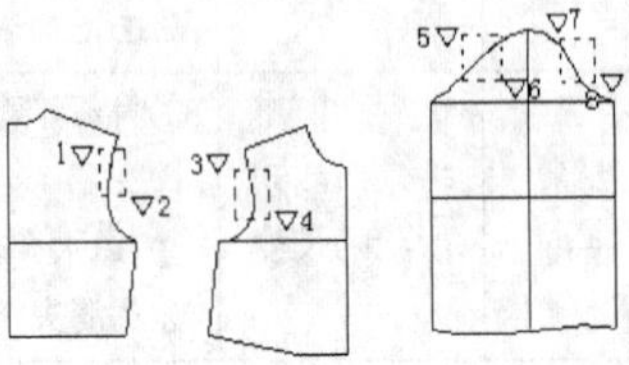

4. 符号工具条图标工具

符号工具条提供了样板标注的常用符号，如【直角纱向】、【双压线】、【等分线标】、【工艺标记】等工具。

（1）符号工具条。符号工具条的各个工具名称如图 3-13 所示。

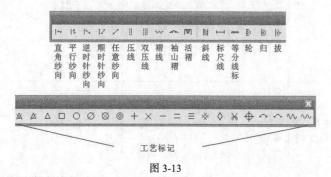

图 3-13

（2）图标工具。符号工具条的工具介绍如表 3-6 所示。

表 3-6　　　　　　　　　　　　符号工具条的工具介绍

图标	名称	功能	操作提示	图例
	直角纱向	标注与基准线成直角的纱向	① 指示纱向的开始点：［任意点］▽1 ② 指示纱向的终了点：［任意点］▽2 ③ 指示垂直基准线：［要素］▷◁3，纱向线画出	
	平行纱向	标注与基准线平行的纱向	① 指示纱向的开始点：［任意点］▽1 ② 指示纱向的终了点：［任意点］▽2 ③ 指示平行基准线：［要素］▷◁3，纱向线画出	
	逆时针纱向	基准线相对于开始点逆时针旋转 45°后标注纱向	① 指示纱向的开始点：［任意点］▽1 ② 指示纱向的终了点：［任意点］▽2 ③ 指示基准线：［要素］▷◁3，纱向线画出	
	顺时针纱向	基准线相对于开始点顺时针旋转 45°后标注纱向	① 指示纱向的开始点：［任意点］▽1 ② 指示纱向的终了点：［任意点］▽2 ③ 指示基准线：［要素］▷◁3，纱向线画出	

图标	名称	功能	操作提示	图例
	任意纱向	标注任意方向的纱向	① 指示纱向的开始点：［任意点］▽1 ② 指示纱向的终了点：［任意点］▽2	
	压线	作出与所指示的形状平行的虚线	① 指示被平行的要素：［要素］▷◁1 ② 指示方向侧：［任意点］▽2 ③输入间隔量，回车，虚线画出	
	双压线	作出所指示的形状的两条平行的虚线	① 输入第一宽度，回车确定 ② 输入第二宽度，回车确定 ③ 指示被平行的要素：［要素］▷◁1 ④ 指示方向侧：［任意点］▽2，双虚线画出	
	褶线	缝纫记号	① 指示基点：［任意点］▽1、▽2、▽3 ② 输入褶线的长度，回车确定，褶线画出 **！ 注意** 褶线的长度是曲线的波峰到波谷的垂直距离	
	袖山褶	作出展开形状的褶印和折山线	① 输入省道的长度，回车确定 ② 输入斜线的间隔，回车确定 ③ 指示倒向侧的省线和曲线：［要素］▷◁1、▷◁2 ④ 指示另一侧的省线和曲线：［要素］▷◁3、▷◁4，褶画出	
	活褶	作出褶印	① 输入省道的长度，回车确定 ② 输入斜线的间隔，回车确定 ③ 指示倒向侧的省线：［要素］▷◁1 ④ 指示另一侧的省线：［要素］▷◁2，褶画出	
	斜线	作出斜线	① 输入斜线的间隔，回车确定 ② 指示夹斜线的两要素：［领域上］▽1、▽2，斜线画出	

续表

图标	名称	功能	操作提示	图例
	标尺线	标示指定要素的标尺线和两端点距离	指示标示的两端点：[端点]▷◁1，▷◁2 ⚠ **注意** 顺时针指示，数字在外侧；逆时针指示，数字在内侧	
	等分线标	按指定的份数，画出所选要素的等分线标记	① 指示标示的两端点：[端点]▷◁1，▷◁2 ②输入等分数，回车，线标画出	
	轮	标示样板需要对接的部位	① 指示中心线[要素] ② 指示作图方向[任意点]，符号画出	
	归	标示用样板裁出的服装裁片需要归拢的部位	① 指示中心线[要素] ② 指示作图方向[任意点]，符号画出	
	拔	标示用样板裁出的服装裁片需要拔开的部位	① 指示中心线[要素] ② 指示作图方向[任意点]，符号画出	
	工艺标记	标示工艺符号	① 输入孔半径，回车确定 ② 指示记号的位置[端点]	
			指示记号位置（3 点）[任意点]▽1、▽2、▽3 即可	
			指示记号位置（2 点）[任意点]▽1、▽2 即可	

👍 **巩固复习：**

本节系统地介绍了主画面与打板系统图标工具的功能与操作方法。要求在总体把握图标工具的基础上，重点掌握打板系统作图、修正、纸样、记号、缝边、检查等图标工具。图标工具是整个软件的核心，熟悉了它们基本上就等于掌握了软件。应多花点时间练习，尽可能熟悉软件。

复习 1：熟悉打板系统的工作界面和窗口组成。

复习 2：熟悉打板系统的图标工具。

实践 1：在屏幕上画一个梯形，进行样板加"缝头"和"角变更"的操作练习。

实践 2：在屏幕上画一条直线，进行要素"属性"变更的操作练习。

实践 3：在屏幕上画一个矩形，进行"文字"、"纱向"、"扣位"、"刀口"等内容的标注练习。

3.2 推板系统

NAC2000 服装 CAD 推板系统的放码功能非常强大，点放码、线放码和参照放码皆可，且支持不同样板的多个参考点同时放码和多块样板同时切开放码，十分方便、快捷。

✍️ **重点、难点：**

● 推板系统的工作画面与窗口组成。

● 图标工具的功能与操作方法。

3.2.1 工作画面

▌双击 NAC2000 服装 CAD 系统主画面上的推板快捷图标▓，进入推板系统的工作画面，如图 3-14 所示。

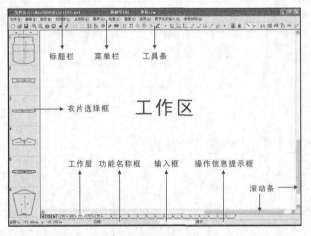

图 3-14

工作画面主要由标题栏、菜单栏、工具条、衣片选择框、工作层等组成。

1. 标题栏

推板系统标题栏的特征与打板系统相同，不再赘述。

2．菜单栏

菜单栏位于标题栏下方，共有 11 个菜单，分别是【文件】、【编辑】、【修改】、【切开线】、【点放码】、【展开】、【检查】、【画面】、【选项】、【数字化仪输入】和【参照放码】，如图 3-15 所示。

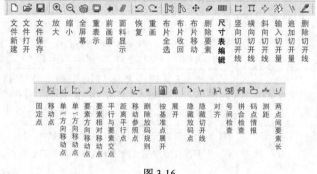

图 3-15

3．工具条

工具条位于菜单栏的下方，上面包含了系统操作的常见工具，如图 3-16 所示。

图 3-16

4．衣片选择框

衣片选择框位于工作画面窗口的左侧，用来存放用于放码的衣片，每个衣片占一小格。鼠标在小格内单击，小格内的衣片即会出现在工作区。

5．工作区

工作区是放码的区域，用以完成各种衣片的推板工作。在不选中任何工具的状态下，在工作区的任意位置按下鼠标左键拖动，可移动工作区的所有样板。

6．工作层

软件放码的操作页面共分 20 层，默认的放码工作层是第 3 层，其他层是放码层。

7．功能名称框

显示当前所选工具的功能名称。

8．输入框

输入操作过程中所需的坐标、数据或者文字。

9．操作信息提示框

显示当前选择功能的操作步骤及方法，帮助操作的顺利进行。

10．滚动条

位于窗口的底部和右边，分为水平和垂直两种滚动条，用于移动当前窗口，以便查看当前窗口未显示的图形。

3.2.2　图标工具

工具条的图标工具介绍如表 3-7 所示。

表 3-7　　　　　　　　　　　　　工具条的图标工具介绍

图标	名称	功能	操作方法与图例
	文件新建	清除当前文件，创建一个新的画面	① 单击该工具图标，如果画面上有图形，则弹出【Agrd】对话框，单击"确定"按钮，弹出【基础层设定】对话框，单击"OK"按钮即可 ② 如果画面上没有图形，则直接弹出【基础层设定】对话框，单击"OK"按钮即可
	文件打开	打开样板文件	① 单击该工具图标，弹出【打开】对话框 ② 选中需要打开的文件，单击"打开"按钮即可 🔔　操作提示 在推板系统中可以打开以下类型的文件: PA1　FILE(*.pal)；AAMA　FILE(*.dxf); TIIP　FILE(*.dxf); HPGL　FILE(*.PLT); AMRD　FILE(*.MRD)
	文件保存	将当前内容保存	① 单击该工具图标，如果是第一次保存，则弹出【另存为】对话框，在【文件名】输入框中输入文件名，单击"保存"按钮即可 ② 如果不是第一次保存，则弹出【Agrd】对话框，单击"确定"按钮即可
	面料显示	显示或隐藏不同面料的颜色	① 按起该工具按钮，显示不同面料的颜色，如图例左所示 ② 按下该工具按钮，隐藏不同面料的颜色，如图例右所示 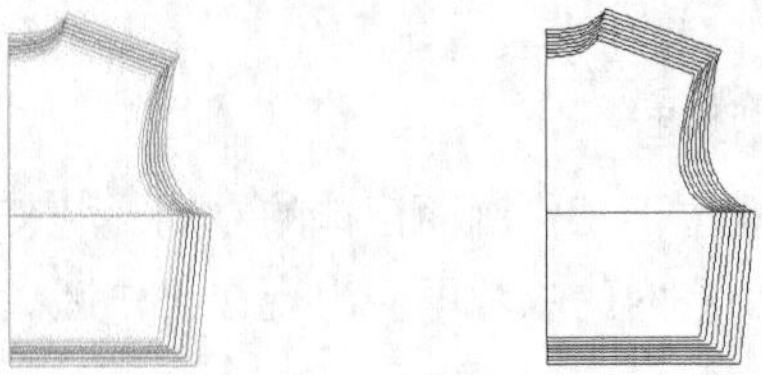 　　按起按钮（显示）　　　　　　按下按钮（不显示） 图例
	布片全选	将【衣片选择框】中的所有衣片放置到工作区内	单击该工具图标，衣片选择框中的所有衣片被放置到工作区内
	布片收回	将工作区内的衣片框选收回	① 单击该工具图标 ② 鼠标在工作区内框选要收回的衣片，框到的衣片被放回到【衣片选择框】
	布片移动	将工作区内的衣片任意移动	① 单击按下该工具按钮 ② 鼠标移到需要移动的衣片内单击，然后按住或松开鼠标拖动衣片到需要放置的位置，再次单击即可 ⚠　注意 ❶ 布片处在移动状态时，其他功能均不可用 ❷ 注意移动后避免衣片重叠
	删除要素	删除框选要素	① 单击该工具图标 ② 鼠标在工作区内单击确定第一点，松开鼠标拖动到第二点再单击，框选需要删除的要素，然后单击鼠标右键，框选的要素被删除

图标	名称	功能	操作方法与图例
▦	尺寸表 编辑	对公式放码的尺寸 表进行编辑	① 单击该工具图标，弹出【尺寸表】对话框，如果在打板系统中建立了尺寸表，则建立的尺寸名称和具体尺寸会在推板系统的【尺寸表】对话框中显示出来，如图例 1 所示 ② 先在【名称】下面的输入框中输入相应的部位名称，再在【基础码】下面的输入框中输入对应的尺寸 ③ 如果要建立不规则档差，只需在各码下面的输入框中直接输入相应的尺寸即可；如果要建立规则档差，则需在【基础码】右侧的尺码输入框中输入各尺寸的档差数值，再单击"档差"按钮即可，如图例 2 所示 ④ 尺寸表建好后单击"保存"按钮，弹出【另存为】对话框，起文件名，单击"保存"按钮即可 ⑤ 最后单击"关闭"按钮，完成尺寸表编辑。编辑好的尺寸在选择"尺寸表"放码时会将尺寸名称全部显示出来，从而实现公式放码，如图例 3 所示 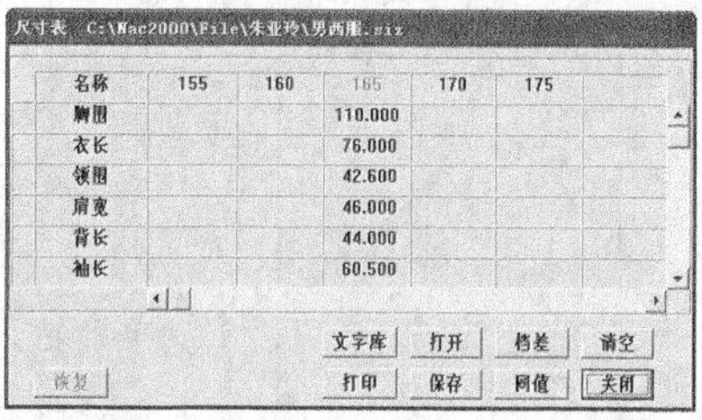

图例 1

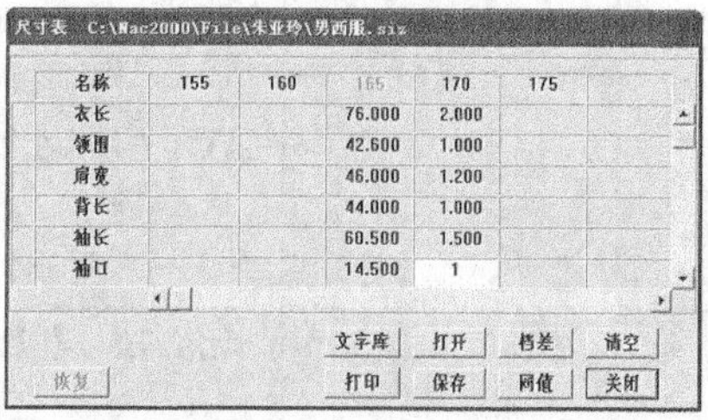

图例 2

设定档差

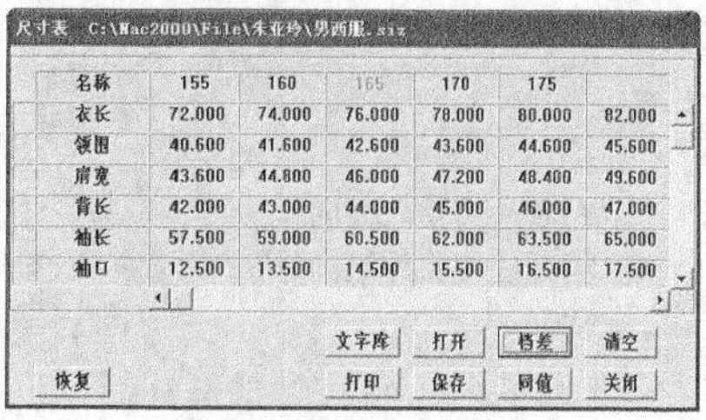

单击"档差"按钮后

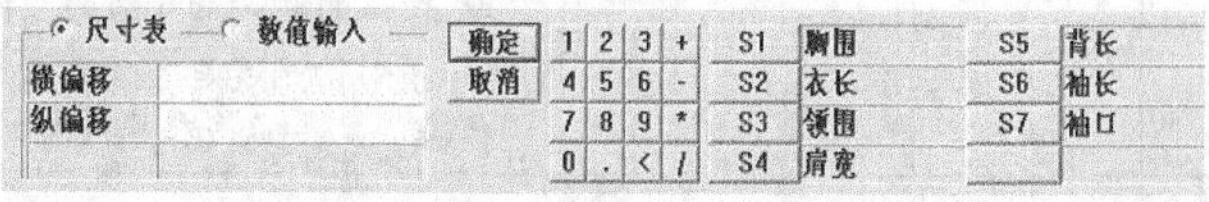

图例 3

图标	名称	功能	操作方法与图例
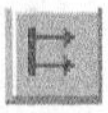 （图标）	竖向切开线	在衣片上输入纵向切开线使衣片横向切开	① 鼠标单击该工具图标，然后在空白位置▼1、▼2处单击定2点，或▼1、▼2、▼3处单击定3点，画出切开线，如图例1所示 ② 右键单击结束。 ⚠ **注意** ❶ 默认的竖向切开线的颜色为红色 ❷ 竖向切开线是为了给衣片增加横向的放码量，竖向切开线不一定要是垂直状态，也不一定是直线，只要能将衣片纵向切开即可 ❸ 画竖向切开线时要避免画到纵向布纹线上 ❹ 一次选定切开线的类型后，可为多块衣片输入多条切开线 ❺ 衣片上可同时输入竖向、横向和斜向切开线，默认的竖向切开线的颜色为红色，横向切开线的颜色为深蓝色，斜向切开线的颜色为紫色，如图例2所示 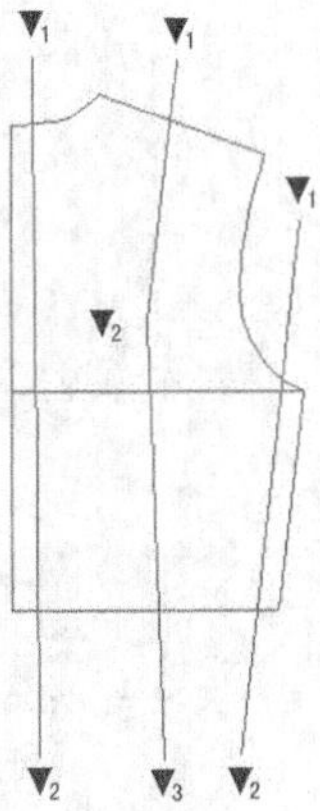 图例1 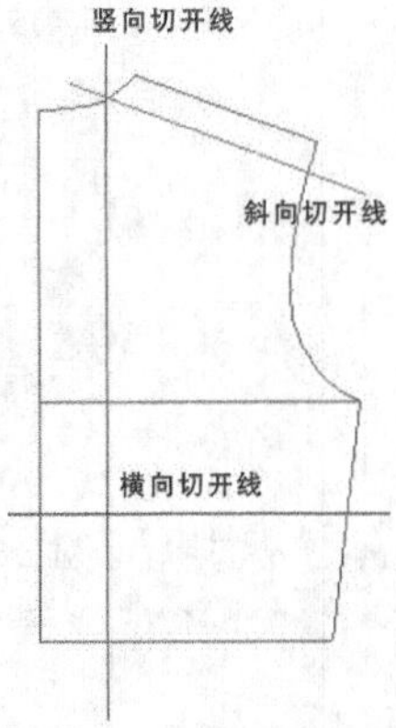　　　　　　　　图例2
 （图标）	横向切开线	在衣片上输入横向切开线使衣片纵向切开	操作方法与【竖向切开线】工具（图标）完全相同，如图例所示 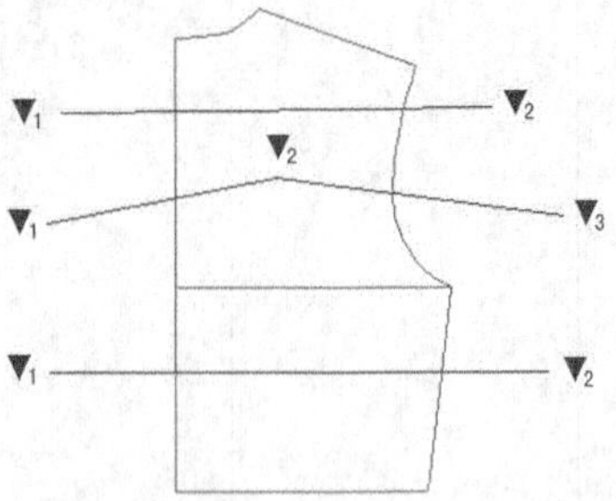 图例 🔔 **操作提示** ❶ 默认的横向切开线的颜色为深蓝色 ❷ 横向切开线是为了给衣片增加纵向的放码量，横向切开线不一定要是水平状态，只要能将衣片横向切开即可

图标	名称	功能	操作方法与图例
	斜向切开线	在衣片上输入斜向切开线	操作方法与【竖向切开线】工具 完全相同，如图例所示 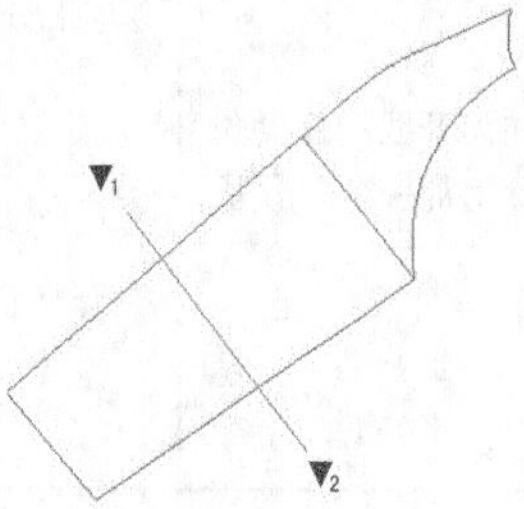 图例 🔔 **操作提示** ❶ 默认的斜向切开线的颜色为紫色 ❷ 斜向切开线是为了给衣片增加与切开线垂直方向的放码量
	输入切开量	给切开线加上放码量	① 鼠标单击该工具图标，然后框选需要输入切开量的切开线，再单击鼠标右键，弹出【切开量输入】对话框，如图例 1 所示 ② 在切开量输入框中输入切开量，单击"确定"按钮即可 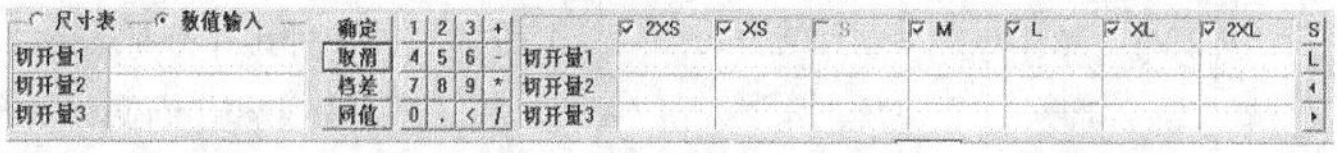 图例 1 🔔 **操作提示** ❶ 放码量相同的切开线，不分横竖，可以一起框选 ❷ 一条切开线上一次最多可以输入 3 个切开量。指示切开线时，系统会在指示的位置上自动生成一个"◇"，证明是切开量 2 的位置，而这个标记距切开线近的一端为切开量 1 的位置，远的一端为切开量 3 的位置 ❸ 如果切开线起点和终点的放码量相同，则只需在【切开量 1】输入框中输入切开量，再单击"确定"按钮即可；如果切开线起点、中间点和终点的放码量不相同，则要分别在【切开量 1】、【切开量 2】和【切开量 3】输入框中输入切开量，再单击"确定"按钮 ❹ 如果是规则放码，可在【切开量输入】对话框左侧的【切开量】输入框中输入切开量；如果是不规则放码，则要在【切开量输入】对话框右侧的【切开量】输入框中输入切开量 ❺ 一条切开线两端切开量不等时，衣片展开要注意展开的基准线，且要使用"按基准点展开"的方式展开 ❻ 输入的切开量会自动显示在切开线的两端（见图例 2） 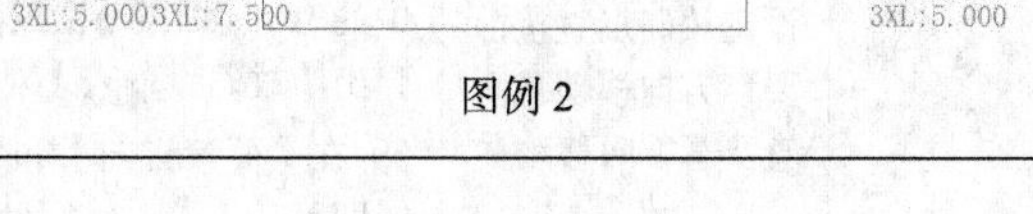 图例 2

图标	名称	功能	操作方法与图例
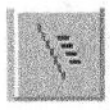	追加切开量	在切开线的任意位置追加一个切开量	① 鼠标单击该工具图标，然后在切开线上需要输入切开量的位置单击，再单击右键，弹出【切开量输入】对话框 ② 在切开量输入框中输入切开量，单击"确定"按钮即可，如图例所示 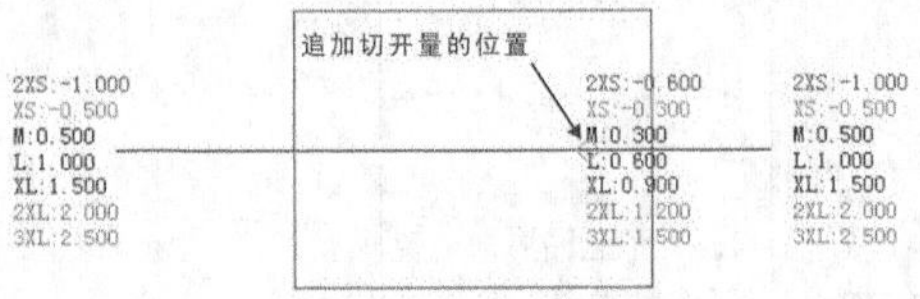 追加切开量的位置 2XS:-1.000　　2XS:-0.600　2XS:-1.000 XS:-0.500　　　XS:-0.300　XS:-0.500 M:0.500　　　　M:0.300　　M:0.500 L:1.000　　　　L:0.600　　L:1.000 XL:1.500　　　XL:0.900　XL:1.500 2XL:2.000　　　2XL:1.200　2XL:2.000 3XL:2.500　　　3XL:1.500　3XL:2.500 图例
	删除切开线	将选择的切开线删除	鼠标单击该工具图标，然后框选需要删除的切开线，再单击鼠标右键即可
	固定点	设定某点为放码的基准点	鼠标单击该工具图标，然后框选衣片上需要设为固定点的要素端点即可 🔔 操作提示 ❶ 使用固定点后，该点的推档值为（0，0） ❷ 推档值为（0，0）与该点不推有区别 ❸ 放码点没有设置放码属性时，颜色是黑色的，设置放码属性后，颜色是蓝色的
	移动点	设定放码点在水平和垂直方向的放码量	① 鼠标单击该工具图标，然后框选衣片上需要设定放码量的放码点，再单击鼠标右键，弹出【放码量输入】对话框，如图例所示 ② 在【横偏移】和【纵偏移】输入框中输入放码量，单击"确定"按钮即可 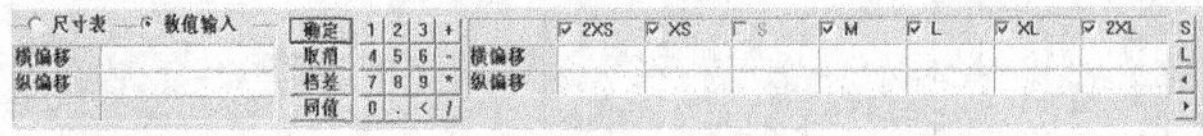 尺寸表　数值输入　确定 1 2 3 +　☑2XS ☑XS □S ☑M □L ☑XL ☑2XL S 横偏移　　取消 4 5 6 -　横偏移　　　　　　　　　　　　　L 纵偏移　　档差 7 8 9 ×　纵偏移　　　　　　　　　　　　　L 　　　　　网值 0 · < / 图例 🔔 操作提示 ❶ 不同放码方式下放码量的输入方法参照"输入切开量"工具的相关说明，不再赘述 ❷ 如果放码点的放码量相同，可一次框选多个放码点，设置相同的放码量
	单 X 方向移动点	设定放码点在水平方向的放码量	操作方法与"移动点"工具完全相同。其弹出的【放码量输入】对话框如图例所示 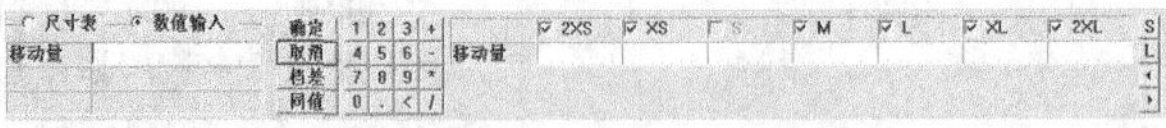 尺寸表　数值输入　确定 1 2 3 +　☑2XS ☑XS □S ☑M ☑L ☑XL ☑2XL S 移动量　　取消 4 5 6 -　移动量　　　　　　　　　　　　　L 　　　　　档差 7 8 9 ×　　　　　　　　　　　　　　　L 　　　　　网值 0 · < / 图例
	单 Y 方向移动点	设定放码点在垂直方向的放码量	操作方法与"单 X 方向移动点"工具完全相同 🔔 操作提示 如果放码点的放码量相同，可一次框选多个放码点，设置相同的放码量
	要素方向移动点	设定放码点直接沿要素方向移动或垂直要素方向移动量	① 鼠标单击该工具图标，之后框选衣片上需要设定放码量的放码点（图例中的 B 点），再单击鼠标右键，然后用鼠标在要素 AB 靠近 A 点一端单击，弹出【放码量输入】对话框 ② 在【要素方向】和【垂直方向】输入框中输入放码量，单击"确定"按钮即可

图标	名称	功能	操作方法与图例
	要素方向移动点	设定放码点直接沿要素方向移动或垂直要素方向移动量	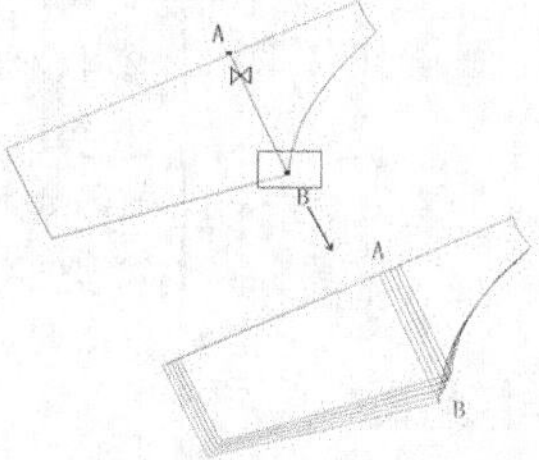 \n图例
	要素相对移动点	设定放码点在已知的要素上移动，且距要素起点的距离是变量	① 鼠标单击该工具图标，▽1、▽2 框选放码点，然后单击鼠标右键\n② 在 ▷◁3 处单击指示要素起点，在 ▷◁4 处单击指示要素终点，弹出【放码量输入】对话框，如图例 1 所示\n③ 在【移动量】输入框中输入移动量，单击"确定"按钮即可。放码效果如图例 2 所示\n\n图例 1\n\n图例 2 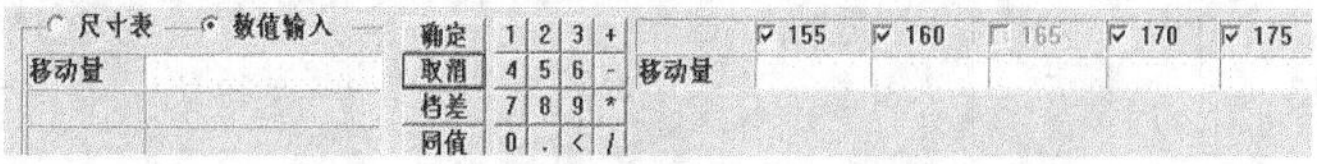 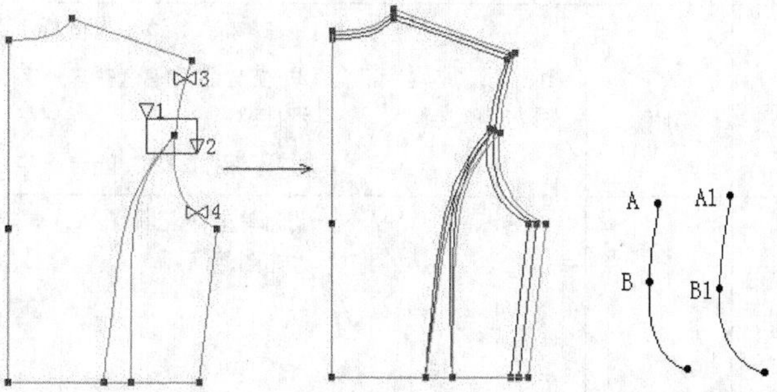
	平行与要素交点	放码点沿要素方向移动，且此点与另一点的连线放码后保持平行	① 鼠标单击该工具图标，▼1、▼2 框选放码点 A，然后单击鼠标右键\n② 鼠标在 ▶◀ 3 处单击指示平行的起点 B\n③ 鼠标在 ▶◀ 4 处单击指示要素的起点 C\n④ 鼠标在 ▶◀ 5 处单击指示要素的终点 D，具体如图例（1）所示\n⑤ 之后要素 AB 被调成平行状态，具体如图例（3）所示。\n\n（1）　　　　　（2）　　　　　（3）\n图例 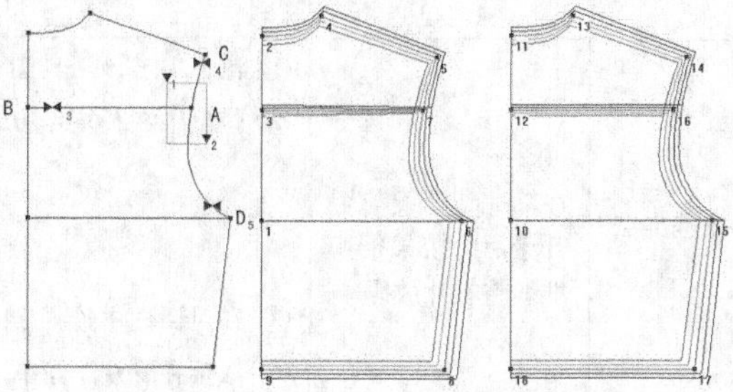

图标	名称	功能	操作方法与图例
	距离平行点	该放码点与已知要素平行，并在横向或纵向的方向定量移动	① 鼠标单击该工具图标，▼1、▼2 框选放码点 A，然后单击鼠标右键 ② 鼠标在 ▶◀3 处单击指示要素，具体如图例（1）所示 ③ 弹出【放码量输入】对话框，在【横偏移】和【纵偏移】输入框中输入放码量，单击"确定"按钮即可 ④ 之后要素 AB 被调成平行状态，具体如图例（3）所示 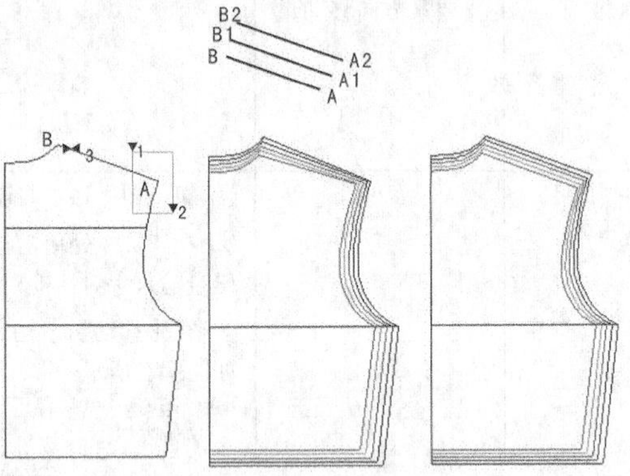 （1）　　（2）　　（3） 图例
	移动参照点	参照其他放码点的放码规则放码	① 鼠标单击该工具图标，弹出【移动参照方式】对话框 ② 在对话框中选择一种参照方式，然后▼1、▼2 框选放码点 A，再单击鼠标右键 ③ 鼠标在 ▶◀ 3 处单击指示放码参照点 B 即可
	删除放码规则	删除放码点的放码规则	鼠标单击该工具图标，▼1、▼2 框选放码点 7 即可，删除放码点规则前后对比如图例所示 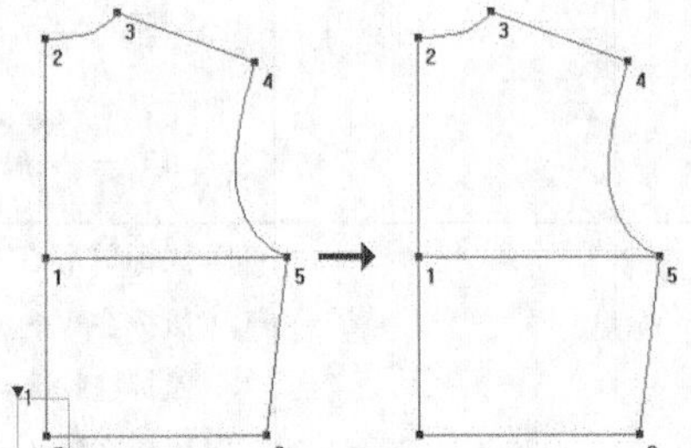 删除中　　　　删除后 图例
	按基准点展开	在输完切开线与切开量后，按某条基准线将衣片放码	① 鼠标单击该工具图标，然后▼1、▼2 在衣片内框选，将衣片选中 ② 弹出【选择定点方式】对话框，如图例（1）所示  （1） ③ 在对话框中选择定点方式为端点 ④ 鼠标在 ▶◀ 3 处单击指示基准点 A，如图例（2）所示 ⑤ 衣片会自动按基准点所在的基准线展开，具体如图例（3）所示

续表

图标	名称	功能	操作方法与图例
	按基准点展开	在输完切开线与切开量后，按某条基准线将衣片放码	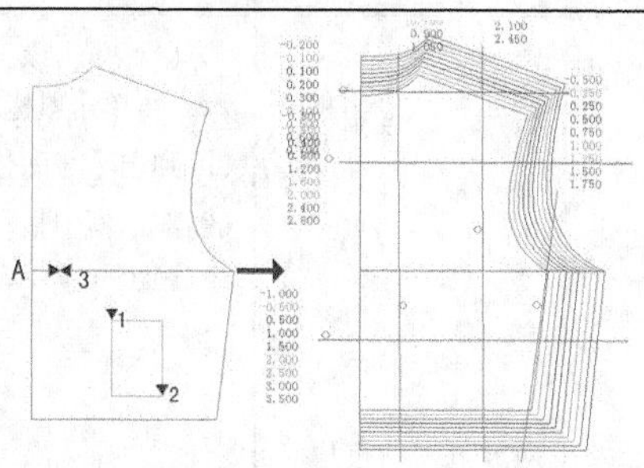 （2）　　　　　　（3） 图例
	展开	在输完切开线与切开量或输完点的放码规则后，将衣片放码	鼠标单击该工具图标即可 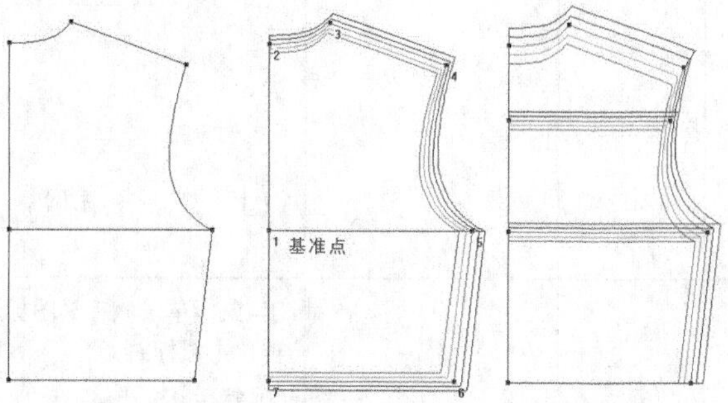 （1）展开前　（2）点放码展开　（3）线放码展开 图例
	隐藏放码点	将屏幕上显示的放码点隐藏起来	按下该按钮为隐藏，按起该按钮为显示
	隐藏切开线	将屏幕上显示的切开线隐藏起来	按下该按钮为隐藏，按起该按钮为显示
	对齐	对放码过的衣片按指定基准线进行对齐,不改变放码规则	① 鼠标单击该工具图标，然后单击指示对齐要素 ② 样板的所有码号会自动以该要素为基准线进行对齐，如图例所示 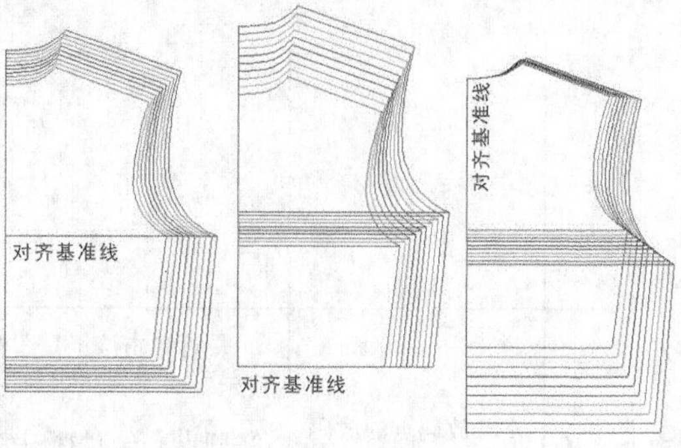 操作提示 ❶ 指示对齐要素时，只能指示基准号的要素 ❷ 该工具非常适合于查看同一块样板,放码基准点设在不同位置时的放码网状图

图标	名称	功能	操作方法与图例
	号间检查	对放过码的布片，检查各号型要素长度及长度差	① 鼠标单击该工具图标，然后▼1、▼2 框选需要检查的要素，如图例 1 所示，再单击鼠标右键 ② 弹出【号间检查】对话框，如图例 2 所示 ③ 对话框中显示出要素长度及其他各码与基础号的长度差 ④ 单击"确定"按钮即可 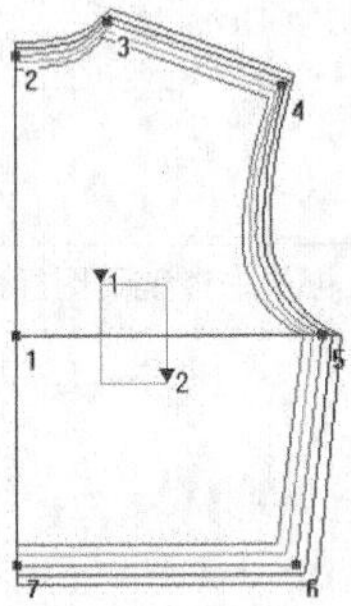 图例 1 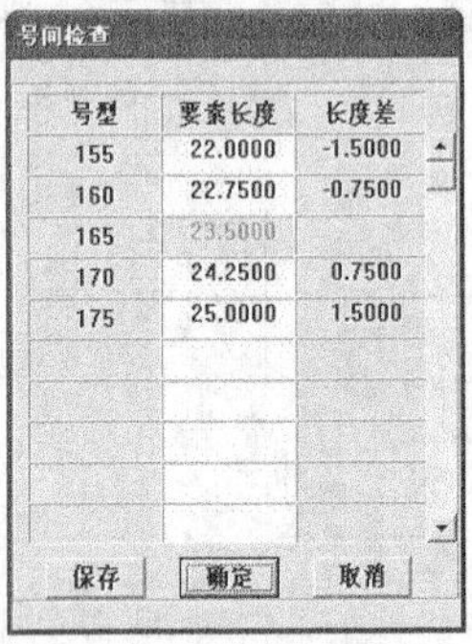 图例 2
	拼合检查	检查放码后各号型间两组要素的长度差	① 鼠标单击该工具图标，▼1、▼2，▼3、▼4 框选要素指示为拼合要素 1，再单击鼠标右键 ② 然后▼5、▼6，▼7、▼8 框选要素指示为拼合要素 2，再单击鼠标右键，如图例所示 ③ 弹出【拼合检查】对话框 ④ 对话框中显示两组要素长度及长度差，单击"确定"按钮即可 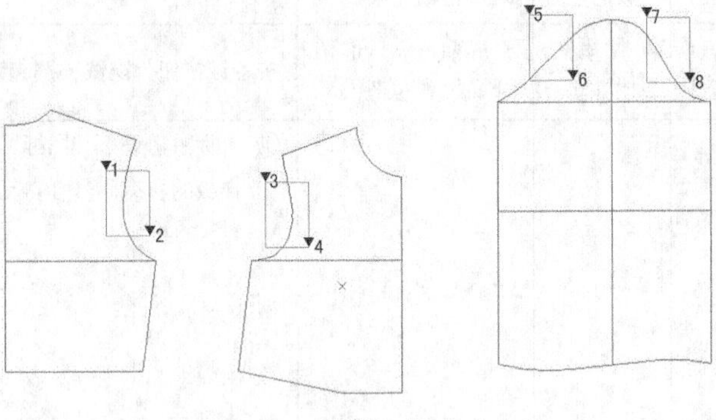 图例
	码点情报	查看放码点的放码规则	① 鼠标单击该工具图标，然后▼1、▼2 框选需要检查的放码点，如图例 1 所示 ② 弹出【码点情报】对话框，如图例 2 所示 ③ 对话框中显示出放码点各码相对于基础码的横偏移量与纵偏移量 ④ 单击"关闭"按钮即可

号间检查对话框：

号型	要素长度	长度差
155	22.0000	-1.5000
160	22.7500	-0.7500
165	23.5000	
170	24.2500	0.7500
175	25.0000	1.5000

保存　确定　取消

续表

<table>
<tr><th>图标</th><th>名称</th><th>功能</th><th>操作方法与图例</th></tr>
<tr>
<td>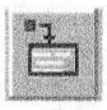</td>
<td>码点情报</td>
<td>查看放码点的放码规则</td>
<td>
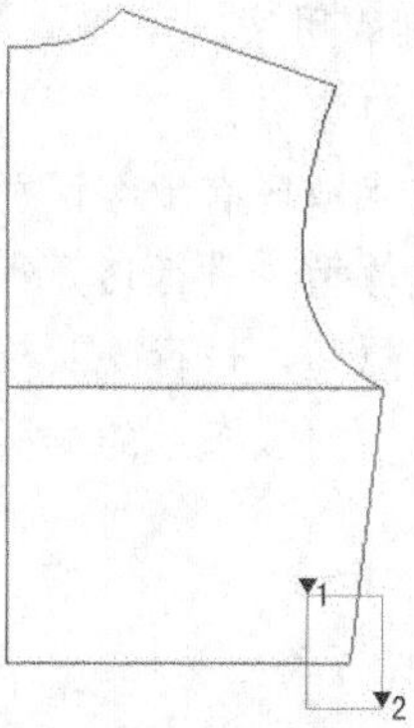

图例 1
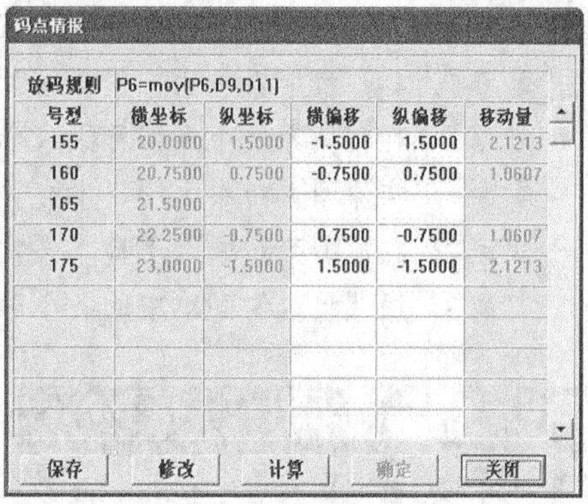
码点情报

放码规则　P6=mov(P6,D9,D11)

号型	横坐标	纵坐标	横偏移	纵偏移	移动量
155	20.0000	1.5000	-1.5000	1.5000	2.1213
160	20.7500	0.7500	-0.7500	0.7500	1.0607
165	21.5000				
170	22.2500	-0.7500	0.7500	-0.7500	1.0607
175	23.0000	-1.5000	1.5000	-1.5000	2.1213

保存　修改　计算　确定　关闭

图例 2
</td>
</tr>
<tr>
<td>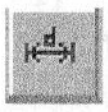</td>
<td>测距</td>
<td>查看所有号型的两个放码点间的直线距离、横向及纵向距离</td>
<td>
① 鼠标单击该工具图标，然后在▶◀ 1 处单击指示第一个要素的端点 A
② 在▶◀ 2 处单击指示第二个要素的端点 B，如图例 1 所示
③ 弹出【测距】对话框，如图例 2 所示
④ 单击“关闭”按钮即可
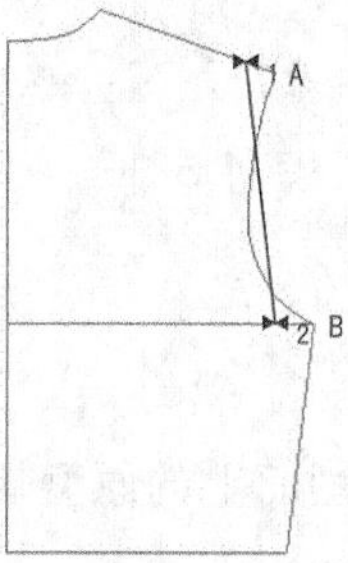

图例 1
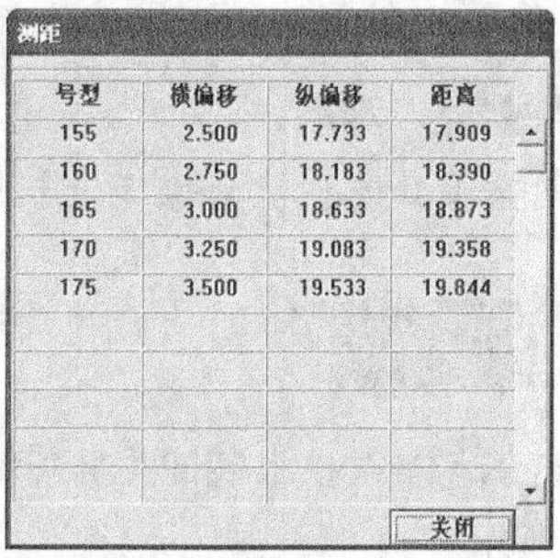
测距

号型	横偏移	纵偏移	距离
155	2.500	17.733	17.909
160	2.750	18.183	18.390
165	3.000	18.633	18.873
170	3.250	19.083	19.358
175	3.500	19.533	19.844

关闭

图例 2
</td>
</tr>
<tr>
<td>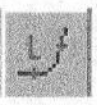</td>
<td>显示两点间要素长</td>
<td>测量任意两点间的线长（如曲线上两刀口间的距离）</td>
<td>
① 鼠标单击该工具图标，然后在▼1 处单击指示第一个点
② 在▼2 处单击指示第二个点，如图例 1 所示
③ 弹出【测距】对话框，如图例 2 所示
④ 单击“关闭”按钮即可
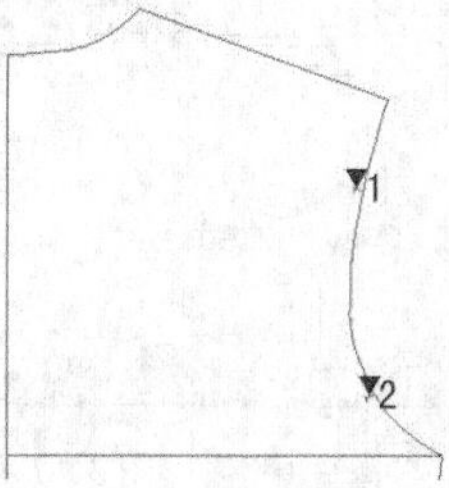

图例 1
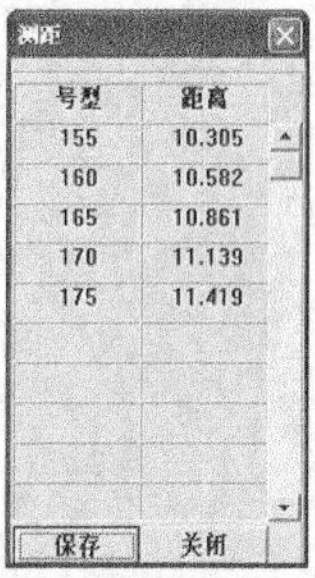
测距

号型	距离
155	10.305
160	10.582
165	10.861
170	11.139
175	11.419

保存　关闭

图例 2

操作提示

测量的结果也可以保存到尺寸表里，然后推档。具体方法与“号间检查”工具相同，不再赘述
</td>
</tr>
</table>

👍 **巩固复习：**

本节系统地介绍了推板系统各图标工具的功能和操作方法。要求在总体把握图标工具基础上，重点掌握切开线、点放码、检查等图标工具的用法。

复习 1：熟悉推板系统的工作界面和窗口组成。

复习 2：在推板系统中，切开线放码与点放码有什么区别和联系？

实践 1：在原型系统中调用日本文化式原型，进行切开线放码的操作练习。

实践 2：在原型系统中调用日本文化式原型，进行点放码的操作练习。

实践 3：用【检查】菜单中的各个命令，对放码后的样板进行检查。

3.3 原型系统

原型打板是目前国内服装行业非常流行的一种打板方式。NAC2000 服装 CAD 原型系统集成了日本针织原型、文化式原型和登丽美原型，用户可以随时调用，既方便、又快捷，这对习惯用原型打板的用户来讲，当然是一件再好不过的事情了。

✏️ **重点、难点：**

- 图标工具的功能与操作方法。

3.3.1 工作画面

双击 NAC2000 服装 CAD 系统主画面上的原型快捷图标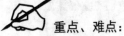，进入原型系统的工作画面，如图 3-17 所示。

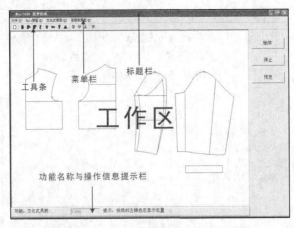

图 3-17

工作画面主要由标题栏、菜单栏、工具条、工作区和功能名称与操作信息提示栏组成。

1．标题栏

原型系统的标题栏与打板和推板系统的标题栏完全相同。

2．菜单栏

菜单栏位于标题栏的下方，共有 4 个菜单，分别是【文件】、【Knit 原型】、【文化式原型】和【登丽美原型】，如图 3-18 所示。

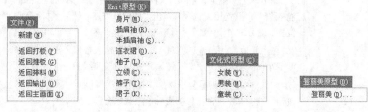

图 3-18

3．工具条

工具条位于菜单栏的下方，上面包含了【Knit 原型】、【文化式原型】和【登丽美原型】这 3 个菜单下所有命令的快捷图标，如图 3-19 所示。

图 3-19

4．工作区

工作区位于工具条的下方，用来存放作成的原型样板。

5．功能名称与操作信息提示栏

功能名称与操作信息提示栏位于画面的底部，用来显示选中命令或工具的功能名称和相关的操作信息提示。

3.3.2 图标工具

工具条的图标工具介绍如表 3-8 所示。

表 3-8   工具条的图标工具介绍

图标	名称	功能	操作方法与图例
	建立新原型	删除当前画面，创建一个新画面	单击该工具图标，弹出【Aopt】对话框，如图例所示，单击"是"按钮即可 **Aopt** ⚠ 现有内容将被删除* 是(Y) 否(N) 图例 ⊙ 注意：此功能不可恢复，注意保存文件

图标	名称	功能	操作方法与图例
	身片原型	生成 Knit 身片原型	1. 登录曲线模式下 ① 单击该工具图标，弹出【Knit 原型 身片】对话框，如图例 1 所示。在对话框中输入数值，设置相关选项，单击"确定"按钮，然后鼠标移到工作区，单击选定显示位置，显示一个黑色"+"符号，再单击"继续"按钮（或直接单击鼠标右键） ② 在【修改前领曲线凹凸量】输入框中输入数值（正值曲线弯度变大，负值曲线弯度变小），再单击"预览"按钮，查看前领曲线的弯曲效果 ③ 如果不满意，则重复步骤②，直到满意为止（如果想中止该操作，可单击"停止"按钮），再单击"继续"按钮或单击鼠标右键 ④ 在【修改前袖曲线凹凸量】输入框中输入数值，修改前袖曲线凹凸量，满意后单击"继续"按钮或单击鼠标右键 ⑤ 在【修改后领曲线凹凸量】输入框中输入数值，修改后领曲线凹凸量，满意后单击"继续"按钮或单击鼠标右键 ⑥ 在【修改后袖曲线凹凸量】输入框中输入数值，修改后袖曲线凹凸量，满意后单击"继续"按钮或单击鼠标右键，Knit 身片原型做成 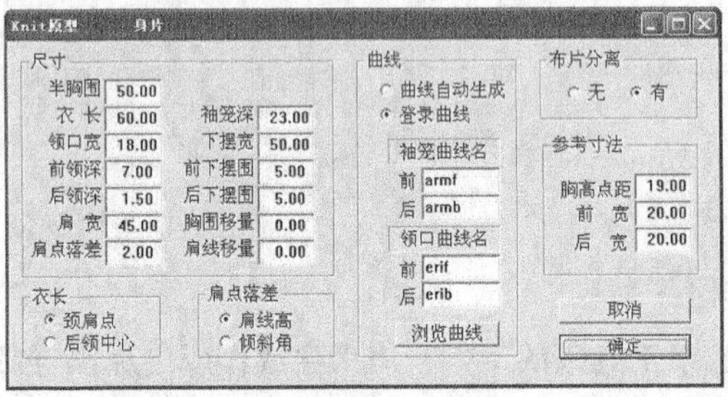 图例 1 2. 曲线自动生成模式下 曲线自动生成模式下的操作步骤与"登录曲线模式下"的操作步骤完全相同，只是在步骤④和步骤⑤修改前、后袖曲线凹凸量时，可以直接用鼠标调整修改曲线（袖窿曲线上有 5 个修改点，红色"+"点可见，另外 4 个点不可见），而不是通过输入数值修改，如图例 2 所示 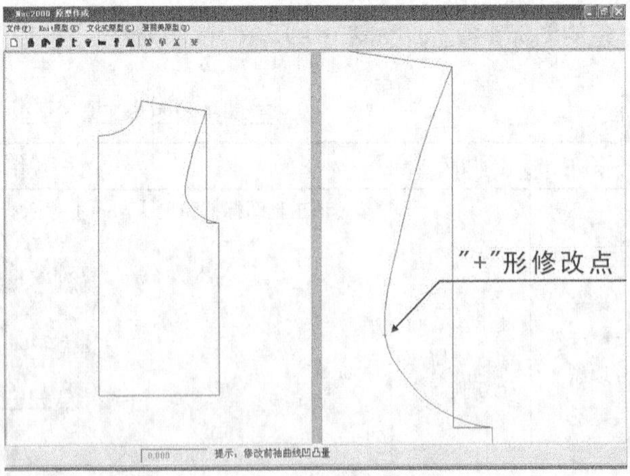 图例 2

续表

图标	名称	功能	操作方法与图例
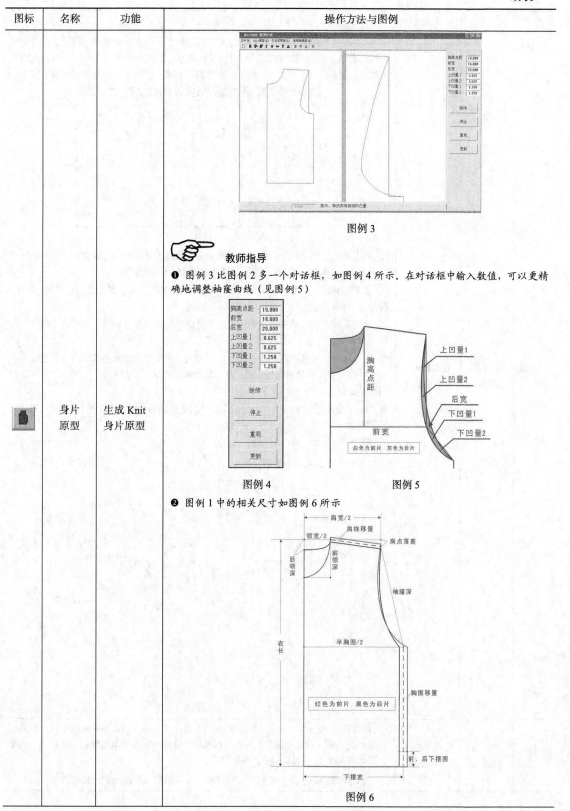	身片原型	生成 Knit 身片原型	

图例 3

👉 **教师指导**

❶ 图例 3 比图例 2 多一个对话框，如图例 4 所示。在对话框中输入数值，可以更精确地调整袖窿曲线（见图例 5）

图例 4　　　　　图例 5

❷ 图例 1 中的相关尺寸如图例 6 所示

图例 6

图标	名称	功能	操作方法与图例
	插肩袖原型	生成 Knit 插肩袖原型	① 单击该工具图标，弹出【Knit 原型　插肩袖】对话框，如图例 1 所示。在对话框中输入数值，设置相关选项，单击"确定"按钮，然后鼠标移到工作区，单击选定显示位置，显示一个黑色"+"符号，再单击"继续"按钮（或直接单击鼠标右键） 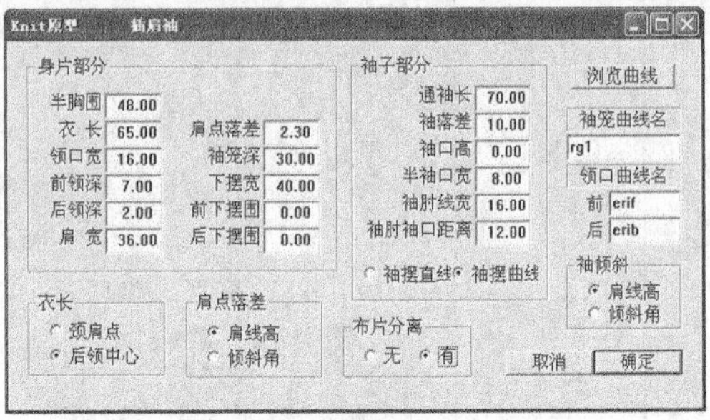 图例 1 ② 在【修改前领曲线凹凸量】输入框中输入数值（正值曲线弯度变大，负值曲线弯度变小），再单击"预览"按钮，查看前领曲线的弯曲效果 ③ 如果不满意，则重复步骤②，直到满意为止（如果想中止该操作，可单击"停止"按钮），再单击"继续"按钮或单击鼠标右键 ④ 移动鼠标在前领曲线的适当位置单击，选取前领凹部指示点，再单击"继续"按钮或单击鼠标右键 ⑤ 在【修改前袖曲线凹凸量】输入框中输入数值，修改前袖曲线凹凸量，满意后单击"继续"按钮或单击鼠标右键，然后鼠标单击选取反转指示点，再单击"继续"按钮或单击鼠标右键 ⑥ 接下来的"修改后领曲线凹凸量"和"修改后袖曲线凹凸量"的方法与前面相同，不再赘述 👉教师指导 图例 1 中的部分尺寸如图例 2 所示 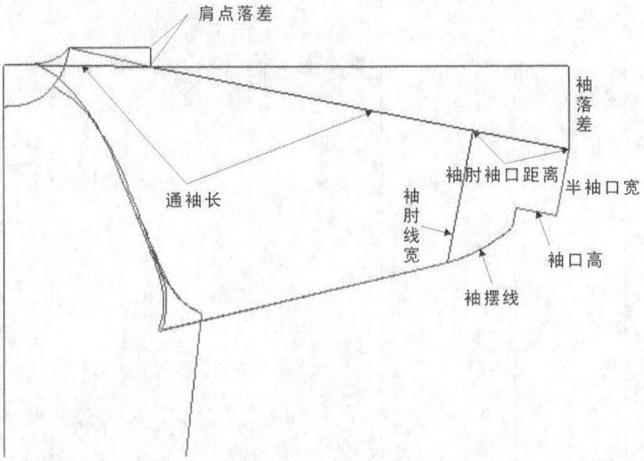 图例 2
	半插肩袖原型	生成 Knit 半插肩袖原型	① 单击该工具图标，弹出【Knit 原型　半插肩袖】对话框。在对话框中输入数值，设置相关选项，单击"确定"按钮，再单击"继续"按钮或单击鼠标右键；余下的操作与插肩袖的做法基本相同，不再赘述 ② 需要注意的一点是，在画袖窿曲线时，要先选取袖窿曲线的开始位置

图例 1 对话框内容：

Knit 原型　插肩袖

身片部分
半胸围 48.00　肩点落差 2.30
衣长 65.00　袖笼深 30.00
领口宽 16.00　下摆宽 40.00
前领深 7.00　前摆围 0.00
后领深 2.00　后摆围 0.00
肩宽 36.00

袖子部分
通袖长 70.00
袖落差 10.00
袖口高 0.00
半袖宽 8.00
袖肘线宽 16.00
袖肘袖口距离 12.00
○袖摆直线 ●袖摆曲线

浏览曲线
袖笼曲线名 rg1
领口曲线名 前 erif 后 erib

衣长　○领肩点　●后领中心
肩点落差　○肩线高　●倾斜角
袖倾斜　●肩线高　○倾斜角
布片分离　○无　●有
取消　确定

图例 2 标注：肩点落差、袖落差、袖肘袖口距离、半袖口宽、袖口高、袖摆线、袖肘线宽、通袖长

图标	名称	功能	操作方法与图例
	连衣裙原型	生成 Knit 连衣裙原型	① 单击该工具图标，弹出【Knit 原型　连衣裙】对话框，如图例 1 所示。在对话框中输入数值，设置相关选项，单击"确定"按钮，余下的操作与身片【登录曲线模式下】的做法完全相同，不再赘述 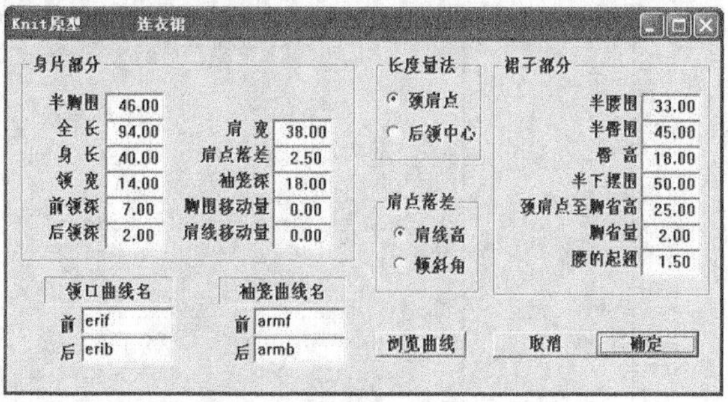 图例 1 ② 最终效果和部分参数说明如图例 2 所示 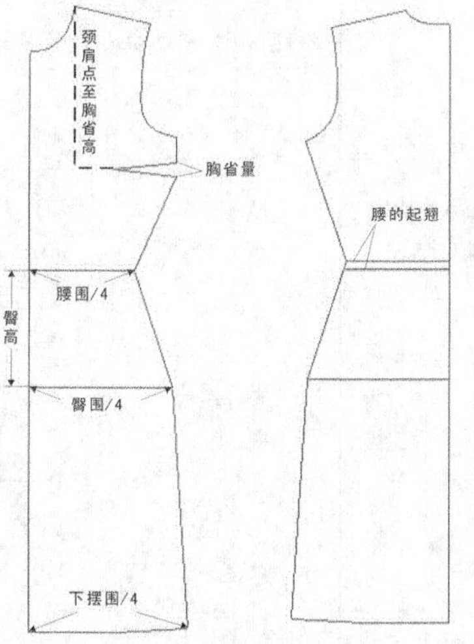 图例 2
	袖子原型	生成 Knit 袖子原型	1. 不连动模式下 ① 单击该工具图标，弹出【Knit 原型　袖子】对话框，如图例 1 所示，在对话框中输入数值，设置相关选项，单击"确定"按钮，然后鼠标移到工作区，单击选定显示位置，显示一个黑色"+"符号，再单击"继续"按钮或直接单击鼠标右键 ② 单击鼠标右键，出现【修改后袖曲线凹凸量】的画面，再单击鼠标右键，袖子作成 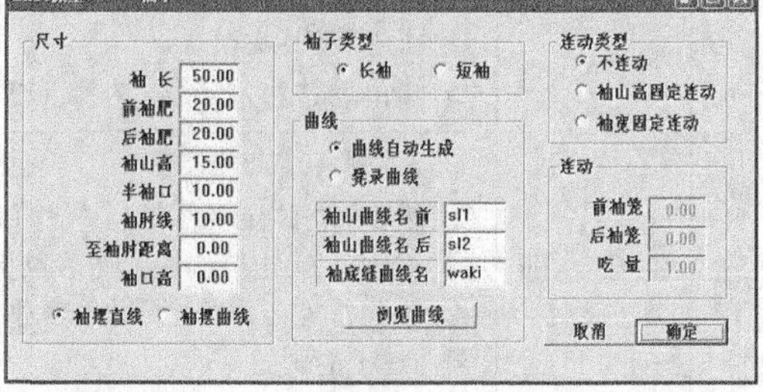 图例 1

图标	名称	功能	操作方法与图例
🧺	袖子原型	生成 Knit 袖子原型	👉 **教师指导** ❶ 如果希望更精确地修改曲线，最好也在打板工作区先生成样板，再回到原型系统执行该操作，在出现图例 2 所示的窗口中进行精确修改 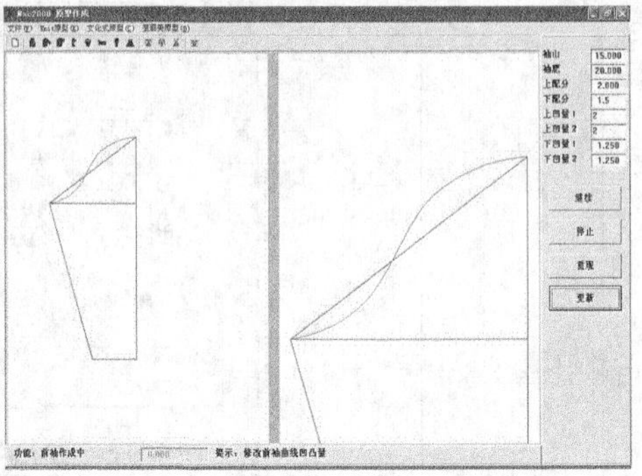 图例 2 ❷ 图例 2 窗口中参数的具体测量方式如图例 3 所示 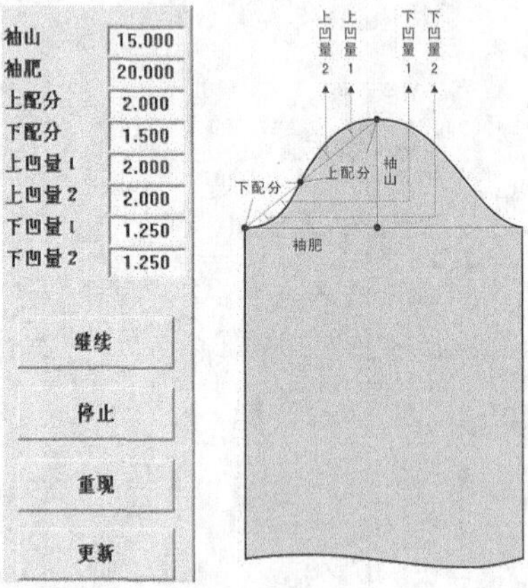 图例 3 🔔 **提个醒** 配分是指分配的分量，比如上配分 2，下配分 1.5，则线段总量是 3.5 2. 袖山高固定连动模式下 ① 先生成大身的前、后片样板 ② 接下来的操作与"不连动模式下"的操作基本相同，只是在【修改前袖曲线凹凸量】之前要先用鼠标选取连动袖窿曲线，其他操作都一样 3. 袖宽固定连动模式下 与"袖山高固定连动模式下"的操作完全相同
▭	立领原型	生成 Knit 领子原型	① 先生成一个前片样板 ② 然后单击该工具图标，弹出【Knit 原型　立领】对话框，在对话框中输入数值，单击"确定"按钮。然后鼠标移到工作区，单击选定显示位置，显示一个黑色"+"符号，再单击"继续"按钮或直接单击鼠标右键，出现【用鼠标选取前领曲线】的画面 ③ 鼠标单击前领曲线，再单击"继续"按钮或单击鼠标右键，领子作成

续表

图标	名称	功能	操作方法与图例
	裤子原型	生成 Knit 裤子原型	单击该工具图标，弹出【Knit 原型　裤子】对话框，在对话框中输入数值，单击"确定"按钮。然后鼠标移到工作区，单击选定显示位置，显示一个黑色"+"符号，再单击"继续"按钮或直接单击鼠标右键，裤子作成
	裙子原型	生成 Knit 裙子原型	单击该工具图标，弹出【Knit 原型　裙子】对话框，在对话框中输入数值，单击"确定"按钮。然后鼠标移到工作区，单击选定显示位置，显示一个黑色"+"符号，再单击"继续"按钮或直接单击鼠标右键，裙子作成
	女装原型	生成文化式女装原型	单击该工具图标，弹出【文化式原型　女装】对话框，在对话框中输入净胸围、袖长和背长的尺寸，单击"确定"按钮。然后鼠标移到工作区，单击选定显示位置，显示一个黑色"+"符号，再单击"继续"按钮或直接单击鼠标右键，原型作成
	男装原型	生成文化式男装原型	单击该工具图标，弹出【文化式原型　男装】对话框，在对话框中输入数值，单击"确定"按钮。然后鼠标移到工作区，单击选定显示位置，显示一个黑色"+"符号，再单击"继续"按钮或直接单击鼠标右键，原型作成
	童装原型	生成文化式童装原型	单击该工具图标，弹出【文化式原型　童装】对话框，在对话框中输入数值，单击"确定"按钮。然后鼠标移到工作区，单击选定显示位置，显示一个黑色"+"符号，再单击"继续"按钮或直接单击鼠标右键，原型作成
 登	登丽美原型	生成登丽美原型	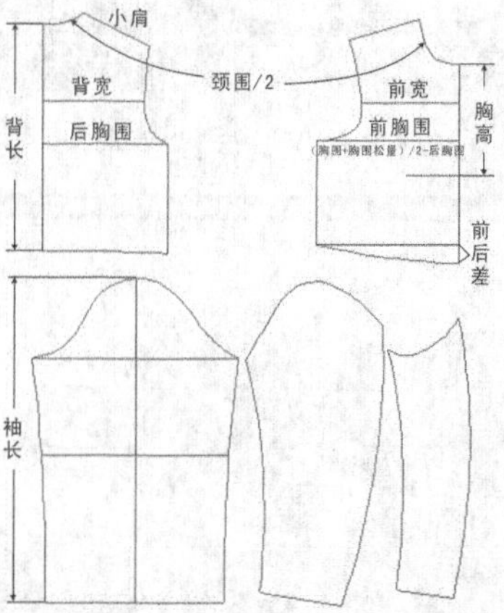 单击该工具图标，弹出【登丽美原型　登丽美】对话框，如图例 1 所示，在对话框中输入数值，单击"确定"按钮。然后鼠标移到工作区，单击选定显示位置，显示一个黑色"+"符号，再单击"继续"按钮或直接单击鼠标右键，原型作成。作成原型与部分尺寸标示如图例 2 所示 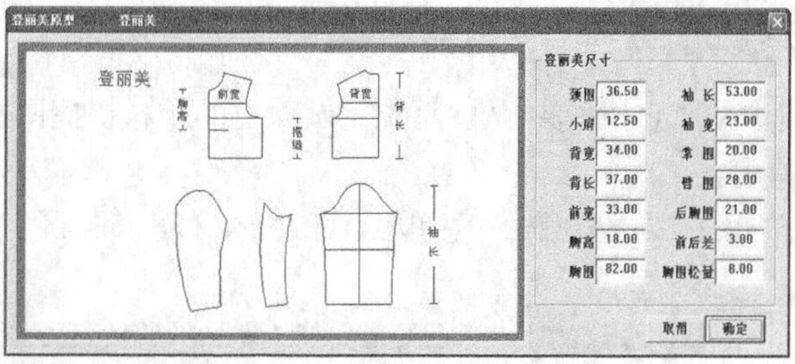

图例 1

图例 2

巩固复习：

本节详细介绍了原型系统各图标工具的操作方法。要求在不断实践的基础上，重点掌握各图标工具操作的具体流程和有关参数的设置与修改。

实践 1：将每个原型的作成过程反复练习 3 遍。

实践 2：原型作成后，进入打板系统，测量相关部位的参数，确定每个参数的具体指代。

3.4 排料系统

NAC2000 服装 CAD 排料系统可进行手工和全自动排料。纸样排完后，可自动计算出用料长度、布料利用率、纸样总片数、放置片数、缩水率等内容。另外，NAC2000 服装 CAD 排料系统实现了对不同文件、不同布料的自动分床，并具有对条、对格功能。

重点、难点：

- 排料系统的工作画面与窗口组成。
- 图标工具的功能与操作方法。

3.4.1 工作画面

双击 NAC2000 服装 CAD 系统主画面上的排料快捷图标 ，进入排料系统的工作画面，如图 3-20 所示。

工作画面主要由标题栏、菜单栏、工具条、布片待排区、小排料区、大排料区、滚动条等组成。

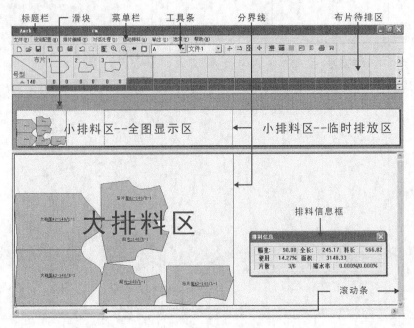

图 3-20

1．标题栏

排料系统的标题栏与打板和推板系统的标题栏完全相同。

2．菜单栏

菜单栏位于标题栏的下方，共有 8 个菜单，分别是【文件】、【设定配置】、【排片编辑】、【对话处理】、【自动排料】、【输出】、【选项】和【帮助】。

3．工具条

工具条位于菜单栏的下方，上面排列了常用排料命令的快捷图标，如图 3-21 所示。

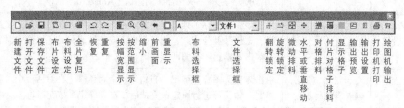

图 3-21

4．布片待排区

布片待排区位于工具条的下方，用来存放用于排料的样板，并显示样板的基本信息：衣片形状、号型、左右片数量。

5．小排料区

小排料区分为两个部分：全图显示区和临时排放区。

① 全图显示区：全图显示区位于布片待排区的下方，用以显示排料图全图。

② 临时排放区：临时排放区位于全图显示区的右方，可用来临时存放需要排料的样板。

6．大排料区

大排料区是排料布片显示区，可用鼠标拖动布片在此区域中自由排料。

7．滑块

滑块位于小排料区的上方，可用来控制大排料图的显示位置。鼠标拖动该滑块，即可改变大排料区上排料图的显示位置（也可将鼠标放在全图显示区欲显示的位置，按"Tab"键）。滑块与虚线框为一体，滑块移动，虚线框同步移动，虚线框框住的部分会在大排料区上显示出来。

8．分界线

分界线有两种：一是全图显示区与临时排放区的分界线，呈红色；二是排料区（包括大排料区和小排料区）上已排区域与未排区域的分界线，呈黑色。红色分界线可用鼠标移动，黑色分界线是排料时自动生成的，不可用鼠标移动。

9．滚动条

滚动条位于窗口的底部和右边，分为水平和垂直两种滚动条，用于移动大排料区当前窗口，以便查看当前窗口未显示的图形。

3.4.2　图标工具

工具条的图标工具介绍如表 3-9 所示。

表 3-9　　　　　　　　　　　　　　　工具条的图标工具介绍

图标	名称	功能	操作方法
	新建文件	清除当前排料图	单击该工具图标即可
	打开文件	打开排料文件	① 单击该工具图标，弹出【打开】对话框 ② 选中需要打开的文件，单击"打开"按钮即可
	保存文件	保存当前排料图	① 单击该工具图标，如果是第一次保存，则弹出【另存为】对话框，在【文件名】输入框中输入文件名，单击"保存"按钮即可 ② 如果不是第一次保存，则弹出【Amark】对话框，单击"确定"按钮即可
	布片设定	排料前设置衣片的各种属性	单击该工具图标，弹出【布片设定】对话框，在对话框中增加文件、设定布料、选择号型与片数，如果是格子或条纹面料，还可设定对条对格，设置好后单击"新建"按钮即可
	布料设定	对布料名、幅宽、料长等进行设定	单击该工具图标，弹出【布料设定】对话框。在对话框中对面料的布料名、幅宽、料长等进行设定，完成后单击"确定"按钮即可
	全片复归	收回所有的排片至布片待排区	单击该工具图标，大排料区和小排料区的所有布片被清空，全部回到布片待排区
	按幅宽显示	按面料幅宽显示大排料图	单击该工具图标即可
	翻转锁定	锁定后衣片不能翻转	① 按下该工具按钮为锁定，按起该工具按钮为解除锁定 ② 【翻转锁定】工具 ⊹ 被按下后，F1 键（水平翻转）和 F2 键（垂直翻转）不可用
	旋转锁定	锁定后衣片不能旋转	① 按下该工具按钮为锁定，按起该工具按钮为解除锁定 ② 【旋转锁定】工具 被按下后，F3 键（顺时针转 1°）、F4 键（逆时针转 1°）、F5 键（顺时针转 45°）、F6 键（逆时针转 45°）、F7 键（转 180°）、F8 键（角度复原）不可用
	微动排料	布片上、下、左、右方向定量移动	① 单击该工具图标，鼠标由 形变成 形，然后在需要微动的布片上单击 ② 用键盘上的方向键↑、↓、←、→上、下、左、右移动布片 ③ 移动完成后，单击鼠标右键，取消"微动"功能，可以继续其他操作。
	水平或垂直移动	使衣片在水平或垂直方向移动	① 单击该工具图标，再单击需要移动的布片，用键盘上的方向键↑、↓、←、→上、下、左、右移动布片 ② 移动时只要被衣片阻挡或移动到布边即停止 ③ 移动完成后单击鼠标右键取消，可以继续其他操作
	对格排料	控制对格、对条排料	① 按下该工具按钮，进行对格、对条排料 ② 按起该工具按钮，不进行对格、对条排料 按下该工具按钮，【显示格子】工具 会自动按下 只有在【布片设定】对话框中选择了【格子设定】，并在【格子设定】对话框中进行了【对格】、【对条】设定后，【对格排料】工具 和【显示格子】工具 才起作用
	付片对格子排料	控制付片对格、对条排料	① 按下该工具按钮，进行付片对格、对条排料 ② 按起该工具按钮，不进行付片对格、对条排料 按下该工具按钮，【显示格子】工具 会自动按下。只有在【布片设定】对话框中选择了【格子设定】，并在【格子设定】对话框中进行了【辅助格子点】设定后，【付片对格子排料】工具 和【显示格子】工具 才起作用

续表

图标	名称	功能	操作方法
	显示格子	显示或隐藏格子	① 按下该工具按钮，显示条格 ② 按起该工具按钮，不显示条格 只有【对格排料】工具▦按下，【显示格子】工具▦按下，才会在大排料区显示条格 只要【对格排料】工具▦按下，不管【显示格子】工具▦按下或按起，都可以进行对条、对格排料
	输出预览	预览输出的排料图	单击该工具图标，即可看到预览输出效果
	输出设置	设定输出参数	① 单击该工具图标，弹出【绘图仪参数设定】对话框 ② 选择输出设备，进行相关设置，单击"确认"按钮即可
	打印机打印	用打印机打印排料图	① 单击该工具图标，弹出【打印】对话框 ② 选择打印范围和份数，单击"打印"按钮即可
	绘图机输出	用绘图机打印排料图	① 单击该工具图标，弹出【打印信息—打印】对话框 ② 进行相关设置，单击"确认"按钮即可 ③ 如果要切割样板，则需勾选"切割"项，并单击"切割设定"按钮，在弹出的【输出参数设定】对话框进行相关设置，再单击"确定"按钮

3.4.3 信息提示与快捷键功能说明

1.【信息】→【选取布片】

操作方法：

鼠标单击布片待排区中衣片下的数字，衣片取出，衣片取出后数字会自动减少，直到为 0，数字框变为黄色框，如图 3-22 所示。

选取前　　　　　　　　选取中　　　　　　　　选取完后

图 3-22

2.【信息】→【自动排列一个号型】

操作方法：

① 鼠标在号型上右键单击，弹出快捷菜单，如图 3-23 所示，选择相应的号型即可将该号型的所有样板一次性拖放到排料区。

② 也可以直接在号型上单击，如图 3-24 所示，直接取出该号型的所有衣片。

图 3-23　　　　　　　　　　图 3-24

3.【信息】→【选取任意号型的正反衣片】

操作方法：

① 鼠标在布片待排区的相应衣片下的数字上右键单击，弹出快捷菜单，如图 3-25 所示。

② 单击左键选取相应的号型即可。

4.【信息】→【显示衣片名称】

操作方法：

鼠标在布片待排区的相应衣片上右键单击，即可显示该衣片的名称，如图 3-26 所示。

图 3-25

图 3-26

5.【信息】→【一个衣片的所有号型有选择的自动排列】

操作方法：

① 鼠标在布片待排区的相应衣片上右键单击（在左侧单击选择左片，在右侧单击选择右片），弹出快捷菜单。

② 如果选择【全选】，则将所有号型的该衣片全部取出；如果选择【每行一套】，则将每个号型取出一套，如果每个号型只有一套，将全部取出。

 巩固复习：

本节系统介绍了排料系统各图标工具的功能和操作方法。要求在熟悉工具、反复练习的基础上，重点掌握【布片设定】工具、【布料设定】工具和信息提示和快捷键的功能。

复习 1：熟悉排料系统的工作界面和窗口组成。

复习 2：简要分析布片设定和格子设定的基本方法和流程。

练习 1：对照书本介绍，将每一个工具反复练习 3 遍。

练习 2：尝试着完成布片设定和格子设定的全过程。

3.5 输出系统

NAC2000 服装 CAD 输出系统不仅可以直接打开原型系统、打板系统和推板系统中生成的纸样文件，还可以打开 OUT、PLT 和 DXF 格式的文件，也可以采用 OUT、PLT 和 DXF 格式将纸样文件保存。系统实现了自动排片，并可手动调整；纸张的大小可根据绘图需要合理设定；纸样的绘图比例可随意设定；操作简单，快捷高效。

重点、难点：

- 纸样的编辑、排片与输出。
- 图标工具的功能与操作方法。

3.5.1　工作画面

双击 NAC2000 服装 CAD 系统主画面上的输出快捷图标 ，进入输出系统的工作画面，如图 3-27 所示。

图 3-27

工作画面由标题栏、菜单栏、工具条、布片选择框，工作区、滚动条等组成。

1．标题栏

输出系统的标题栏与打板和推板系统的标题栏完全相同。

2．菜单栏

菜单栏位于标题栏的下方，共有 6 个菜单，分别是【文件】、【编辑】、【画面】、【自动排片】、【输出】和【选项】。

3．工具条

工具条位于菜单栏的下方，上面包含了纸样排版编辑的常用工具，如图 3-28 所示。

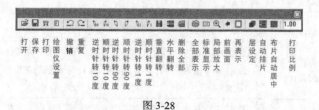

图 3-28

4．布片选择框

布片选择框位于工具条的下方，用来放置用于排版的纸样，一块样板占一格。

5．工作区

工作区位于布片选择框的下方，用来进行纸样的排放。鼠标在工作区右键单击，会弹出快捷菜单。

6. 操作信息提示栏

操作信息提示栏位于画面的底部，用来显示选中工具的具体功能和鼠标所在位置的坐标。

7. 滚动条

滚动条位于窗口的底部和右边，分为水平和垂直两种滚动条，用于移动工作区当前窗口，以便查看当前窗口未显示的纸样图形。

3.5.2 图标工具

工具条的图标工具介绍如表 3-10 所示。

表 3-10　　　　　　　　　　　　　　工具条的图标工具介绍

图标	名称	功能	操作方法
	打开	打开纸样文件	① 单击该工具图标，弹出【打开】对话框 ② 选中需要打开的文件，单击"打开"按钮即可 🔔　**操作提示** ❶ "预览"前有☑为预览打开状态，可看到文件内容；欲关闭文件预览，可再次单击☑ ❷ 图例右侧显示文件属性（如设计者、款式名和保存日期等） ❸ 可以打开的文件类型有*.out、*.pa1、*.pa3、*.d x f 和*.PLT
	保存	将当前内容保存在文件中	单击该工具图标即可 🔔　**操作提示** ❶ 初始文件的保存，会自动转为"另存为" ❷ 不能保存为*.pa1 和*.pa3 类型的文件（软件默认的存储文件格式），只可以保存为*.out、*.PLT 和*.d x f 类型的文件
	打印	打印当前画面内容	① 单击该工具图标，弹出【打印信息—打印】对话框 ② 选择打印方式，输入打印份数，单击"确认"按钮即可
	绘图仪设置	选择输出设备及设置	① 单击该工具图标，弹出【绘图仪参数设定】对话框 ② 选择输出设备，进行相关设置，单击"确认"按钮即可
	撤销	回到上一步操作	单击该工具图标即可
	重复	在进行撤销操作后回到下一步操作	单击该工具图标即可
	逆时针转 10°	所选衣片逆时针旋转 10°	① 选中衣片（一片单击选取，多片框选，选中为蓝色） ② 鼠标单击该工具，衣片逆时针转 10°，鼠标每单击一次，衣片就逆时针转 10°，可连续单击多次
	顺时针转 10°	所选衣片顺时针旋转 10°	① 选中衣片（一片单击选取，多片框选，选中为蓝色） ② 鼠标单击该工具，衣片顺时针转 10°，鼠标每单击一次，衣片就顺时针转 10°，可连续单击多次
	逆时针转 90°	所选衣片逆时针旋转 90°	① 选中衣片（一片单击选取，多片框选，选中为蓝色） ② 鼠标单击该工具，衣片逆时针转 90°，鼠标每单击一次，衣片就逆时针转 90°，可连续单击多次

图标	名称	功能	操作方法
	顺时针转 90°	所选衣片顺时针旋转 90°	① 选中衣片（一片单击选取，多片框选，选中为蓝色） ② 鼠标单击该工具，衣片顺时针转 90°，鼠标每单击一次，衣片就顺时针转 90°，可连续单击多次
	逆时针转 1°	所选衣片逆时针旋转 1°	① 选中衣片（一片单击选取，多片框选，选中为蓝色） ② 鼠标单击该工具，衣片逆时针转 1°，鼠标每单击一次，衣片就逆时针转 1°，可连续单击多次
	顺时针转 1°	所选衣片顺时针旋转 1°	① 选中衣片（一片单击选取，多片框选，选中为蓝色） ② 鼠标单击该工具，衣片顺时针转 1°，鼠标每单击一次，衣片就顺时针转 1°，可连续单击多次
	垂直翻转	布片以中心为基点，左右翻转	选中衣片，单击该工具图标即可
	水平翻转	布片上下对称翻转	选中衣片，单击该工具图标即可
	删除全部	工作区内的所有布片返回布料选择框	单击该工具图标即可
	标准显示	将所有纸样显示在屏幕上	单击该工具图标即可
	层设定	设定要输出的衣片号型	① 单击该工具图标，弹出【层设定】对话框 ② 在对话框中选择要输出的衣片号型，单击"确定"按钮即可 🔔 **操作提示** ❶ 鼠标单击选择单个号型 ❷ 按住 Ctrl 键，再连续单击鼠标指示多个号型 ❸ 按下鼠标左键拖动可连续选取多个号型 ❹ 也可先按住 Shift 键，然后按上下方向键↑↓，连续选取多个号型
	自动排片	所有衣片自动排列	① 单击该工具图标，弹出【自动排料间隔设定】对话框 ② 在对话框中设定【水平间隔】和【垂直间隔】，单击"确认"按钮即可进行排片
	布片自动居中	将布片自动放到纸张的居中位置	单击该工具图标即可
1.00	打印比例	设置排版图上纸样的打印比例	鼠标移到【打印比例】输入框内，选中数值（选中后为蓝色），输入新的比例，按回车键即可 🔔 **操作提示** ❶ 默认比例为 1∶1，输入值为 1 ❷ 如果要缩小绘图，比如 1∶5 输出，则输入值为 0.2 ❸ 如果要放大绘图，比如 2∶1 输出，则输入值为 2

👍 巩固复习：

本节介绍了输出系统各图标工具的功能和操作方法。要求在总体把握图标工具的基础上，重点掌握【绘图仪设置】和【层设定】等图标工具。

复习 1：熟悉输出系统的工作界面和窗口组成。

复习 2：在输出系统中，【绘图仪设置】是如何做的？

实践 1：打开纸样文件，在输出系统中进行排片的操作练习。

实践 2：在【输出参数设定】对话框中进行参数设定，有条件的话，将纸样用切绘一体机输出，查看实际的出图效果。

 小结：

这一章对 NAC2000 服装 CAD 的主画面、打板系统、推板系统、原型系统、排料系统和输出系统做了一个简要的介绍，重点介绍了它们的工具条工具。坚实的基础是灵活应用的前提，而灵活应用的关键在于实践。

第

4章

原型裙的打板与推板

 学习提示：

在完成日升天辰服装 CAD 系统和富怡服装 CAD 系统基础知识的学习后，本章正式开始两套系统打板与推板的对比学习。对初学者来说，这是一次真正意义上的实战，所以这一章的内容尤为重要。

通过本章的学习，要求理解在两套系统中打板与推板的流程和方法，学会工具的应用方法，并对两套系统中打板与推板的流程和方法、类似工具的异同点做一个初步的比较。

原型裙是女性裙装的基本形，具有简洁、端庄、朴素、干练的风格特点。

原型裙基本结构纸样是女性裙装结构变化的基础。日常生活中见到的各式各样的裙子，它们的结构样板，都可以通过原型裙的纸样变化生成。这种纸样变化，在借助于服装 CAD 之后，会变得更加方便和快捷，因此，掌握原型裙服装 CAD 打板与推板的基本方法就是一件非常有必要的事情了。

1．原型裙的款式概述

原型裙腰到臀紧身合体，臀围线以下到裙摆之间为直筒造型。装腰头，后腰钉纽扣，前后各收 4 个省，前片为整片，后中开片破缝，上段装隐形拉链，下段开衩，如图 4-1 所示。

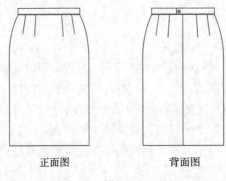

正面图　　　　　　背面图

图 4-1

2．原型裙的号型规格

原型裙的打板需要 4 个尺寸，如表 4-1 所示。

表 4-1　　　　　　　　　　　　　　原型裙的号型规格　　　　　　　　　　　　　　单位：cm

部位 号型	裙长	腰围	臀围	臀高
155/63A（S）	58	63	87	16.5
160/66A（M）	60	66	90	17
165/69A（L）	62	69	93	17.5
档差	2	3	3	0.5

3．原型裙的基本纸样结构

为了方便在 CAD 打板时对照学习，图 4-2 详细标注了原型裙结构制图各部位的尺寸和细节，这里面包含了裙子结构制图的基本原理。

4．原型裙的基本样片

图 4-3 所示为原型裙的基本样片。该图有助于加深对原型裙基本样片特征的理解，方便与 CAD 制板的最终结果做比照。

5．原型裙的裁剪样板

用于工业生产的裁剪样板一般应在净板基础上追加缝头，标注丝向、对位剪口和打孔记号，并标示款式名、样片名、布料类型、尺码、片数、样片编号等相关文字，以便于工业标准化生产。

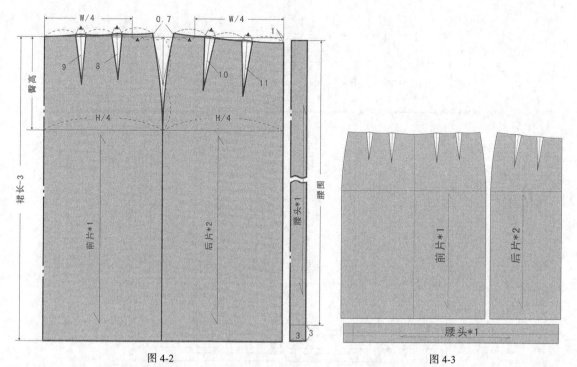

图 4-2

图 4-3

图 4-4 所示为原型裙用于面料裁剪的样板。图中原型裙前片与后片在底摆加缝 4cm，侧缝与腰部位加缝 1cm，后中加缝 1.5cm，腰头一周加缝 1cm。

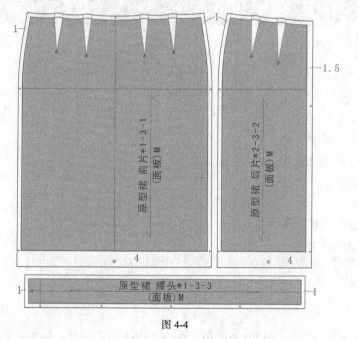

图 4-4

6. 原型裙的推板图

图 4-5 所示为原型裙的推板图。图中 ➡ 代表推板方向， ✥ 代表推板的基准点，箭头所指的是扩大一个号型的放码方向。

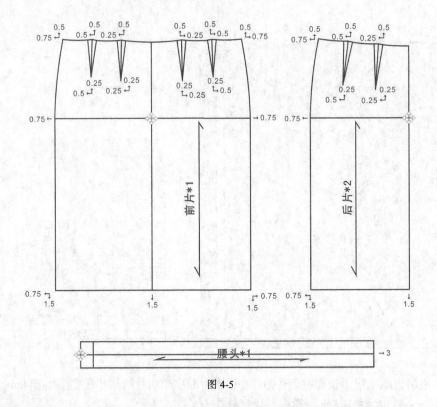

图 4-5

4.1 富怡服装 CAD 系统中的打板与推板

 重点、难点：

- 规格表的设置与修改。
- 曲线的绘制与调整。
- 用智能笔工具过曲线等分点作垂线。
- 省道的处理。
- 样板加缝。
- 点放码和线放码的具体方法。
- 打板与推板的具体流程。

在富怡服装 CAD 系统中，打板与推板都是在设计与放码系统中进行的。

4.1.1 打板

　　富怡服装 CAD 的设计与放码系统提供两种打板模式：自由设计和公式法设计。自由设计与公式法设计的打板界面完全相同。不同的是，在自由设计的打板模式下，软件提供的所有打板工具都可以用，且完全模拟手工打板的习惯，生成的样板需手动放码；而在公式法设计的打板模式下，【专业设计工具栏】不可用，但生成的样板可依据【号型规格表】中的号型尺寸系列自动放码。另外，两种打板模式下，部分工具的操作方法略有不同。打板的时候，可根据需要自由选择，灵活把握。

自由设计打板模式下原型裙的 CAD 打板流程如下。

1. 单位设定

（1）双击桌面上的快捷图标，进入富怡服装 CAD 的设计与放码系统（DGS 系统）。在弹出的如图 4-6 所示的【界面选择】对话框中选择【自由设计（D）】的打板模式，然后单击"确定"按钮，进入自由设计打板模式的工作界面。鼠标单击标题栏右上角的"最大化"按钮▣，将工作界面最大化。

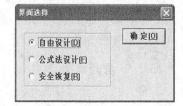

图 4-6

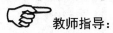 操作提示：

【界面选择】对话框中提供 3 种选择。其中【安全恢复（R）】可用来将操作过程中由于误操作或其他原因导致丢失的数据复原到丢失前的状态。

（2）单击【选项】菜单栏，选择下拉菜单中的【系统设置】命令，弹出【系统设置】对话框。选中【长度单位】选项卡，选择制图的度量单位和显示精度，单击"确定"按钮即可。

👉 教师指导：

软件有 4 种制图单位可供选择：厘米、毫米、英寸和市寸。默认的制图单位是厘米。如果想用英寸、市寸等制图单位打板，就可以在这里进行选择设置（也可以在【设置号型规格表】对话框中通过单击"cm"按钮，在弹出的【设置单位】对话框进行设置）。如果用厘米为单位打板，可直接跳过这一步。

这里所进行的设置可一直保留，直到下一次重新修改设置为止。

2. 号型、尺寸设定

（1）选择【号型】菜单下的【号型编辑】命令，弹出【设置号型规格表】对话框，如图 4-7 所示。

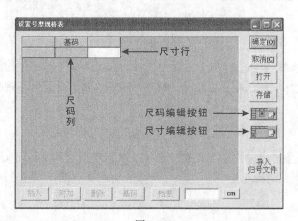

图 4-7

（2）鼠标单击输入表格第一列的第二个空格，空格被激活，出现输入提示符，该表格行的下方自动添加一行新的表格，然后在空格中输入尺寸名称"裙长"。同样的方法，依次在第三、第四、第五空格中输入其他尺寸名称。

（3）鼠标单击第二列第一个空格的"基码"，输入尺码代号"S"，依次向右输入尺码代号"M"和"L"。考虑到方便推板内容的讲解，这一章的所有样板统一采用 3 个码，并以 M 码为打板和推板的中间基准码。

（4）鼠标在 M 码号上单击，再单击规格表中的"基码"按钮，将 M 码设为打板的基准码。然后在 M 码规格列与各尺寸名称对应的空格内填入具体的尺寸数值。

（5）鼠标在"裙长"行对应的任一空格内单击，在"档差"按钮后面的输入框内输入数值"2"，再单击"档差"按钮，系统会按所设定的档差，自动生成裙长基码以外的其他各码号的尺寸。同样的方法生成其他尺寸名称所对应的系列号型尺寸。建好的规格表如图 4-8 所示。

	S	M	L	
裙长	58	60	62	
腰围	63	66	69	
臀围	87	90	93	
臀高	16.5	17	17.5	

图 4-8

教师指导：

❶ 选中一个尺寸行，单击"删除"按钮，可将该行全部删除；单击"插入"按钮，可在该行的上方添加一个空白行；单击"附加"按钮，可在该行的下方添加一个空白行。

❷ 选中一个尺码列，单击"基码"按钮，可将该列的尺码设为打板的基准码；单击"删除"按钮，可将该列全部删除；单击"插入"按钮，可在该列的左方添加一列；单击"附加"按钮，可在该列的右方添加一列。添加列中的各尺寸自动取前、后两列尺寸的中间值，如图 4-9 所示。

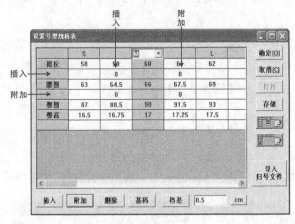

图 4-9

（6）鼠标单击"存储"按钮，弹出【另存为】对话框，选择文件保存的目标文件夹，起文件名，单击"保存"按钮将尺寸文件保存。再单击"确定"按钮，将【设置号型规格表】关闭，开始打板。

教师建议：

文件保存时，最好给自己建一个专门的文件夹，然后在该文件夹的下面根据文件的不同类型建一系列的文件夹，不同类型的文件保存在各自对应的文件夹里面，以便文件查找和资料库建立。

3．打板

（1）前片打板

① 选中【传统设计工具栏】中的【矩形】工具▇，将鼠标移到左工作区合适位置单击，然后松开鼠标拖动，再单击，弹出【矩形】对话框，如图 4-10 所示。

在【水平输入框】中输入数值 22.5（臀围/4），在【垂直输入框】中输入数值 57（裙长－3），单击"确认"按钮，画一个长为 57cm、宽为 22.5cm 的矩形。矩形的左边线为前中线，右边线为侧缝直线，上边线为上平线，下边线为底摆线，矩形的 4 个角点为 A、B、C、D。或者在弹出【矩形】对话框后，鼠标单击对话框右上角的计算器按钮▦，弹出【计算器】对话框，如

图 4-11 所示。

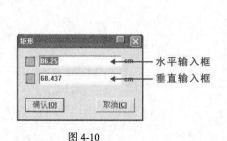

图 4-10

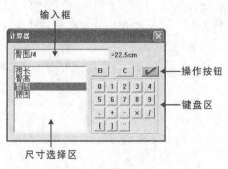

图 4-11

鼠标双击【尺寸选择区】中的尺寸名称 "臀围"，该尺寸名称进入【输入框】，【输入框】右侧会自动显示该尺寸名称对应的基码的尺寸，然后在 "臀围" 的后面输入继续输入 "/4"，单击 ✔ 按钮，【矩形】对话框的【水平输入框】中会自动出现数值 "22.5"；鼠标在【矩形】对话框的【垂直输入框】中单击，再单击计算器按钮 ▦，在弹出的【计算器】对话框的输入框中输入 "裙长–3"，单击 ✔ 按钮，【矩形】对话框的【垂直输入框】中会自动出现数值 "57"，再单击 "确认" 按钮，也可将矩形画出。

② 选中【传统设计工具栏】中的【智能笔】工具 ✎，鼠标单击前中线 AB 的上端，弹出【点的位置】对话框。在【长度】输入框中输入 "17"（臀高），或通过【计算器】输入，再单击 "确认" 按钮，在线段 AB 上找到一点 E，然后向右拖动鼠标画一条水平线（此时鼠标处在丁字尺状态。智能笔有两种状态：一种是丁字尺状态 ⊤；另一种是曲线状态 ✎），当水平线与侧缝直线 CD 相交出现红色的线上任意点捕捉符号 "✗" 后再单击，臀围线定出，臀围线与侧缝直线 CD 的交点为 F，如图 4-12 所示。

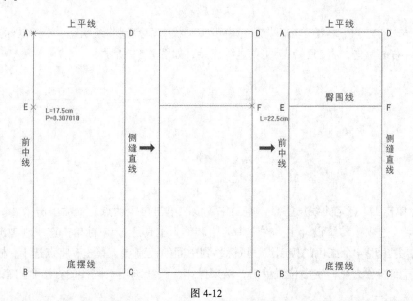

图 4-12

③ 选中【传统设计工具栏】中的【点】工具 ·，鼠标单击上平线 AD 的左端，会弹出【点的位置】对话框。在【长度】输入框中输入 16.5（腰围/4），或通过【计算器】输入，单击 "确认" 按钮，在上平线 AD 上找到一点 D1。

④ 选中【传统设计工具栏】中的【等份规】工具 ，鼠标在 D 点上单击定等分第一点，松开鼠标拖动，然后在 F 点上单击定等分第二点，等分中点 G 画出；鼠标移到【工具栏】的【参数编辑】输入框 2 中单击，将等分数改为 3，按照与前面相同的方法，将 D1 点与 D 点之间三等分，如图 4-13 所示。

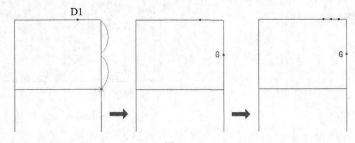

图 4-13

⑤ 选中【智能笔】工具 ，鼠标单击 D 点与 D1 点之间的第一个三等分点，松开鼠标向上拖动，再单击，弹出【长度】对话框，在【长度】输入框中输入 "0.7"，然后单击 "确定" 按钮，向上 0.7cm 画一条垂直线段，线段的上端点为 D2，如图 4-14 所示。

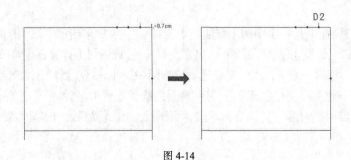

图 4-14

⑥ 鼠标单击 D2 点，右键单击，将鼠标由丁字尺状态切换到曲线状态，松开鼠标拖动到 G 点，再单击，然后右键单击，将 D2 点与 G 点直线连接，如图 4-15 所示。

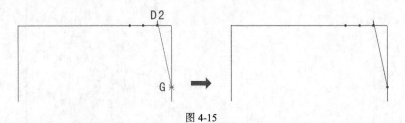

图 4-15

⑦ 鼠标单击 D2 点定曲线第一点，空白位置依次单击再定两点，最后单击 A 点，右键单击，曲线绘制结束；选中【传统设计工具栏】中的【调整】工具 ，鼠标单击选中刚画出的曲线，曲线变成红色，并出现 4 个红色的控制点，鼠标移到中间的控制点上单击，将点选中，松开鼠标拖动调整曲线，直到满意为止，空白位置单击，结束操作，腰线画出。同样的方法画出腰臀的侧缝线。

教师指导：

❶ 在用【智能笔】工具 画曲线时，曲线的中间点不要定在别的线段上，否则会给后续的曲线调整带来很大的麻烦。因为一旦中间点定在别的线段上，在用【调整】工具 移动中间点时，它所依附的线段会一起移动，如图 4-16 所示。

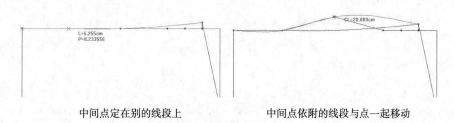

<table>
<tr><td>中间点定在别的线段上</td><td>中间点依附的线段与点一起移动</td></tr>
</table>

图 4-16

❷ 在设计与放码系统中画线时，当鼠标靠近点或线，会自动被吸附，如果要取消吸附性，只需在画线时按住键盘上的 Ctrl 键即可。

❸ 在用【调整】工具 ↖ 调整曲线时，当曲线被选中变成红色后，在曲线上单击可添加控制点；在曲线上移动鼠标，当捕捉符号 "X" 到控制点上后，按键盘上的 Delete 键，可将控制点删除。

⑧ 选中【等份规】工具 ∽，在【参数编辑】输入框 2 中将等分数改为 3，鼠标移到腰线 AD2 上，该线变成红色，并自动出现两个等分点，单击，等分点画出，如图 4-17 所示。

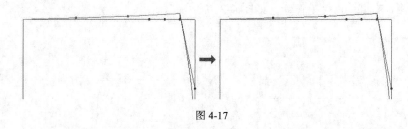

图 4-17

（!）注意：

对富怡服装 CAD 的设计与放码系统来说，在自由设计的打板模式下，【等份规】工具 ∽ 既可以对两点之间的距离等分，也可以对线段进行等分，直线与曲线皆可；但在公式法设计的打板模式下，只能对两点之间的距离等分。

⑨ 选中【传统设计工具栏】中的【放大】工具 ⊕，鼠标第一点在 A 点的左上方单击，拖动鼠标画一个矩形至 F 点的右下方再单击，被矩形框选的部分将全屏显示。

（☞）教师指导：

❶ 【放大】工具 ⊕ 是屏幕调整工具列 ⊕⊕⊕⊕ 中的一个工具。屏幕调整时，这几个工具可灵活选择。在逐步深入学习的过程中慢慢掌握它们就好了。

❷ 当选中【放大】工具 ⊕ 时，在左工作区按住键盘上的 Ctrl 键可以在放大和缩小之间切换；单击鼠标右键就会回到全部可见屏幕状态（即全屏操作区域）；按键盘上数字键盘区的 "—" 号可缩小显示，按 "+" 号可放大显示。

❸ 当处在局部放大状态时，可通过移动水平移动滑块、垂直移动滑块、滚动鼠标上的滚轮或按键盘上的方向键←、↑、→、↓来显示图形的其他部分。

⑩ 选中【智能笔】工具 ✎，鼠标移到腰线 AD2 靠前中的第一个等分点上，点变成红色选中状态后单击，拖动鼠标，使生成的线与腰线保持垂直状态，再单击，弹出【直线】对话框，在 "长度" 输入框中输入 "9"（省长），单击 "确定" 按钮，省中线画出。同样的方法，省长为 8cm，过第二个等分点，再画一条省中线，如图 4-18 所示。

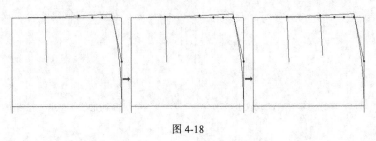

图 4-18

🔔 **操作提示：**

富怡的设计与放码系统中没有专门的曲线垂直工具，所以这里用了一个变通的方法。用什么工具并不重要，关键是要达到效果。

⑪ 选中【专业设计工具栏】中的【剪断线】工具 ✂，鼠标单击选中侧缝直线 CD，然后在该线上移动鼠标，当点 F 被选中呈红色后再单击，线段 CD 在 F 点位置被切断，如图 4-19 所示。

⑫ 选中【传统设计工具栏】中的【对称粘贴/移动】工具 ⚖，鼠标单击 A 点，拖动至 B 点后再单击，对称中线 AB 被选中，再分别单击选择需要对称的线段，被选择的线段会自动对称到对称中线 AB 的左侧，右键单击结束操作，如图 4-20 所示。

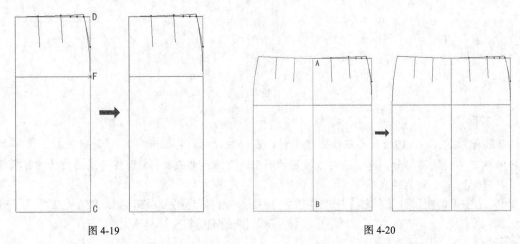

图 4-19   图 4-20

⑬ 选中【传统设计工具栏】中的【剪刀】工具 ✂，沿顺时针或逆时针的方向，按照首尾相连的顺序，依次单击用来生成衣片的辅助线段的端点，选中线段，曲线部分需在线段上单击再选一个点，最后在起始点上再次单击，样板生成。生成的衣片会在【衣片列表框】中自动显示，鼠标在衣片上单击，该衣片即可显示在左、右工作区，如图 4-21 所示。

⑭ 选中【传统设计工具栏】中的【衣片辅助线】工具 📋，鼠标在左工作区的衣片内移动，光标接触到的线变成红色，单击，将其设为内部辅助线，线变成绿色，且辅助线会在与之相对应的右工作区的纸样上同步生成。将所有需要设为内部辅助线的线段全部选中即可，如图 4-22 所示。

⑮ 选中【纸样工具栏】中的【双向尖省】工具 📐，鼠标分别在左工作区样板的一条省道中心线的省口点和省尖点上单击，然后松开鼠标拖动，则会自动在省道中心线的两侧张开一个均匀省，再次单击左键，弹出【省】对话框，在【省宽】输入框中输入省量 "2"，单击 "确定" 按钮，省道做出，如图 4-23 所示。同样的方法做出其他省道。

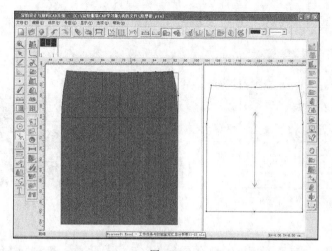

图 4-21

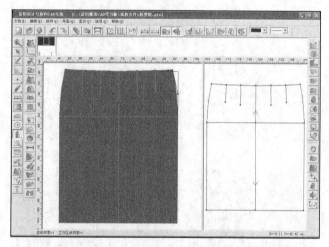

图 4-22

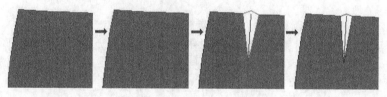

图 4-23

 教师建议：

【双向尖省】工具 也可以对右工作区的纸样直接进行处理，其弹出的【省道/尖褶】对话框如图 4-24 所示。但不主张这样做，因为在右工作区对纸样开省后，其对应的左工作区的纸样会消失，且不可复原！因此，除非不再保留左工作区的纸样，否则不要在右工作区对纸样直接开省。

⑯ 选中【调整】工具 ，鼠标单击选中前片样板的腰线，然后在曲线部位单击加点，松开鼠标拖动，将腰线调圆顺，如图 4-25 所示。在富怡的设计与放码系统中，纸样的省做出后，不能自动完成省的圆顺操作，也没有专门的圆省工具，因此要通过手动的方式解决。腰线圆顺后，直筒裙

的前片打板全部结束。最终效果参见图 4-3 所示的前片样板。

图 4-24

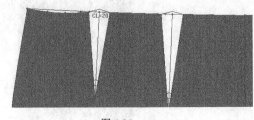

图 4-25

 教师指导：

1. 省道开出后，一定要圆顺，否则会导致并省后衣片缺量，既不好缝制，也影响品质，如图 4-26 所示。

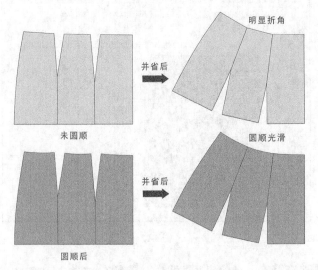

图 4-26

2. 在用【调整】工具 对腰线进行圆顺调整时，幅度不宜太大，否则会影响到省山部位的造型。

3. 也可以在纸样生成之前，先在基础结构线上用【收省】工具 或者【合并调整】工具 与【加省线】工具 组合将省道开出并圆顺，再来生成纸样。具体过程如下。

（1）【收省】工具 的开省过程。

❶ 选中【收省】工具 ，鼠标单击选择腰线 AD2 为收省边线，再单击选择省线，如图 4-27（1）所示；

❷ 单击省的倒向侧，弹出【省宽】对话框，输入省宽量，单击"确定"按钮，省边线变成如图 4-27（2）所示；

❸ 移动省边线上的调节点，将其调圆顺，如图 4-27（3）所示；

❹ 右键单击结束操作，最终效果如图 4-27（4）所示；

❺ 同样的方法将另外的省开出。

（2）【合并调整】工具 与【加省线】工具 组合的开省过程。

❶ 省中线画出后，选择【传统设计工具栏】中的【线上两等距点】工具 ，鼠标单击腰线与

省中线的交点，然后松开鼠标拖动，再单击，弹出【长度】对话框，输入长度值，单击"确定"按钮，画出省口两点，如图 4-28（1）所示；

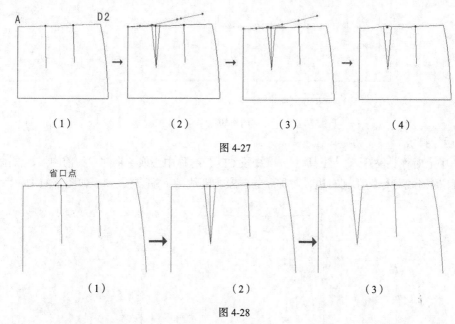

图 4-27

图 4-28

❷ 选中【智能笔】工具 ✎，将省画出，如图 4-28（2）所示；

❸ 选中【专业设计工具栏】中的【剪断线】工具 ✂，鼠标单击选中腰线，松开鼠标沿着腰线移动到省口点上变红后再单击，腰线在该点位置被切断，同样的方法将腰线在省口的另一端切断；

❹ 选中【传统设计工具栏】中的【橡皮擦】工具 ✐，将腰线在两省口点之间被切断的部分、省中线和省口点删除，如图 4-28（3）所示；

❺ 选中【专业设计工具栏】中的【合并调整】工具 📖，选择省口两侧的腰线为调整线，右键单击，再选择两省口线，省闭合，腰线上出现调整点，如图 4-29（1）所示；

❻ 移动调整点，直到腰线调圆顺，如图 4-29（2）所示；

❼ 右键单击结束，如图 4-29（3）所示；

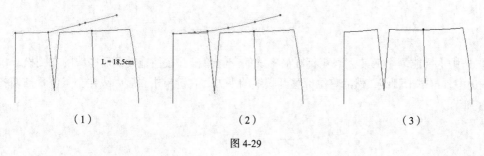

图 4-29

❽ 同样的方法将另外的省开出；

❾ 选中【专业设计工具栏】中的【加省线】工具 📖，鼠标选择倒向一侧的曲线和折线，如图 4-30（1）所示，再选择另一侧的折线和曲线，省口闭合，如图 4-30（2）所示。

（3）之后再用【剪刀】工具 ✂ 生成纸样。

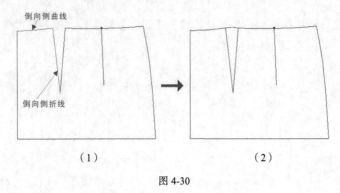

倒向侧曲线

倒向侧折线

（1） （2）

图 4-30

（2）后片打板

① 选中【对称粘贴/移动】工具 ⚊，以线段 CD 为对称中心线，将前片的前中线、臀围线、底摆线、臀腰侧缝线对称粘贴到右边，对称后的臀腰侧缝线的上端点为 A3，如图 4-31 所示。

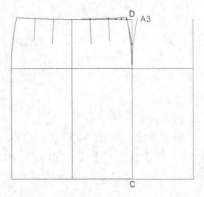

图 4-31

② 选中【智能笔】工具 ⚊，鼠标第一点定在 A3 点，中间空白位置再定两点，最后单击后中线的上端，弹出【点的位置】对话框，在【长度】输入框中输入数值"1"，单击"确认"按钮，右键单击，曲线画出。然后用【调整】工具 ⚊ 将曲线调圆顺，如图 4-32 所示。

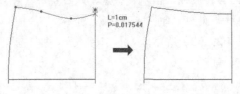

L=1cm
P=0.017544

图 4-32

③ 选中【智能笔】工具 ⚊，鼠标在后中线的左侧单击并按住拖动到后中线的右侧松开，将后中线框选中，再单击腰线，然后将鼠标移到腰线的下方，右键单击，后中线在交点位置被切齐，如图 4-33 所示。

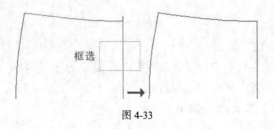

框选

图 4-33

④ 选中【等份规】工具▤，将后腰线三等分；选中【智能笔】工具✎，分别过两个等分点，省长 11cm 和 10cm，画出后片的省中线，如图 4-34 所示。

⑤ 选中【剪刀】工具✂，选取生成后片样板的辅助线，最后在起始点上再次单击，弹出【拾取纸样结束】对话框，单击"确定"按钮，生成后片的样板；选中【衣片辅助线】工具▥，添加后片的辅助内线，如图 4-35 所示。

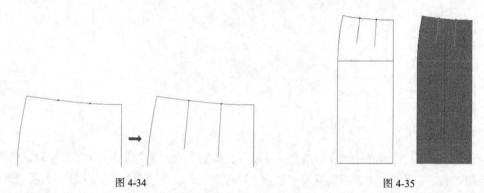

图 4-34　　　　　　　　　　　　　　　　　　　　　　　　图 4-35

⑥ 选中【双向尖省】工具▧，省大 2cm，将后片省做出；选中【调整】工具➘，对后片进行腰线的圆顺处理，如图 4-36 所示。后片打板完成，最终效果参见图 4-3 所示的后片样板。

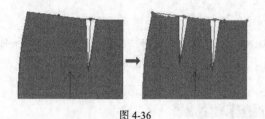

图 4-36

（3）腰头打板

① 选中【矩形】工具▦，长 69cm（腰围+3）、宽 6cm（腰头宽×2）画一个长方形。

② 选中【专业设计工具栏】中的【不相交等距线】工具≈，鼠标在一条宽度线上单击，然后松开鼠标向下拖动，再单击，弹出【平行线】对话框。在【平行距离】输入框中输入"3"，如图 4-37 所示，单击"确定"按钮，效果如图 4-38 所示（考虑到版面，这里将其水平摆放）。

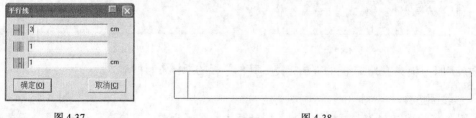

图 4-37　　　　　　　　　　　　　　　　　　　　　图 4-38

　　教师指导：

在【平行线】对话框中，【平行距离】输入框用来输入第一条平行线与基础线的平行距离，【条数】输入框用来输入平行线的条数，【间隔】输入框用来输入多条平行线之间的间隔量。

③ 选中【剪刀】工具✂，生成腰头的样板；选中【衣片辅助线】工具▥，添加腰头的辅助内线，腰头打板完成。

至此，原型裙自由设计法打板的全过程结束，最终效果如图 4-39 所示。

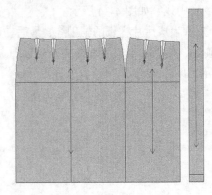

图 4-39

4．样板编辑

（1）选中【纸样】菜单中的【款式资料】命令，弹出【款式信息框】对话框。在对话框中选择或输入款式名、定单号、客户名等信息，选择一种布纹方向，并单击下方对应的"设定"按钮。如果所有样板只用一种面料，则在【布料】输入框中选择或输入面料名称，也可单击下方对应的"设定"按钮（如果需要的话，【最大倾斜角】和【刀损耗】也可一并设置），最后单击"确定"按钮，完成款式资料的编辑，如图 4-40 所示。

（2）鼠标移到【衣片列表框】的前片样板上单击，将前片选中，然后选择【纸样】菜单中的【纸样资料】命令，弹出【纸样资料】对话框。在对话框中选择或输入纸样名称，单击 "应用"按钮，再单击 "关闭"按钮即可。如果一个纸样文件中的所有样板采用了多种面料，则需在【布料】输入框中选择或输入面料名称，如图 4-41 所示。

图 4-40

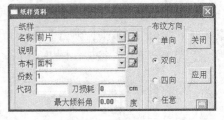

图 4-41

（3）按照与步骤（2）相同的方法，完成其他样板的纸样资料的输入。

☞ **教师指导：**

❶ 默认【款式资料】与【纸样资料】对话框中的各项设置不直接显示在样板上，只有进入排料系统，载入文件，在弹出的【纸样制单】对话框中才可以看到相关的设置，如图 4-42 所示。当然，这些信息也可以在【纸样制单】对话框中直接设置，这里暂不介绍。

如果一定要在样板上显示【款式资料】与【纸样资料】对话框中的各项设置，可选中【选项】菜单下的【系统设置】命令，在弹出的【系统设置】对话框中选择【布纹线信息格式】选项卡进行设置。关于设置的方法，将在第 5 章中详细介绍。

❷ 不同的面料在排料系统中会自动分床。

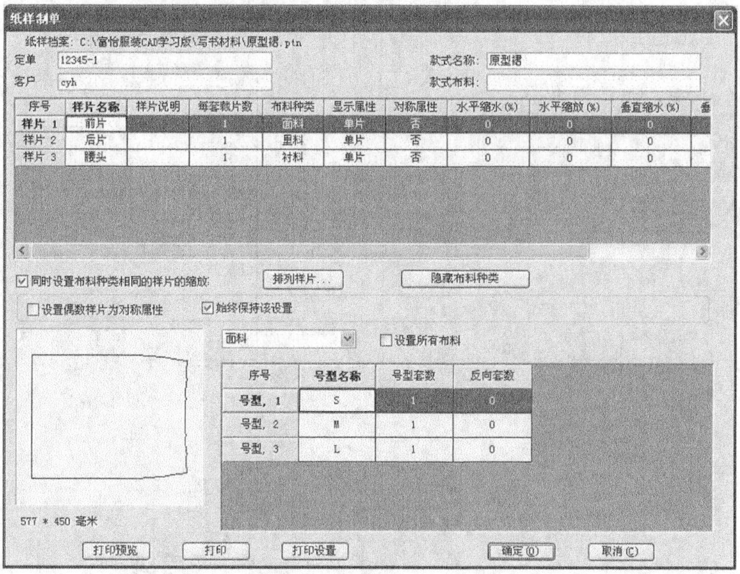

图 4-42

（4）选中【纸样工具栏】中的【钻孔/纽扣】工具 ，鼠标在左工作区选中的前片样板内单击，弹出【纽扣/钻孔】对话框，如图 4-43 所示。在对话框中单击"属性"按钮，弹出【属性】对话框，如图 4-44 所示。在对话框中设定钻孔半径，单击"确定"按钮，回到【纽扣/钻孔】对话框，设定钻孔的个数，最后单击"确定"按钮即可。同样的方法完成其他样板的钻孔。

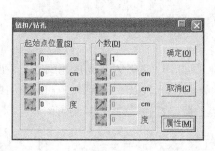

图 4-43

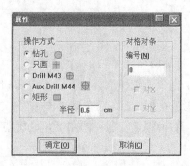

图 4-44

5. 放缝

（1）单击【放码工具栏】中的【加缝份】工具 ，鼠标移到右工作区任意样板的轮廓点上，出现红色的正方形选中框"口"后左键单击，弹出【加缝份】对话框，如图 4-45 所示。

（2）在【起点缝份量】输入框中输入缝份值"1"，然后单击"工作区全部纸样统一加缝份"按钮，弹出【富怡设计与放码 CAD 系统】对话框，单击"是"按钮，右工作区的所有样板统一加上1cm 的缝份，如图 4-46 所示。

（3）鼠标移到前片右下角的轮廓点上，出现红色的正方形选中框"口"后按下鼠标左键不松开，拖动到左下角的轮廓点上再放开，弹出【加缝份】对话框，在【起点缝份量】输入框中输入缝份值"4"，再单击"确定"按钮，前片下摆的缝份由 1cm 改为 4cm；同样的方法完成后片下摆缝份和后中缝的修改，最终加缝效果如图 4-47 所示。

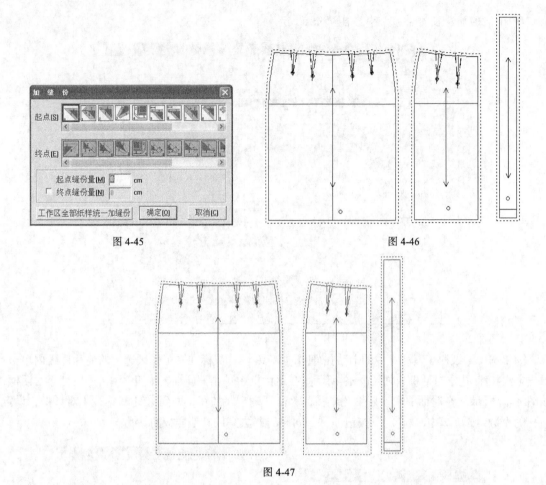

图 4-45　　　　　　　　　　　　　　　　　　　　图 4-46

图 4-47

6. 打剪口

（1）选中【纸样工具栏】中的【剪口】按钮，鼠标移到前片左下角的轮廓点上，出现红色的正方形选中框"□"后左键单击，剪口打好，同时弹出【剪口编辑】对话框。用同样的方法将前片的左、右臀围点，后片的左下角轮廓点和左臀围点的剪口打好，如图 4-48 所示。

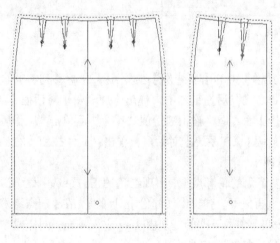

图 4-48

（2）在【剪口编辑】对话框中选择【剪口角度】的形式为"后"，鼠标移到前片右下角的轮廓点上，出现红色的正方形选中框"□"后左键单击，剪口打好。

（3）鼠标在后片后中线上单击，出现一剪口，在【剪口编辑】对话框中将 M 码的长度改为"20"，然后单击"各码数据相等"按钮，S、M、L 3 个码的长度相等（由于 3 个码的拉链止口位置相同，所以长度取一样的值），如图 4-49 所示，剪口会做相应位置调整。

（4）鼠标单击腰头的 A 点位置，长度值各码数据相等，均为 3cm，将该处的剪口打好；然后勾选【剪口编辑】对话框中的"档差"选项，再单击上腰口线，将 M 码的长度改为"19.5"（腰围/4+3）；再单击"各码数据相等"按钮，在 S 码的长度输入框中输入"−0.75"，在 L 码的长度输入框中输入"0.75"，如图 4-50 所示。

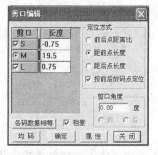

图 4-49　　　　　　　　　　　　　　　　图 4-50

（5）将"档差"选项取消勾选，S、M、L 3 个码的长度值如图 4-51 所示，单击"确定"按钮，3 个码在 B 处的剪口一齐打好，如图 4-54 所示。同样的方法将腰头上另外两处 C、D 位置的剪口打好，剪口设置分别如图 4-52 和图 4-53 所示，腰头打剪口如图 4-54 所示（考虑到版面，将其水平摆放）。

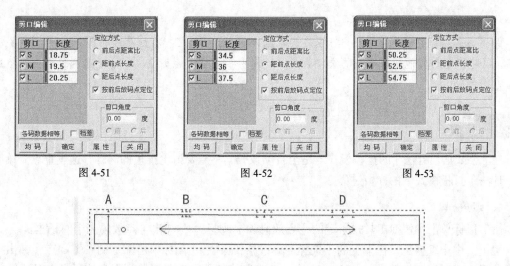

图 4-51　　　　　　　　　　图 4-52　　　　　　　　　　图 4-53

图 4-54

（6）所有剪口打好后，单击"关闭"按钮即可，最终结果如图 4-55 所示。考虑到剪口位置与实际样板的对应，在图 4-55 中将腰头做了放码处理。

 操作提示：

❶ 在【剪口编辑】对话框中设置好了 S 码与 M 码的值后，单击"均码"按钮，则以 M 码与 S

码之间的数值差为档差，按照递增的顺序，自动生成其他各码的长度数值。

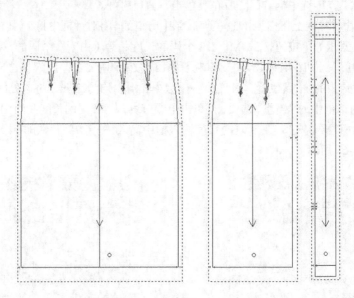

图 4-55

❷ 如果想要删除剪口，可单击选中【纸样工具栏】中的【橡皮擦】工具 ✍，然后将鼠标移到需要删除的剪口上，出现红色矩形选框 "□" 后左键双击即可。

7. 保存

鼠标单击【快捷工具栏】中的【保存】按钮 ，在弹出的【另存为】对话框中选择文件保存的目标文件夹，起文件名，单击 "保存" 按钮即可。

🔔 **操作提示：**

保存不是要等到现在才进行，打板之初就应该保存，而且在打板过程中每隔一段时间就要注意存盘，以防断电或其他原因造成的文件丢失。只是为了讲解的连贯性，才等到基本工作全部结束后来保存文件。

 推板

在【公式法设计法】的打板模式下是全自动放码，不需要讨论推板的问题，这里重点介绍【自由设计法】打板模式下的推板过程。

1. 点放码

（1）鼠标单击【快捷工具栏】上的【点放码表】按钮 ，弹出【点放码表】对话框。

（2）选中【纸样工具栏】上的【选择与修改】工具 ，鼠标单击前片的右臀围点，弹出【匹配点选择】对话框，如图 4-56 所示，单击 "确定" 按钮，然后鼠标移到【点放码表】对话框 S 码的【dX】输入框内单击，输入数值 "−0.75"，再单击 按钮，完成该点放码量的输入，放码结果会自动显示，如图 4-57 所示。

（3）单击 按钮，自动找到前一放码点（前片的右腰围点），先在【点放码表】对话框 S 码的【dX】输入框内单击，输入数值 "−0.75"，然后在 S 码的【dY】输入框内单击，输入数值 "−0.5"，

再单击 按钮，完成该点放码量的输入，放码结果会自动显示，如图 4-58 所示。

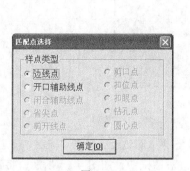

图 4-56

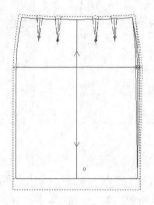

图 4-57

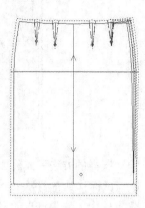

图 4-58

（4）按照与步骤（3）完全相同的方法，参照图 4-5，完成前片其他各放码点的放码量的输入，放码结果如图 4-59 所示。

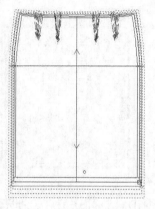

图 4-59

图 4-60

（5）鼠标移到右侧第一个省的右侧省口点上单击，选中【编辑工具栏】上的【点参数】工具，弹出【边线样点属性】对话框，如图 4-60 所示，勾选【放码点】选项，单击"确定"按钮，将省口点的属性改为放码点，点的选择显示方式由红色的"○"形变为红色的"□"形，如图 4-61 所示。【点放码表】对话框中的显示如图 4-62 所示，参照图 4-5，将其放码量改为如图 4-63 所示。

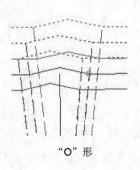

"○"形

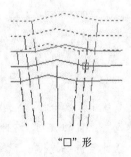

"□"形

图 4-61

图 4-62　　　　　　　　　　　　图 4-63

（6）同样的方法完成前片其他对应省口、省山点放码量的修改。

（7）鼠标移到右侧第一个省的省尖点上单击，弹出【匹配点选择】对话框，单击"确定"按钮，将省尖点选中，省尖点自动生成的放码量会出现在【点放码表】对话框中，如图 4-64 所示，将其放码量改成如图 4-65 所示，完成该点放码量的修改。

（8）鼠标移到右侧第二个省的省尖点上单击，按照与步骤（7）完全相同的方法，放码量改成如图 4-65 所示，完成该点放码量的修改。

图 4-64　　　　　　　　　　　　图 4-65

（9）同样的方法完成前片左侧两个省尖点放码量的修改，前片放码全部完成，腰省部位放码效果如图 4-66 所示。

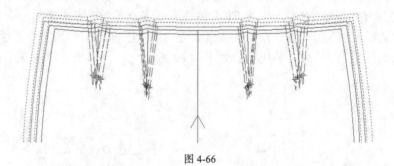

图 4-66

⚠️ **注意：**

在设计与放码系统中，放码时，凡是非放码点，系统会依据常规，按照该点所在线的位置与前后放码点之间的比例关系自动放码，这样省量的大小就是可变的了。但在通常情况下，服装上的省量大小是不变的，因此就需要进行手工调节，所以要先改变该省口点的属性，使其成为放码点。

（10）选中前片左侧的臀围点，再单击 🖼️ 按钮，复制该点的放码量，然后单击与之对应的后片左侧的臀围点，单击按钮，将前片左侧臀围点的放码量粘贴到后片的左侧臀围点，后片执行放码，其结果如图 4-67 所示。

（11）同样的方法将前片放码点的放码量复制粘贴到与之相对应的后片的放码点上，后片放码完成，如图 4-68 所示。

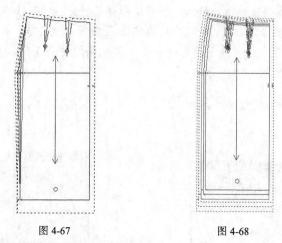

图 4-67　　　　　　　　　图 4-68

（12）最后完成腰头的放码，如图 4-69 所示。

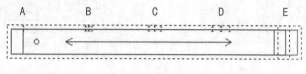

图 4-69

 操作提示：

　　通过测量，图 4-69 中，点 A～点 B、点 B～点 C、点 C～点 D、点 D～点 E 的距离是相等的，其测量结果都一样。这也说明前面剪口设定的方法是对的。

（13）原型裙点放码的最终结果如图 4-70 所示。

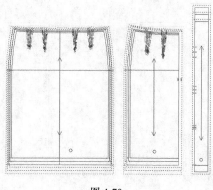

图 4-70

 教师指导：

　　1. 以上介绍的是逐点放码的方式，这种放码方式简洁明了，是最常见的点放码的方式，与手工操作的习惯完全一致，但速度慢，重复的工作较多。在借助于服装 CAD 之后，完全可以用更快捷的方式来完成这项工作，这里以前片为例，具体介绍其操作方法。

❶ 选中【选择与修改】工具 ，鼠标按照顺时针的顺序框选前片的所有省尖点，选中的点上出现"□"形选择符号。

❷ 鼠标移到【点放码表】对话框 S 码的【dY】输入框内单击，输入数值"−0.25"，再单击 按钮，完成所有省尖点纵向放码量的输入，放码结果会自动显示；同样的方法框选腰线上所有点，在 S 码的【dY】输入框内输入数值"−0.5"，再单击 按钮，放码结果如图 4-71 所示。

❸ 按照顺时针的顺序框选前片下摆的所有点，在 S 码的【dY】输入框内输入数值"1.5"，再单击 按钮，放码结果如图 4-72 所示。

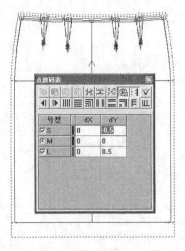

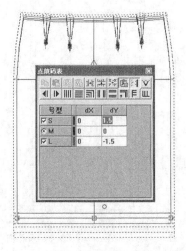

图 4-71

图 4-72

❹ 按照图 4-73 所示的方式框选前片左侧的所有点，在 S 码的【dX】输入框内输入数值"0.75"，再单击 按钮，放码结果如图 4-74 所示。

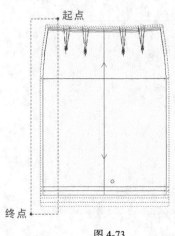

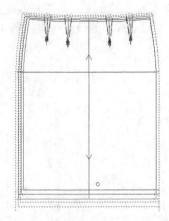

图 4-73

图 4-74

❺ 与步骤❹相同的方法，框选前片右侧的所有点，在 S 码的【dX】输入框内输入数值"−0.75"，再单击 按钮，完成前片右侧缝所有点的 X 方向放码。

❻ 按照图 4-75 所示的方式，从左向右框选前片的省，4 个省在 S 码的【dX】输入框内输入数值分别是"0.5"、"0.25"、"−0.25"、"−0.5"，腰省的放码结果如图 4-76 所示。

❼　前片放码完成。在这种单 X 或单 Y 的放码方式中，正确地一次性框选在纵向或横向放码量相同的点是关键。

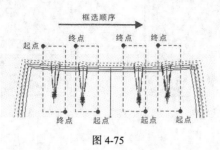

图 4-75

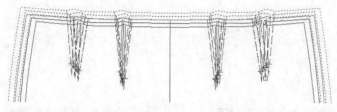

图 4-76

2.　前面讨论的放码方式，不管是逐点放码还是单 X 或单 Y 放码，都是均匀放码，也就是说，各码的档差是一样的。但在服装的实际推板过程中，不均匀放码是常有的现象，这就要求在【点放码表】对话框中进行不均匀档差的设置。

仍以原型裙为例，假定其号型档差如表 4-2 所示。很显然，在表 4-2 中，除了腰围档差是均匀的，裙长、臀围、臀高的档差都是非均匀的。

表 4-2　　　　　　　　　　　　　　假定原型裙的号型规格　　　　　　　　　　　　　　单位：cm

部位 号型	裙长	腰围	臀围	臀高
155/63A（S）	58	63	87	16.5
160/66A（M）	60	66	90	17
165/69A（L）	62	69	93	17.5
165/72A（XL）	62	72	93	17.5
170/75A（XXL）	63	75	96	18
170/78A（XXXL）	64	78	96	18

这里以前片下摆的推板为例，介绍【点放码表】对话框中不均匀档差设置的方法。

❶　选中【选择与修改】工具 ，按照顺时针的顺序框选前片下摆的所有点，在 S 码的【dY】输入框内输入数值 "1.5"，再单击 按钮，【点放码表】中 dY 方向的放码量如图 4-77 所示。根据表 4-2 所示的档差，将其改为如图 4-78 所示，然后单击 按钮，完成纵向的放码，如图 4-79 所示。

❷　鼠标框选前片左侧的所有点，在 S 码的【dX】输入框内输入数值 "0.75"，再单击 按钮，【点放码表】中 dX 方向的放码量如图 4-80 所示，根据表 4-2 所示的档差，将其改为如图 4-81 所示，然后单击 按钮，完成横向的放码。

图 4-77

图 4-78

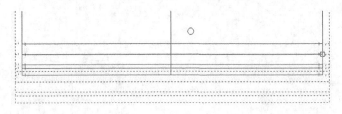
图 4-79

图 4-80

图 4-81

❸ 鼠标框选前片右侧的所有点，在 S 码的【dX】输入框内输入数值"−0.75"，然后按照与步骤❷完全相同的方法，完成横向的放码，最终效果如图 4-82 所示。

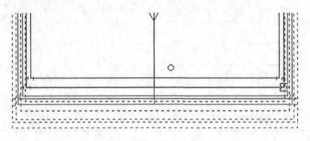
图 4-82

3. 在放码的时候，有时候会遇到有些放码点的放码方向不是水平和垂直方向，这就要求改变放码的方向和角度，具体操作方法如下。

❶ 选中某个放码点，按下【角度】按钮▽，【点放码表】如图 4-83 所示，同时放码点上会出现坐标轴，如图 4-84 所示。

❷ 在【角度】输入框中输入需要的角度值，坐标轴会跟着相应调整，单击【角度】输入框右侧的▪按钮和▪按钮，可旋转坐标轴，每单击▪一次，坐标轴就顺时针旋转 1°，每单击▪一次，坐标轴就逆时针旋转 1°。

图 4-83

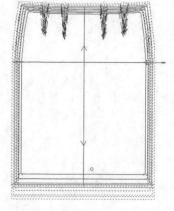

图 4-84

4. 如果要去除放码点的放码量，只需将放码点选中，然后单击 F 按钮和 ⊔ 按钮，将其放码量归零即可。

2. 线放码

线放码的基本原理与点放码是一样的，通过将样板切开，在每条切开线中加入一定的放码量，累加以后，实现放码的目的。

线放码的基本操作方法如下。（以原型裙的前片为例）

（1）选中【放码工具栏】上的【输入垂直放码线】工具 ，鼠标分别单击纸样垂直方向的 A、B 两点，然后右键单击，在弹出的快捷菜单中选择【结束】命令，完成一条垂直放码线的输入，如图 4-85 所示。

（2）同样的方法完成其他垂直放码线的输入，如图 4-86 所示。

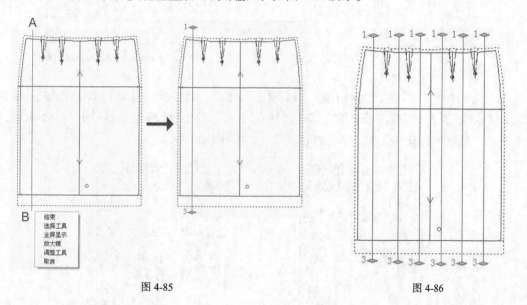

图 4-85

图 4-86

（3）选中【放码工具栏】上的【输入水平放码线】工具 ，鼠标分别单击纸样水平方向的 A、B 两点，然后右键单击，在弹出的快捷菜单中选择【结束】命令，完成一条水平放码线的输入，如图 4-87 所示。

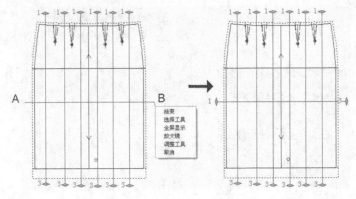

图 4-87

（4）同样的方法完成其他水平放码线的输入，如图 4-88 所示。

（5）鼠标单击【放码工具栏】上的【线放码表】工具 ，弹出【线放码表】对话框，如图 4-89 所示。

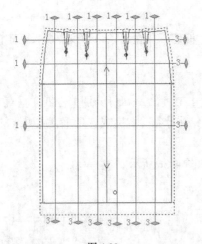

图 4-88   图 4-89

（6）选中【放码工具栏】上的【输入放码量】工具 ，【线放码表】对话框中的选项和按钮被激活，鼠标移到从左向右第一条垂直放码线的端点附近，待线变成红色后左键单击，将放码线选中，选中的线变成紫色，q1～q3 输入框也同时被激活，如图 4-90 所示。

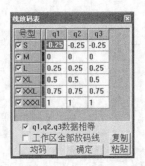

图 4-90   图 4-91

（7）鼠标在 S 码对应的 q1 输入框中单击，输入放码量 "-0.25"，S 码对应的 q2、q3 输入框中会自动出现相同放码量（因为【q1，q2，q3 数据相等】选项被勾选），然后单击 "均码" 按钮，各码的档差自动生成，如图 4-91 所示（如果是非均匀放码，则在此基础上修改各码的档差即可）。

（8）鼠标单击"复制"按钮，然后选中从左向右第二条垂直放码线，再单击"粘贴"按钮，第一条垂直放码线的放码量被复制给第二条垂直放码线；接下来选中从左向右第三条垂直放码线，单击"粘贴"按钮，第一条垂直放码线的放码量被复制给第三条垂直放码线；同样的方法完成其他所有垂直放码线以及从上向下第一条和第二条水平放码线放码量的输入。

（9）选中第三条水平放码线，鼠标在 S 码对应的 q1 输入框中单击，输入放码量"−1.5"，然后单击"均码"按钮，各码的档差自动生成。

（10）最后单击"确定"按钮，放码量输入完成，将对话框关闭。

（11）鼠标单击【放码工具栏】上的【线放码】工具 ，前片样板的所有号型被展开，如图 4-92 所示，鼠标单击【放码工具栏】上的【显示/隐藏放码线】工具 ，将其按起，放码线被隐藏，如图 4-93 所示。

（12）选中【选择与修改工具】 ，鼠标单击选中前片臀围线与前中线的交点，再单击【编辑工具栏】上的【各码按点或线对齐】工具 ，将前片所有号型样板以该点为基准点对齐，如图 4-94 所示。

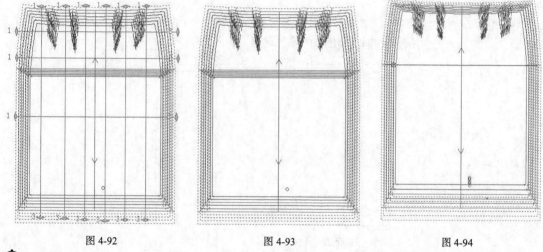

图 4-92　　　　　　　　　　　图 4-93　　　　　　　　　　　图 4-94

 操作提示：

❶ 各切开线的放码量如图 4-95 所示。

❷ 如果要在切开线的 q1、q2、q3 位置输入不同的放码量，则要先单击【放码工具栏】上的【输入中间放码点】工具 ，鼠标移到切开线上需要设置放码量的位置，线变红后左键单击，之后在【线放码表】对话框中取消对【q1、q2、q3 数据相等】选项的勾选，在 S 码对应的 q1、q2、q3 输入框输入放码量，然后单击"均码"按钮即可。

❸ 腰头上由于对位点的存在，每个对位点都要给出相应的放码量，因此 3cm 的腰围档差，不能只设置一条切开线，而是 4 条，每条切开线的放码量是 0.75cm，如图 4-96 所示。

巩固练习：

练习 1：将两种打板模式下原型裙的 CAD 打板与推板过程各反复练习 3 遍。

练习 2：将本节 CAD 打板与推板中用到的各种工具再练习 2 遍。

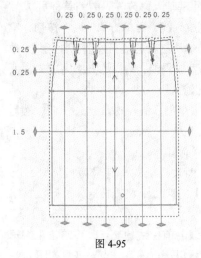

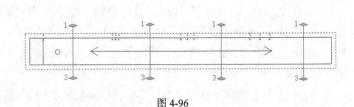

图 4-95   图 4-96

练习 3：试着用点放码和线放码两种放码方式对原型裙进行放码。

练习 4：试一试，参照原型裙的打板，完成图 4-97 所示单省原型裙的 CAD 打板与推板全过程。

提示：原型裙的每块 1/4 样板上都有两个省，将其中的一个省的省量一分为二，一份在侧缝撇掉，另一份加到另一个省中，并适当增加侧腰的起翘。

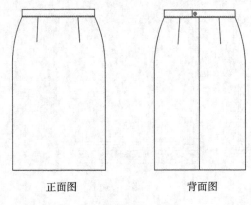

正面图   背面图

图 4-97

4.2 NAC2000 服装 CAD 系统中的打板与推板

✎ 重点、难点：

- 尺寸表的建立与保存。
- 曲线的绘制与调整。
- 过曲线的等分点作垂线。
- 点的定位与捕捉方式。
- 省道的处理。

- 样板加缝与标注。
- 点放码和线放码的具体方法。
- 打板与推板的具体流程。

在 NAC2000 服装 CAD 系统中，打板在打板系统中进行，推板在推板系统中进行。

4.2.1 打板

原型裙的 CAD 打板过程如下。

1. 单位设定

双击桌面上的快捷图标 ，进入 NAC2000 服装 CAD 系统的主画面。双击【单位设定】快捷图标 ，弹出【单位设定】对话框，选择 "cm" 为制图单位，单击 "确认" 按钮即可，如图 4-98 所示。

2. 号型、尺寸设定

（1）双击【号型设定】快捷图标 ，弹出【尺寸设定】对话框，右键单击选择一个号型系列，左键单击 "确认" 按钮即可（选中的号型系列出现红色边框）。

（2）双击【打板】快捷图标 ，进入打板系统。

（3）单击【查看】菜单，选择下拉菜单中的【尺寸表】命令，屏幕的左下角会出现【尺寸表】的对话框，如图 4-99 所示。

图 4-98

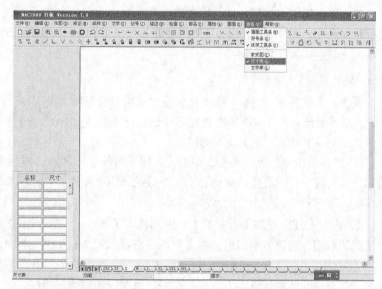

图 4-99

（4）鼠标移到对话框空白输入栏的位置右键单击，弹出快捷菜单，单击【页追加】命令，新建一个名称与尺寸输入的对话表格，表格由灰色变成白色，鼠标左键在空白表格内再单击一下，出现输入提示符后即可输入相应的名称和尺寸了。

（5）在【名称】一栏下方的表格内输入名称，在【尺寸】一栏下方的表格内输入对应的尺寸。尺寸表建好后单击【文件】菜单，选择下拉菜单中的【保存尺寸表】命令，弹出【另存为】对话框，选择文件保存的文件夹，在【文件名】一栏中输入文件名，单击 "保存" 按钮即可。为方便查找，

"尺寸表"文件最好保存在 NAC2000 文件夹下的 Siz 文件夹中。

 操作提示：

❶ 【尺寸表】对话框打开后会占用一定打板屏幕区域，如果不希望它占用屏幕空间，可单击【查看】菜单栏，将下拉菜单中【尺寸表】一项设为未选中状态即可（选中前面有一个✓）。

❷ 与富怡服装 CAD 设计与放码系统不同的是，在 NAC2000 服装 CAD 系统中，尺寸表中的名称和尺寸只是作为打板时的参考，不能作为计算公式，打板时只能输入数值。这种方式与企业实际生产中的注寸打板完全吻合，因而比较适合企业打板师的自由打板，初学者上手有一定难度。富怡服装 CAD 采用的是公式打板的方式，比较适合于学院教学或者习惯于公式打板的打板师，初学者很容易上手。当然，如果软件应用很熟练，用哪个软件都是一样的。

3．打板

（1）前片打板。

将文字输入法切换到英文输入状态，开始打板。

① 鼠标单击【打板工具条】中的【矩形】工具 □，信息提示栏会显示功能名称：矩形；提示：指示矩形对角两点；输入框中出现输入提示符。

将鼠标移到屏幕作图区域合适位置单击，在输入框中输入 "x22.5y-57"，回车，画一个长 57、宽 22.5 的矩形（臀围/4 = 22.5，裙长-3 = 57），矩形的左边线设定为前中线，右边线设定为侧缝直线，上面为上平线，下面为下摆线。

 注意：

输入框中输入的数字只能是整数或小数（如 3、0.25 等），不能是分数（如 1/2、3/5），也不能夹带运算符号（+、-、*、/等），更不能输入公式（W/4、B/2+5），而且在输入数值时一定要将文字输入法切换到英文输入状态。

 操作提示：

要养成看提示的好习惯，很多操作通过看提示就能独立完成。不少初学者一遇到问题不是去翻书，就是去求助别人，却不知眼前就有一位最好的老师！NAC2000 服装 CAD 软件的提示做得很周到，几乎每一步都有，一定要好好看。

② 鼠标单击【打板工具条】中的【间隔平行线】工具，然后在矩形的上平线上左键单击，指示该线为被平行的要素，鼠标移到上平线的下方再单击，指示平行侧，输入框中输入间隔量 17（臀高），回车确认，定出臀围线。

③ 选中【打板工具条】中的【长度调整】工具，在输入框中输入 "-2"，回车，左键单击上平线的右端，右键单击结束，将上平线在右端缩短 2cm（图 4-2 中▲的量）。

④ 选中【打板工具条】中的【垂直线】工具，鼠标在上平线的右端单击，输入框中输入 "0.7"，回车，过上平线的右端点向上 0.7cm 作一条垂线段为侧缝起翘线。

以上操作结果如图 4-100 所示。

⑤ 选中【打板工具条】中的【曲线】工具，鼠标在前中线的上端左键单击定第一点，松开鼠标移到空白位置单击定第二点，鼠标移动到侧缝起翘线的上端再单击定第三点，右键单击结束，将侧缝起翘线的上端点与上平线的左端点用曲线连接起来，前腰线画出；同样的方法将侧缝起翘线的上端点与臀围线的右端点用曲线连接起来，臀腰侧缝线画出。

⑥ 选中【打板工具条】中的【点列修正】工具，鼠标在前腰线上单击，线上出现"十"字

形修正点，在中间修正点上单击一下，移动鼠标将曲线调圆顺，修正完成后右键单击结束；同样的方法将臀腰侧缝线调圆顺。

以上操作结果如图 4-101 所示。

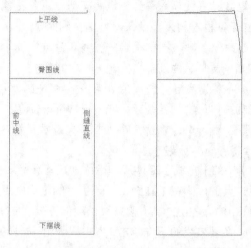

图 4-100　　　　　　　　　　　图 4-101

⑦ 选中【打板工具条】中的【删除】工具 ⌒，在屏幕的合适位置左键单击定出矩形选框的第一点，拖动鼠标到另一合适位置单击定出矩形选框第二点，选中上平线，上平线变成蓝色，按相同的操作方法选择侧缝起翘线和侧缝直线，右键单击即可将被选中的要素删除。

⑧ 单击【画面工具条】中的【再表示】工具 ▢，刷新画面。

⑨ 选中【打板工具条】中的【两点线】工具 ＼，鼠标在臀围线的右端单击，松开鼠标移动到下摆线的右端再单击，重新连接臀到下摆的侧缝直线。

以上操作如图 4-102 所示。

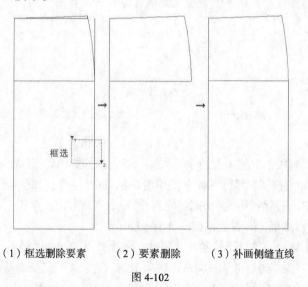

（1）框选删除要素　　　　（2）要素删除　　　　（3）补画侧缝直线

图 4-102

🔔 操作提示：

❶ 受屏幕和制图比例的限制，很多细小或需精确调整的部位在操作时往往看不清楚或不方便，这时可通过局部放大的方式解决。单击【画面工具条】中的【放大】工具 🔍 按钮，框选需要放大

的部位即可。注意,框得越大,放大得就越少!放大后如果要查看样板的其他部位,可以通过拖动上下、左右滚动条来解决。最好的办法是右键结束工具操作,在鼠标指针变为"+"字形时,单击鼠标并按住拖动。如果要显示全部样板,单击【画面工具条】中的【全体表示】工具 ⊙ 按钮。

❷ 腰围线、上平线、侧缝起翘线与臀腰侧缝线相交部位线条密集,删除时不易框选中,可选中【放大】工具 ⊕ ,将相交部位框选放大,线条就好选择删除了。

❸ 一次删除多根不需要的线条时,不要框选一根线条后就右键单击删除一次,这种操作方法的重复工作太多,应该先将所有要删除的线条都框选中,再右键单击,一次性全部删除,效率会更高。

❹ 很多时候,在删除多条辅助线后,剩下的线条会显示不全,没关系,左键单击【画面工具条】中的【再表示】 ▣ 按钮就可以了,"再表示"相当于 Windows 的"刷新"。

❺ 打板时, ⊕ 、 ⊖ 、 ⊚ 、 ▣ 、 ↺ 、 ↻ 这几个工具一直是贯穿始终的,不要指望一下子就全部掌握,在逐步应用的过程中慢慢熟悉就好了。

⑩ 选中【打板工具条】中的【垂线】工具 ◁ ,指示垂直基准要素:腰口线;输入垂线的长度:"9",回车;指示垂线的通过点:鼠标在【画面工具条】上的【比例点】按钮 ⊢ 上单击,将点的选择方式改为比例点,输入框中输入"0.333"(腰口线长度的三分之一),回车,鼠标单击腰口线的左端;指示垂线的延伸方向:在腰口线的下方单击,省中线画出。同样的方法将另一条省中线画出,只是省长为 8cm,在选择垂线的通过点时,要鼠标单击腰口线的右端。省中线画出的效果如图 4-103 所示。

 教师指导:

在 NAC2000 服装 CAD 软件的打板系统中,【记号】→【标注】菜单下的【等分线标】命令只能等分直线,不能等分曲线,如图 4-104 所示。所以在步骤⑩中换了一种方式来找曲线上的等分点。

另外,如果要过曲线的任意点作垂线,在选择垂线通过点时,只要先单击【画面工具条】上的【投影点】按钮 ↙ ,然后鼠标在线条上需要定点的位置单击,即可找到。

等分第一点　　　　等分第二点　等分第一点　　　　等分第二点

图 4-103　　　　　　　　　　　　　　　　图 4-104

⑪ 选中【纸样工具条】中的【省道】工具 M ,弹出【省道设定】对话框,如图 4-105 所示。在对话框中单击"确定"按钮,然后鼠标左键单击左侧省中线,再右键单击,省道开出;再次单击"确定"按钮,鼠标单击右侧省中线,右键单击,另一个省道开出。单击"取消"按钮,关闭【省道设定】对话框,开省结束。开省效果如图 4-106 所示。

⑫ 单击【纸样】菜单,选择下拉菜单【省】的子菜单【省的圆顺】命令,鼠标依次在腰线上单击指示为圆顺线,右键单击;再从左向右依次单击指示省线(一定要是偶数条),右键单击;腰线下方任意位置单击指示省的端部,省道合并,计算机提示输入曲线点数,输入框中输入"5",回车,曲线自动圆顺,粉红色的线条上出现 5 个蓝色的移动点,单击选中移动点移动到合适的位置,右键单击;最后单击【再表示】工具 ▣ 刷新画面,操作结束。其步骤如图 4-107 的(1)~(4)所示。

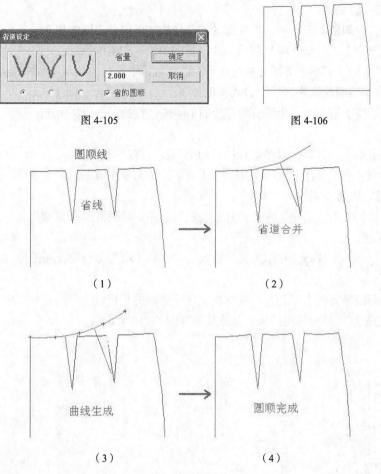

图 4-105　　　　　　　　　　　图 4-106

图 4-107

⑬ 选中【纸样工具条】中的【省折线】工具 ，计算机提示：指示倒向侧的省线和曲线，依次单击省道的左侧线和相连的腰线；计算机提示：指示另一侧的省线和曲线，依次单击省道的右侧线和相连的腰线，省折线完成。相同的方法画出另一个省折线，如图 4-108 所示。

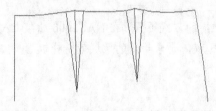

图 4-108

⑭ 选中【纸样工具条】中的【指定移动复写】工具 ，框选前片样板的所有要素，右键单击，鼠标在工作区的任意位置单击定两点指示移动距离，将前片样板复制一份，或者在输入框中输入"dxadyb"，回车即可（注：a 和 b 为数字，如 dx20dy30）。

⑮ 选中【纸样工具条】中的【垂直反转复写】工具 ，框选前片样板除前中线以外的所有线段，以前中线为对称中心线，将前片对称展开，前片样板打板完成，如图 4-109 所示。

（2）后片打板。

① 选中【纸样工具条】中的【垂直反转】工具 ，以臀到下摆的侧缝直线为对称中心线，将

复制的前片样板垂直反转。

② 选中【长度调整】工具，将复制的前片样板的前中线上端缩短 1cm。

③ 选中【删除】工具，将复制的前片样板的腰线、省道线删除。

④ 选中【曲线】工具，将臀腰侧缝线的上端点与后中线的上端点用曲线连接起来，选中【点列修正】工具，将曲线调圆顺，腰口线画出。

⑤ 选中【垂线】工具，参照前片打板的第⑩步，省长 11cm 和 10cm，从右向左画出后片的省中线。

⑥ 选中【省道】工具，参照前片打板的第⑪步，将后省开出。

⑦ 单击【纸样】菜单栏，选择下拉菜单【省】的子菜单【省的圆顺】命令，参照前片打板的第（12）步，将后腰省口圆顺。

⑧ 选中【省折线】工具，参照前片打板的第⑬步，将后片省折线画出，后片打板完成。

（3）腰头打板。

① 选中【矩形】工具，在输入框中输入"x6y69"（腰头宽*2=6，腰围+3=69），回车，腰头画出。

② 选中【间隔平行线】工具，3cm 向上作下平线的平行线，腰头打板完成。

至此，原型裙打板的全过程结束，最终效果如图 4-110 所示。

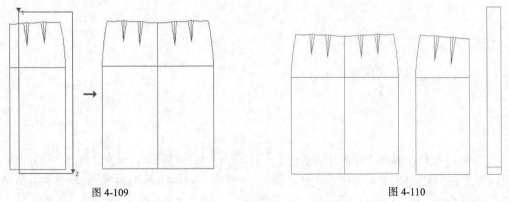

图 4-109　　　　　　　　　　　　　　　　　　　　　　　图 4-110

注意：

与富怡服装 CAD 的提取样板的方式不同，在 NAC2000 服装 CAD 系统中，没有辅助线与轮廓线之分，也不需要专门的样片提取，要素封闭的区域就是样板。

4．样板编辑

（1）设定纱向。

① 选中【纸样工具条】中的【平行纱向】工具，鼠标在前片样板的内部合适位置单击定第一点为纱向的开始点，移动鼠标到一定距离位置再单击定第二点为纱向的终了点，然后单击前中线为平行的基准线，纱向线画出。

② 同样的方法画出其他样板的纱向线（可连续对多块样板操作），如图 4-111 所示。

操作提示：

❶ NAC2000 服装 CAD 系统提供 4 种纱向线方式，分别是单侧单箭头、单侧双箭头、双侧单箭头和双侧双箭头，如图 4-112 所示。

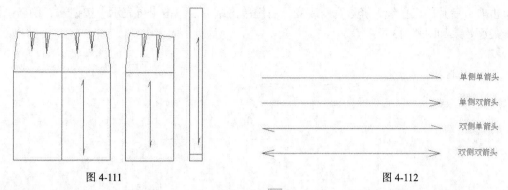

单侧单箭头

单侧双箭头

双侧单箭头

双侧双箭头

图 4-111　　　　　　　　　　　　　　　　　图 4-112

❷ 单击【纸样工具条】中的【文字设定】按钮，在打开的【参数设定】对话框中可选择纱向的类型。

（2）编写样板名。

① 选中【纸样工具条】中的【输入文字】工具，在输入框中输入文字"前片*1"，回车，鼠标移到纱向线中间左方位置单击，再右键单击，完成前片样板名的输入。

② 同样的方法完成其他衣片板名的输入。

☞ 教师指导：

❶ 通常，文字输入完成后，屏幕上只有一个很小的"+"字符号，好像没有文字，没关系，将它放大一下就看到了。如果希望文字输好后就可以看到，可以单击【纸样工具条】中的【文字设定】按钮，在打开的【参数设定】对话框中将文字的大小设定为 2 或比 2 更大的数值即可。软件默认的文字大小为 1。

❷ 在打板系统中用【输入文字】工具输入的文字在输出系统中可以直接显示，在排料系统中不显示，但可以输出。选中排料系统中【选项】菜单下的【输出信息设定】命令，弹出【输出信息设定】对话框。在对话框将【实体输出】选项下的【纱向】和【文字】选项勾选，然后单击工具条上的【输出预览】按钮，即可看到样板上输入的纱向和文字。

（3）设定钻孔。

① 单击【记号】菜单，选择下拉菜单中【点记号】下的【打孔】命令，在输入框中输入孔的半径"0.3"，回车，鼠标依次在前片、后片和腰头的合适位置单击，指定打孔中心点，定出穿挂样板的孔位。

② 在输入框中输入数值"1"，鼠标依次单击省中线的省尖一端，定出省尖的孔位。

③ 右键单击结束。

5. 放缝

（1）选中【纸样工具条】中的【外周检查】工具，鼠标依次框选前片、后片和腰头样板，查看样板外周是否封闭。如果样板外周封闭，则左下角有红色菱形标记；如果样板外周不封闭，则样板的某一端点位置会出现红色的"+"形标记，此时要检查样板，查看问题所在，并进行修改，直到外周检查时，样板左下角出现红色菱形标记为止。

（2）选中【缝边】菜单下的【完全自动缝边】命令，在输入框中输入缝边宽度"1"，回车，所有样板被统一加上 1cm 的缝边。

（3）单击【再表示】按钮，刷新画面。

（4）选中【缝边】菜单下的【宽度变更】命令，在输入框中输入缝边宽度"4"，回车，鼠标依次单击前、后片的底摆线，缝边宽度改变，右键单击结束。单击【再表示】按钮，刷新画面。加缝最终效果如图 4-113 所示。

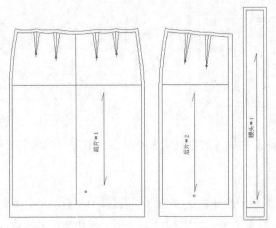

图 4-113

 操作提示：

上述加缝方式适合于样板较多的情况，如果样板较少，则可以采取另一种方式，具体流程如下。

❶ 选中【纸样工具条】中的【领域缝边】工具，鼠标框选前片样板，样板的左下角出现红色菱形标记，鼠标在前片的右下角单击，指示宽度改变点，在输入框中输入数值"1"，回车，样板左右侧缝和腰线部位被加上 1cm 的缝头，如图 4-114（1）所示。然后在前片的左下角单击，在输入框中输入数值"4"，回车，再单击右键，弹出【选择层】对话框，如图 4-115 所示。单击"取消"按钮，前片加缝完成，如图 4-114（2）所示。

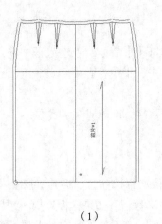 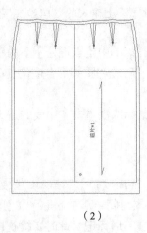 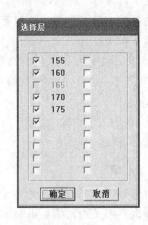

（1）　　　　　　　　（2）

图 4-114　　　　　　　　　　　　　　　　图 4-115

❷ 同样的方法完成其他样板的加缝。

6. 打剪口

（1）选中【纸样工具条】上的【对刀】工具，鼠标单击前片左侧侧缝直线的下端，右键单击，然后移到样板内部左键单击指示出头方向，弹出【对刀处理】对话框，如图 4-116 所示。

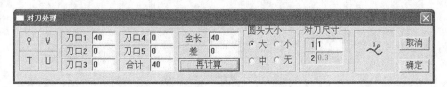

图 4-116

（2）在对话框的左侧选择一种刀口类型，并在对话框的右侧设定对刀的尺寸，如果是圆头对刀，还要选择圆头的大小。

（3）在【刀口 1】输入框中输入数值"0"单击"再计算"按钮，再单击"确定"按钮，左侧底摆线位置的刀口画出。

（4）鼠标单击前片左侧侧缝直线的上端，右键单击，然后移到样板内部左键单击指示出头方向，弹出【对刀处理】对话框，直接单击"确定"按钮，前片左侧臀围线位置的刀口画出。

（5）按照与步骤（4）同样的方法画出前片右侧侧缝直线两端的刀口。

（6）鼠标单击前片腰线缝头靠近省口的一端，按照与步骤（4）同样的方法画出省口部位的刀口。

（7）前片对刀效果如图 4-117（1）所示。

（8）按照与前片相同的方法，画出后片侧缝和腰线部位的刀口。

（9）单击后片中线的上端，右键单击，然后移到样板内部左键单击指示出头方向，在弹出【对刀处理】对话框的【刀口 1】输入框中输入数值"20"，单击"再计算"按钮，再单击"确定"按钮，后片中线位置的刀口画出。

（10）后片对刀效果如图 4-117（2）所示。

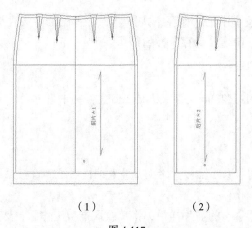

（1）　　　　　　　　（2）

图 4-117

（11）按照与后片后中线相同的对刀方法，【对刀处理】对话框中的刀口设置如图 4-118 所示，完成腰头的对刀。对刀效果如图 4-119 所示。

图 4-118

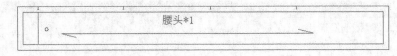

图 4-119

（12）对刀最终效果如图 4-120 所示。

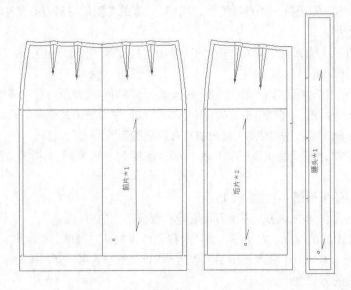

图 4-120

7．保存

鼠标单击【画面工具条】中的【保存】按钮，在弹出的【另存为】对话框中选择文件保存的目标文件夹，起文件名，单击"保存"按钮即可。

 操作提示：

样板文件默认保存在 NAC2000 文件夹下的 file 文件夹中。

4.2.2　推板

选中【文件】菜单下的【返回推板】命令，进入推板系统，打板系统中保存的样板会自动排列在推板系统的【衣片选择框】中。

鼠标单击【衣片选择框】中的前片样板，将其放入推板工作区，然后单击【工具条】上的【隐藏放码点】工具按钮，将其按起，前片的所有放码点以黑色显示。

 操作提示：

在推板系统中，软件默认要素的端点为放码点。

1．点放码

（1）逐点放码。

① 单击【展开】菜单下的【选择要放码的衣号】命令，弹出【选择要放码的衣号】对话框，在对话框中选择要放码的衣号，单击"确定"按钮即可。考虑到与前面富怡软件的对应，这里只选

择 XS、S 和 M 3 个号型。

②　单击【选项】菜单下的【输入设定】命令，弹出【输入设定】对话框，如图 4-121 所示。在【点放码】选框中选择【数值表】和【与基础层差值】选项，单击"确定"按钮即可。

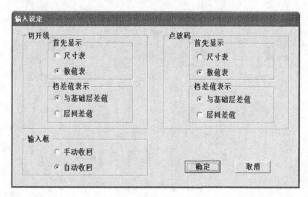

图 4-121

③　单击【选项】菜单下的【每步执行】命令（选中该命令后，每完成一个放码点的放码量的输入，软件就自动执行放码操作，可立即看到放码效果）。

④　选中【工具条】上的【固定点】工具，鼠标左键框选前中线与臀围线的交点，将该点设定为放码的基准点，点变为蓝色。

⑤　选中【工具条】上的【移动点】工具，鼠标左键框选前片的右臀围点，右键单击，弹出【放码量输入】对话框，如图 4-122 所示。

图 4-122

⑥　在左侧【横偏移】输入框中输入"0.75"（臀围的档差/4），回车，或者单击"确定"按钮，即可完成该点放码量的输入，工作区显示放码后的效果，如图 4-123 所示。

⑦　框选前片的右腰围点，右键单击，在左侧【横偏移】输入框中输入"0.75"（腰围的档差/4），在左侧【纵偏移】输入框中输入"0.5"（臀高的档差），回车，或者单击"确定"按钮，放码效果如图 4-124 所示。

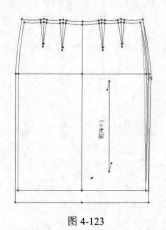

图 4-123

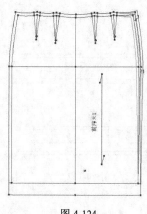

图 4-124

⑧ 同样的方法，参照图 4-5，完成其他各点放码量的输入。前片的最终放码效果如图 4-125 所示。

⑨ 单击【隐藏放码点】工具按钮，将其按下，将所有放码点隐藏，放码效果如图 4-126 所示。

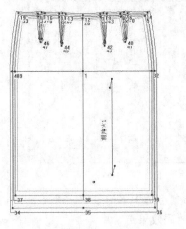
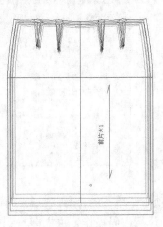

图 4-125　　　　　　　　　　　　　　图 4-126

⑩ 鼠标单击【衣片选择框】中的后片样板，将其放入推板工作区。按起【隐藏放码点】工具按钮，选中【固定点】工具，鼠标左键框选后片后中线与臀围线的交点，将该点设定为放码的基准点。再选中【移动点】工具，参照图 4-5，按照与前片相同的方法完成后片的放码。需要注意的一点是，后中线上的刀口由于要保持始终与后腰中点等距，其纵向的放码量为 0.5cm（臀高的档差）。

⑪ 鼠标单击【衣片选择框】中的腰头样板，将其放入推板工作区。选中【固定点】工具，鼠标左键框选腰头的一侧作为放码的基准点，再选中【移动点】工具，框选腰头的另一侧作为放码点，右键单击，在左侧【纵偏移】输入框中输入"3"（腰围档差），回车，或者单击"确定"按钮，腰头放码完成，腰头上的刀口会自动按比例推放，具体如图 4-127 所示。

⑫ 原型裙逐点放码的最终结果如图 4-128 所示。

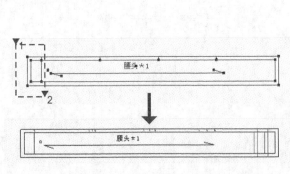

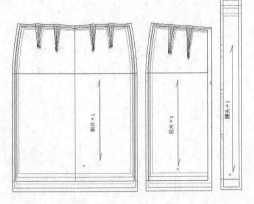

图 4-127　　　　　　　　　　　　　　图 4-128

 操作提示：

　　手工放码的基本习惯是逐点放码，与前面所讲的方法完全相同。但手工放码必须一个点、一个点地推放，而计算机放码则不然。在 NAC2000 的推板系统中，只要是放码量相同的点，不管是一块样板上的不同点或多块样板上的不同点，不管是放码点、还是基准点，都可全部框选中，一次性设置，因此效率会明显提高。

（2）单方向放码。

逐点放码完全模拟了手工放码的习惯，简单易学，且不容易出错，但重复的工作较多，效率不高，所以这里仍然依据计算机放码的优势，介绍一种更快捷的放码方式——单方向放码。

① 进入推板系统后，鼠标单击【布片全选】工具，将【衣片选择框】中的所有样板全部放入推板工作区。

② 单击【隐藏放码点】工具按钮，将其按起，前片的所有放码点以黑色显示。

③ 选中【固定点】工具，将前片前中线与臀围线的交点、后片后中线与臀围线的交点以及腰头下端的不动点设为放码基准点，点变成蓝色。

④ 选中【工具条】上的【单 Y 方向移动点】工具，鼠标左键框选前、后片腰围线上的所有点，如图 4-129 所示，右键单击，弹出【放码量输入】对话框，如图 4-130 所示。在【移动量】输入框中输入"0.5"（臀高的档差），回车，或者单击"确定"按钮，前、后片腰围线上的所有点会自动在垂直方向推放 0.5cm 的放码量，具体如图 4-131 所示。

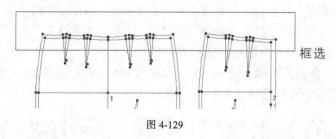

图 4-129

图 4-130

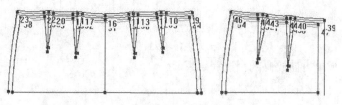

图 4-131

⑤ 鼠标左键框选前、后片下摆线上的所有点，右键单击，弹出【放码量输入】对话框。在【移动量】输入框中输入"−1.5"（裙长档差−臀高档差），回车，或者单击"确定"按钮，前、后片下摆线上的所有点会自动在垂直方向推放 1.5cm 的放码量。

⑥ 同样的方法，放码量为 0.25cm，完成前、后片省尖点的推放；放码量为 0.5cm，完成后片后中线上的刀口的推放；放码量为 3cm，完成腰头的推放。

⑦ 选中【工具条】上的【单 X 方向移动点】工具，鼠标左键框选前、后片左侧缝线上的所有点，右键单击，弹出【放码量输入】对话框，在【移动量】输入框中输入"−0.75"（臀围档差/4），回车，或者单击"确定"按钮，前片、后片左侧缝线上的所有点会自动在水平方向推放 0.75cm 的

放码量，具体如图 4-132 所示。

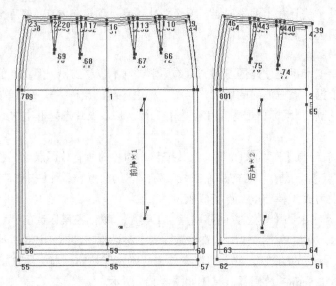

图 4-132

⑧ 鼠标左键框选前片右侧缝线上的所有点，右键单击，弹出【放码量输入】对话框，在【移动量】输入框中输入 "0.75"（裙长档差−臀高档差），回车，或者单击 "确定" 按钮，前片右侧缝线上的所有点会自动在水平方向推放 0.75cm 的放码量。

⑨ 同样的方法，放码量为−0.25cm 和为−0.5cm，完成前、后片左侧省的推放；放码量为 0.25cm 和 0.5cm，完成前片右侧省的推放，具体如图 4-133 所示。

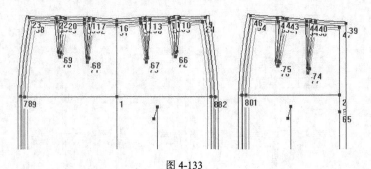

图 4-133

至此，三块样板单方向放码的全过程结束。

 操作提示：

请试着将这里介绍的单方向放码的方式与富怡服装 CAD 系统中类似的放码方式做一个比照，看看异同点在哪里。

2．线放码

线放码的基本操作方法如下。（以原型裙的前、后片为例）

（1）进入推板系统，进行相关设置后，鼠标左键单击，将【衣片选择框】中原型裙的前、后片样板放入推板工作区。

（2）选中【工具条】上的【输入横向切开线】工具，鼠标在前片左侧外、水平位置在省尖点以上单击定横向切开线的第一点，松开鼠标拖动到后片的右侧再单击定横向切开线的第二点，然后右键单击，画出第一条横向切开线，如图 4-134 所示。

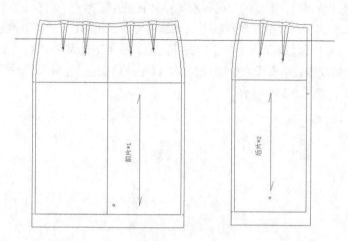

图 4-134

（3）同样的方法，画出另外两条横向切开线。

（4）选中【工具条】上的【输入竖向切开线】工具，按照与输入横向切开线相同的方法，将竖向切开线画出，如图 4-135 所示。

（5）选中【工具条】上的【输入切开量】工具，鼠标一次性框选所有的输入竖向切开线和上面两条横向切开线，如图 4-136 所示，然后右键单击，弹出【切开放码量输入】对话框，如图 4-137 所示。

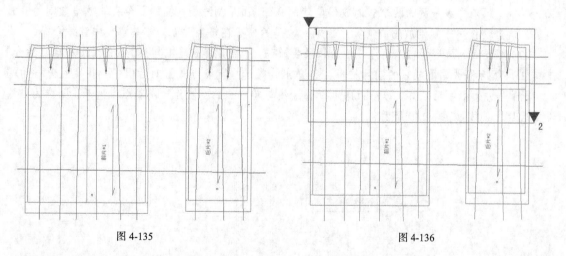

图 4-135　　　　　　　　　　　　　图 4-136

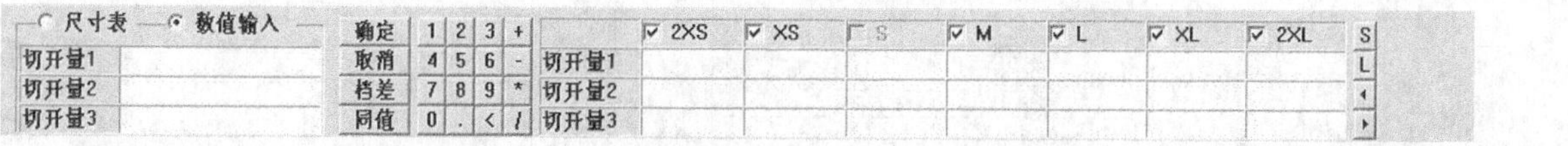

图 4-137

（6）在【切开量 1】输入框中输入放码量"0.25"，单击"确定"按钮，完成所选切开线放码量的输入。再框选下面一条横向切开线，放码量为"1.5"，完成其放码量的输入。至此，所有切开线的放码量输入完毕，输入的切开量会自动显示在切开线的两端。

（7）单击【工具条】上的【隐藏切开线】工具，将其按下，隐藏切开线，再单击【展开】

工具 ，将样板放码展开，如图 4-138 所示。

（8）切开线展开放码时，默认的放码基准点是样板的左下端点，向右上方推放。图 4-138 所示的放码网状图与点放码所产生的放码网状图结果是一样的，只是由于放码基准点选择不一样，显示结果有差异罢了。选中【工具条】上的【对齐】工具，鼠标分别单击前、后片左侧臀围线的右端点，将前、后片的放码基准点设在臀围线与前、后中线的交点上，切开线放码网状图就与点放码网状图完全相同了，如图 4-139 所示。

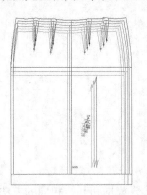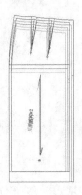

图 4-138

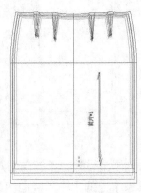

图 4-139

👉 **教师指导：**

（1）在输入切开线时，切开线要避开要素的端点；切开线的放码量是累加的，如前片共输入了 6 条竖向切开线，每条切开线的放码量是 0.25，这样整个前片腰围、臀围和摆围的放码量就是 1.5（0.25×6），距前中线一侧的两个省的放码量就是 0.25，而距侧缝线一侧的两个省的放码量则为 0.5。当然，这里还仅限于规则放码的情况，不规则放码的情况在将在后面的相关章节中继续介绍。

（2）切开线的放码量输入好了以后，如果要放码，也可以单击【工具条】上的【按基准点展开】工具，然后框选需要放码的前片样板，在弹出的【选择定点方式】对话框中选择定点方式为端点，再单击左侧臀围线右端，该样板即可以臀围线与前中线的交点为放码基准点展开，同样的方法设置后片，具体如图 4-140 所示。

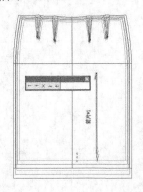

图 4-140

（3）如一条切开线上输入两个或两个以上的推放量时，必须使用【按基准点展开】功能展开样板。

（4）关于切开线放码工具的详细操作，可参见第 3 章 3.2 的相关内容。

👍 **巩固练习：**

练习 1：将原型裙的 CAD 打板与推板过程反复练习 3 遍。

练习 2: 将本节 CAD 打板与推板中用到的各种工具再练习 2 遍。

练习 3: 试着用点放码和线放码两种放码方式对原型裙进行放码。

练习 4: 试一试，参照原型裙的打板，完成图 4-97 所示单省原型裙的 CAD 打板与推板全过程。

 小结:

本章详细介绍了原型裙在富怡服装 CAD 系统中和在 NAC2000 服装 CAD 系统中打板与推板的流程和方法，重点介绍了工具的应用方法、技巧和推板的各种方法，并对两套系统中打板与推板的流程和方法做了初步的对照。

新文化女装上衣原型的打板与推板

学习提示：

在完成原型裙 CAD 打板与推板的对比学习后，这一章开始新文化女装上衣原型 CAD 打板与推板的对比学习。在这一章中，理解纸样结构、熟悉操作流程和工具依然是重点，对比两个软件在打板与推板工具应用和操作方式上的异同是关键。为达到巩固旧知识，学习新知识的目的，本章在熟悉旧工具的同时，重点讲解新工具和新方法的应用，这也将是后续章节讲解的基本思路。另外，为加深对上衣原型基本纸样的理解，也达到进一步提高软件应用水平的目的，章节后面补充了旧版文化女装上衣原型的 CAD 打板与推板练习。考虑到要尽快熟悉软件，这一章依然会重点讲解。

原型打板是主要的服装制板方式之一，20 世纪后期传入我国后，得到迅速普及和推广，在我国服装院校和企业都有着极为广泛的应用。本章将介绍新文化女装上衣原型的打板与推板。

1. 上衣原型的款式概述

上衣原型呈直筒外形，圆领，衣长齐腰，直筒长袖，袖长齐手腕骨，正面左、右各收一个袖窿省，背面肩部位置左、右各收一个肩胛骨省，如图 5-1 所示。

正面　　　　　　　　　　背面

图 5-1

2. 上衣原型的号型规格

上衣原型的打板需要 4 个尺寸，如表 5-1 所示。

表 5-1　　　　　　　　　　　　　上衣原型的号型规格　　　　　　　　　　单位：cm

号型＼部位	背长	胸围	腰围	袖长
155/80A（S）	36.5	80	63	51.5
160/83A（M）	37.5	83	66	53
165/86A（L）	38.5	86	69	54.5
档差	1	3	3	1.5

3. 上衣原型的基本纸样结构

图 5-2、图 5-3、图 5-4 所示分别为上衣原型的前后片、腰省和袖片基本纸样结构和省量分布，它包含了很多上衣结构制图的基本原理。其中图 5-3 根据合体造型的要求进行了腰省量的分布设计。

4. 上衣原型的基本样片

上衣原型的基本样片如图 5-5 所示。

5. 上衣原型的裁剪样板

图 5-6 所示为上衣原型用于面料裁剪的样板。图中上衣原型的前片、后片与袖子在底摆加缝 3cm，其他部位加缝 1cm。

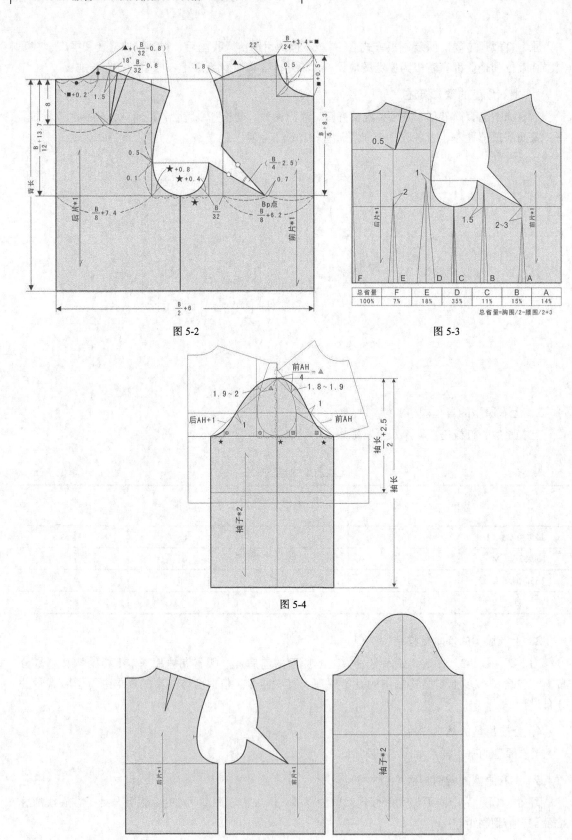

图 5-2

图 5-3

总省量	F	E	D	C	B	A
100%	7%	18%	35%	11%	15%	14%

总省量=胸围/2-腰围/2+3

图 5-4

图 5-5

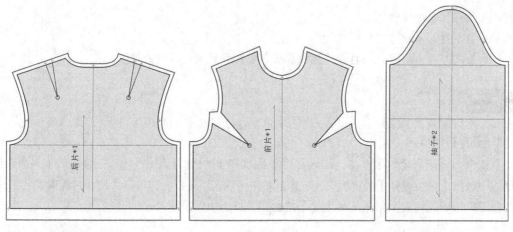

图 5-6

6．上衣原型的推板图

图 5-7 所示为上衣原型的推板图。图中 ➡ 代表推板方向，◈ 代表推板的基准点，箭头所指的是扩大一个号型的放码方向。

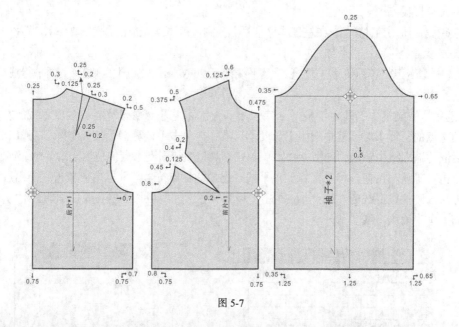

图 5-7

5.1 富怡服装 CAD 系统中的打板与推板

 重点、难点：

- 袖窿曲线和领窝曲线的对合圆顺。
- 前袖窿省的省口闭合处理。
- 袖山曲线的绘制。

- 布纹线信息的编辑。
- 剪口角度的修改与调整。
- 样板省口与省口剪口的推板；袖窿弧线与袖山弧线对位剪口的推板。

5.1.1 打板

1．选择打板模式

双击桌面上的快捷图标 ，进入富怡服装 CAD 的设计与放码系统，在弹出的【界面选择】对话框中选择【自由设计】的打板模式，然后单击"确定"按钮，进入自由设计打板模式的工作界面。鼠标单击标题栏右上角的【最大化】按钮 ，将工作界面最大化。

2．号型、尺寸设定

选择【号型】菜单下的【号型编辑】命令，弹出【设置号型规格表】对话框，在对话框中建立如图 5-8 所示的号型规格表，并将其保存。

3．打板

（1）大身打板。

① 选中【矩形】工具 ，在左工作区合适位置画一个长 47.5 cm（胸围/2+6）、宽 37.5 cm（背长）的长方形。

② 选中【不相交等距线】工具 ，上平线向下 20.62 cm（胸围/12+13.7）画平行线，定出袖窿深线。

③ 选中【智能笔】工具 ，在【丁字尺】 工作状态下，移动光标在袖窿深线的左端单击，在弹出的【点的位置】对话框中选中【长度】选项，再单击【计算器】按钮 ，在弹出的【计算器】对话框的输入框中输入"胸围/8+7.4"，单击 按钮，回到【点的位置】对话框，如图 5-9 所示，再单击"确认"按钮，移动鼠标到上平线，出现捕捉点符号"×"后再单击，画出后背宽线；同样的方法，距袖窿深线的右端点 16.57cm（胸围/8+6.2）、线段长 24.9 cm（胸围/5+8.3），袖窿深线垂直向上画出前胸宽线。

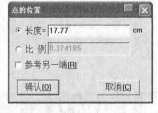

	S	M	L	
背长	36.5	37.5	38.5	
胸围	80	83	86	
腰围	63	66	69	
袖长	51.5	53	54.5	

图 5-8　　　　　　　　　　　　　　　图 5-9

④ 选中【传统设计工具栏】中的【水平垂直线】工具 ，鼠标依次单击前胸宽线和前中线的上端点，然后将鼠标向右上方移动到空白位置再单击，画出过前胸宽线上端点的前肩平线和前中线上端点的延长线，以上操作如图 5-10 所示。（考虑到方便讲解，线的端点做了字母标注）

⑤ 选中【传统设计工具栏】中的【偏移点】工具 ，鼠标在 K 点上单击，然后松开向左下方拖动至空白位置再单击，弹出【偏移量】对话框，在【水平】输入框中输入"-6.86"（胸围/24+3.4），在【垂直】输入框中输入"-7.36"（胸围/24+3.9），单击"确认"按钮，定出前领宽与前领深的交点 L；鼠标在 A 点上单击，然后松开向右上方拖动至空白位置再单击，弹出【偏移量】对话框，在

【水平】输入框中输入"7.06"（胸围/24+3.6），在【垂直】输入框中输入"2.35"（［胸围/24+3.6］/3），单击"确认"按钮，定出后领肩点 M；同样的方法，以 A 点为偏移基准点，垂直偏移量为"-8"，在后中线上定出 N 点；以 I 点为偏移基准点，水平偏移量为"-2.59"（胸围/32），在袖窿深线上定出 O 点。

⑥ 选中【智能笔】工具 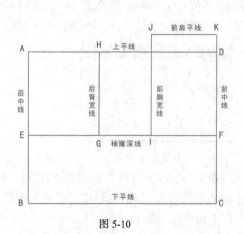，过 M 点垂直向下至上平线画出后领深线；过 N 点水平向右至后背宽线画线，交点为 P，过 L 点垂直向上至前肩平线画出前领宽线，水平向右至前中线画出前领深线，前领宽线与前肩平线的交点为 Q，前领深线与前中线的交点为 R，将【智能笔】工具 切换成【曲线】工作状态，将 K、L 两点直线连接。以上操作如图 5-11 所示。

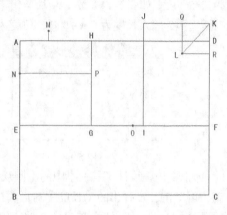

图 5-10　　　　　　　　　　　　　　　图 5-11

⑦ 选中【等份规】工具 ，将 N、P 两点、P、G 两点、I、F 两点之间 2 等分，L、K 两点、后领宽两点之间 3 等分，G、O 两点之间 6 等分，其中部分等分点为 S、T、U、V、W、X，具体如图 5-12 所示。

⑧ 选中【偏移点】工具 ，S 点向右 1cm 定出 S1 点，T 点向下 0.5cm 定出 T1 点，U 点向左 0.7cm 定出 U1 点；选中【水平垂直线】工具 ，画出过 T、O 两点的水平垂直线，交点为 O1；选中【智能笔】工具 ，O1、U1 两点直线连接，将工具切换到【丁字尺】工作状态，过 X 点画垂直线到下平线定出侧缝直线 XX0，具体如图 5-13 所示。

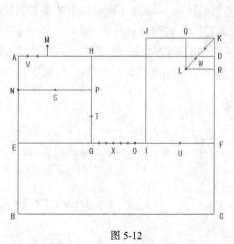
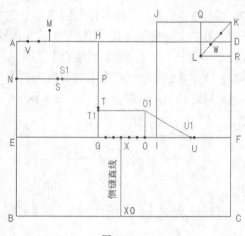

图 5-12　　　　　　　　　　　　　　　图 5-13

⑨ 选中【传统设计工具栏】中的【旋转粘贴/移动】工具 ，鼠标单击选中线段 O1U1，右键

单击，然后左键依次单击旋转中心点 U1 和旋转端点 O1，松开鼠标拖动，再单击，弹出【旋转】对话框，再单击【计算器】按钮 ▦，在弹出的【计算器】对话框的输入框中输入"胸围/4-2.5"，单击 ✔ 按钮，回到【旋转】对话框，再单击"确定"按钮，线段 O2U1 画出。

⑩ 选中【点】工具 •，T1 点向右 0.1cm 在线段 T1O1 上找一点 T2；选中【皮尺/测量长度】工具 ◢，测出点 G 与点 O 之间六分之一的长度并记录，系统默认用符号"★"表示该尺寸。

⑪ 选中【传统设计工具栏】中的【量角器】工具 ◓，鼠标单击 G 点，然后单击 G 点右边的第一个等分点，松开鼠标在上方空白位置再单击，弹出【直线】对话框，单击【计算器】按钮 ▦，在弹出的【计算器】对话框的输入框中输入"★+0.8"，单击 ✔ 按钮，回到【直线】对话框，将角度设为"45"度，如图 5-14 所示，最后单击"确定"按钮，线段 GG1 画出。同样的方法，在图 5-15 所示对话框中，输入长度为"★+0.4"，角度为"-45"度，画出线段 OO3。以上操作如图 5-16 所示。

图 5-14

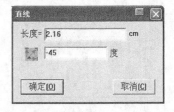

图 5-15

⑫ 选中【传统设计工具栏】中的【圆规】工具 A，鼠标单击 W 点，松开鼠标向下在线段 KL 上移动，再单击，在弹出的【长度】对话框的【长度】输入框中输入"0.5"，单击"确定"按钮，画出线段 WW1；选中【点】工具 •，将 W1 点标出。以上操作如图 5-17 所示。

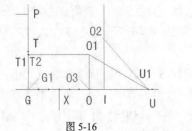

图 5-16

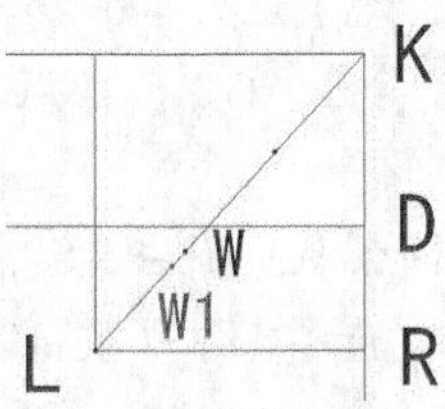

图 5-17

⑬ 选中【量角器】工具 ◓，鼠标依次单击旋转中心点 Q 和旋转端点 J，以长度 8cm、角度 22 度，画出前肩斜线，如图 5-18（1）所示；选中【智能笔】工具 ✎，鼠标框选刚画出的前肩斜线的下端，再单击前胸宽线 IJ，右键单击，将该线切齐到前胸宽线，如图 5-18（2）所示；选中【传统设计工具栏】中的【延长曲线端点】工具 ∠，鼠标移到切齐的前肩斜线的左端，端点选中后左键单击，弹出【调整曲线长度】对话框，在【长度增减】输入框中输入"1.8"，单击"OK"按钮，前肩斜线延长，左端点为 Q1，如图 5-18（3）所示。

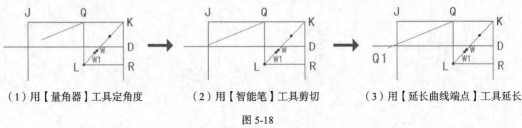

（1）用【量角器】工具定角度　　　（2）用【智能笔】工具剪切　　　（3）用【延长曲线端点】工具延长

图 5-18

⑭ 选中【皮尺/测量长度】工具 ◢，测出前肩斜线的长度并记录，系统默认用符号"☆"表

示该尺寸；选中【智能笔】工具 ✍，过 Q1 点画水平线与前胸宽线 IJ 交于 Q2 点，再过 M 点向右画水平线；选中【量角器】工具 ⏦，M 点为旋转中心点，以长度 14.07cm（☆+胸围/32-0.8）、角度-18 度，画出后肩斜线，后肩斜线的右端点为 M1，如图 5-19 所示。

⑮ 选中【等份规】工具 ⏝，将 Q2、O4 两点之间 3 等分；选中【智能笔】工具 ✍，过靠近 O4 一侧的等分点向右画 0.2cm 长的水平线段，线段的右端点为 O5，将【智能笔】工具 ✍ 切换到【曲线】✍ 工作状态，Q1、O5、O2 曲线连接，M1、T2、G1、X、O3、O1 曲线连接，Q、W1、R 曲线连接，M、V 两点之间曲线连接；选中【调整】工具 ↖，将 4 条曲线调圆顺，如图 5-20 所示。

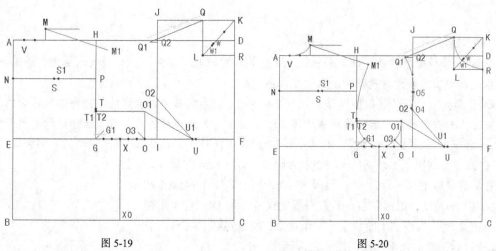

图 5-19　　　　　　　　　　　　　　　　　　图 5-20

⑯ 选中【传统设计工具栏】中的【移动旋转/粘贴】工具 🖼，鼠标依次单击对应起点 O1、O2 和对应终点 U1、U1，再单击需要作移动的线条——袖窿曲线 M1XO1，右键单击，曲线拼合，如图 5-21（1）所示；选中【调整】工具 ↖，将袖窿曲线调圆顺，如图 5-21（2）所示；选中【橡皮擦】工具 ✍，将原来的袖窿曲线 M1XO1 删除，如图 5-21（3）所示；选中【移动旋转/粘贴】工具 🖼，鼠标依次单击对应起点 M2、M1 和对应终点 O2、O1，再单击需要作移动的线条——袖窿曲线 M2O2，右键单击，曲线回到原来位置，如图 5-21（4）所示；选中【橡皮擦】工具 ✍，将旋转/粘贴的袖窿曲线 M2O2 删除，如图 5-21（5）所示，袖窿曲线在省部位的拼合、圆顺修改完成。

⑰ 同样的方法，完成袖窿曲线和领窝曲线在肩部位的拼合、圆顺。

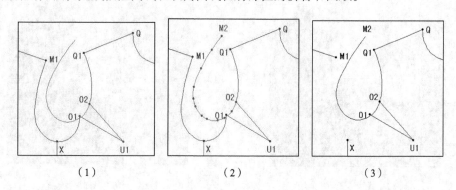

（1）　　　　　　　　　　　（2）　　　　　　　　　　　（3）

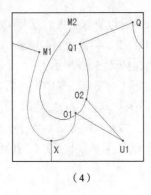
（4）

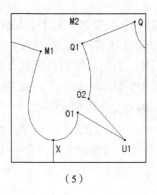
（5）

图 5-21

 操作提示：

❶ 圆顺修板是服装纸样设计必做的一项工作，它的好坏直接影响到样板的质量和后续的裁剪与制作，进而影响生产的效率和产品的整体品质。

❷ 原型上衣大身的样板圆顺修正包括 3 个部位：以袖窿省为对合线的前袖窿曲线部位的圆顺；以肩缝线为对合线的前、后袖窿曲线的圆顺；以肩缝线为对合线的前、后领窝曲线的圆顺。

⑱ 选中【智能笔】工具，在【丁字尺】工作状态下，从 S1 点画垂线到后肩斜线，交点为 S2；选中【圆规】工具，以 S2 点为圆心，以 1.5cm 的长度，向右在后肩斜线上找一点为 S3；再以 S3 点为圆心，以 1.79cm（胸围/32-0.8）的长度，继续向右在后肩斜线上找一点为 S4；选中【智能笔】工具，切换到【曲线】工作状态，将 S1 点与 S3 点、S1 与 S4 点直线连接。以上操作如图 5-22 所示。

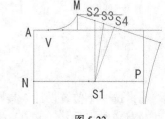

图 5-22

⑲ 选中【剪刀】工具，将 A、V、M、M1、T2、G1、X、X0、B 各点顺时针连接，生成后片样板；鼠标单击【衣片列表框】中刚生成的后片样板，将其选中，选中【衣片辅助线】工具，添加线段 EX、S1S3、S1S4 为后片的辅助内线；选中【剪刀】工具，将 Q1、Q、R、C、X0、X、O3、O1、U1、O2 各点顺时针连接，生成前片样板；鼠标单击衣片列表框中刚生成的前片样板，将其选中，选中【衣片辅助线】工具，添加线段 XF 为前片的辅助内线。以上操作如图 5-23 所示。

⑳ 将【快捷工具栏】上的【显示/隐藏设计线】工具按起，隐藏结构线，左工作区显示如图 5-24 所示。大身打板完成。

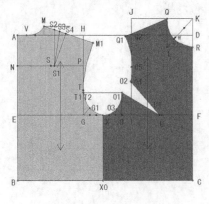

图 5-23

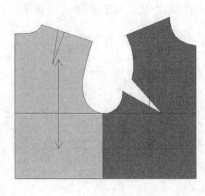

图 5-24

（2）袖子打板。

① 将【显示/隐藏设计线】工具![icon]按下，选中【传统设计工具栏】中的【成组粘贴/移动】工具![icon]，鼠标左键在左工作区框选大身的所有结构线，右键单击，鼠标移到框选的结构线的某点上，该点选中后左键单击，松开鼠标拖动到空白位置再单击，弹出【偏移量】对话框，单击"确认"按钮即可。

② 选中【橡皮擦】工具![icon]，将不要的点、线删除，选中【智能笔】工具![icon]，重新补画部分线段，如图 5-25 所示。

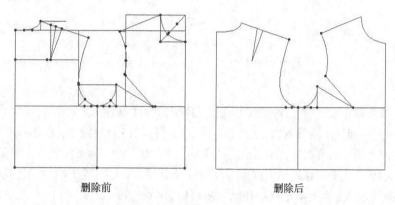

删除前　　　　　　　　　　　　删除后

图 5-25

③ 选中【专业设计工具栏】中的【剪断线】工具![icon]，将前中线在 F 位置剪断，将线段 XF 在 U1 位置剪断；选中【旋转粘贴/移动】工具![icon]，将 Q1、F、U1 和 O2 连接的结构线复制旋转；选中【橡皮擦】工具![icon]，将被复制的结构线删除。以上操作如图 5-26 所示。

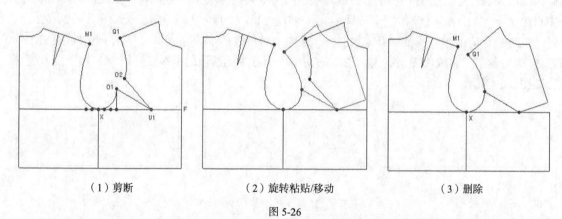

（1）剪断　　　　　　　　（2）旋转粘贴/移动　　　　　　　　（3）删除

图 5-26

④ 选中【水平垂直线】工具![icon]，画出过 M1 点和 X 点的水平垂直线，线的交点为 M2；选中【智能笔】工具![icon]，过 Q1 点画水平线交线段 M2X 于 Q3 点；选中【等份规】工具![icon]，将 M2、Q3 两点之间 2 等分，等分中点为 X3，再将 X3、X 两点之间 6 等分，其中的两个等分点标示为 X1、X2。以上操作如图 5-27 所示。

⑤ 选中【皮尺/测量长度】工具![icon]，测出前袖窿曲线 XO1、O1Q1 和后袖窿曲线 M1X 的长度并记录，系统默认分别用符号 "▲"、"△" 和 "◆" 表示这 3 个尺寸；选中【圆规】工具![icon]，以 X2 点为圆心，以 20.8cm（▲+△，即前袖窿弧线 XO1Q1）的长度，向右在袖窿深线 EU1 上找一点为 Y；再以 X2 点为圆心，以 22.6cm（◆+1，即后袖窿弧线 M1X+1）的长度，继续向左在袖窿深

线 EU1 上找一点为 Z；选中【不相交等距线】工具 ≈，鼠标单击选中袖窿深线 EU1，松开鼠标向上移动到 X1 点上再单击，平行线画出，线与前、后袖山斜线分别交于 X4、X5 点；选中【点】工具 •，将 X4、X5 点标出。以上操作如图 5-28 所示。

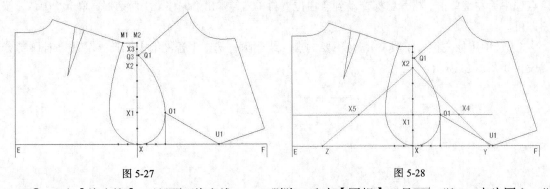

图 5-27   图 5-28

⑥ 选中【橡皮擦】工具 ✐，将省线 O1U1 删除；选中【圆规】工具 ⒜，以 X4 点为圆心，以 1cm 的长度，向上在前袖山斜线 X2Y 上找一点为 X6；再以 X5 点为圆心，以 1cm 的长度，向下在后袖山斜线 X2Z 上找一点为 X7；选中【点】工具 •，将 X6、X7 点标出；选中【等份规】工具 ⊟，将前袖山斜线 X2Y 四等分，靠近袖山顶点一侧的等分点为 X8；选中【专业设计工具栏】中的【CR 圆】工具 ⊙，鼠标在 X2 点上单击，松开鼠标拖动到 X8 点上再单击，画出一个圆，圆与后袖山斜线 X2Z 的交点为 X9；选中【点】工具 •，将 X9 点标出；选中【专业设计工具栏】中的【三角板】工具 ◺，鼠标分别单击 X2、X8 两点，再单击 X8，松开鼠标向右上方拖动再单击，弹出【长度】对话框，输入长度值 "1.8"，单击 "确定" 按钮，画出垂线段 X10X8。同样的方法，以长度值 "1.9"，画出垂线段 X11X9；选中【等份规】工具 ⊟，依次将 Z 点与 X 点、X 点与 Y 点之间两等分，等分中点为 Z3、Y3；选中【智能笔】工具 ✐，分别过 Y1、Z1 点向上画垂直线交袖窿于 Y2、Z2 点，过 Y3、Z3 点向上画垂线段 Y3Y4、Z3Z4；选中【对称粘贴/移动】工具 ◭，分别以线段 Y3Y4、Z3Z4 为对称线，将线段 Y1Y2、Z1Z2 左右对称，对称后的线段的上端点分别为 Y5、Z5。以上操作如图 5-29 所示。

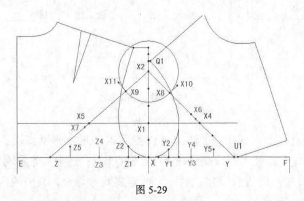

图 5-29

⑦ 选中【智能笔】工具 ✐，将 Z、Z5、X7、X11、X2、X10、X6、Y5、Y 这 9 点曲线连接；选中【调整】工具 ⬉，在 Z、Z5 两点和 Y5、Y 两点之间各插入一点，将袖山曲线调圆顺；选中【橡皮擦】工具 ✐，将圆删除。以上操作如图 5-30 所示。

⑧ 选中【智能笔】工具 ✐，过 X2 点向下 53cm（袖长）画袖中线，端点为 X12；选中【水平垂直线】工具 ◰，过 Z 点和 X12 点画出后袖缝线 ZZ6 和后袖口线 Z6X12，过 Y 点和 X12 点画

出前袖缝线 YY6 和前袖口线 Y6X12；选中【智能笔】工具 ，鼠标在袖中线 X2X12 的下端单击，在弹出的【点的位置】对话框中先勾选【参考另一端】选项，再单击【计算器】按钮 ，在弹出的【计算器】对话框的输入框中输入"袖长/2+2.5"，单击 按钮，回到【点的位置】对话框，最后单击"确定"按钮，在袖中线上找到 X13 点，再水平向左画线到后袖缝线上，交点为 Z7，然后过 X13 点向右画线段 X13Y7，袖肘线画出，袖子结构线绘制完成。以上操作如图 5-31 所示。

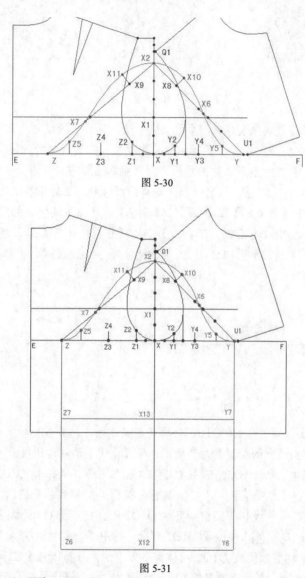

图 5-30

图 5-31

⑨ 选中【剪刀】工具 ，将 Z、Z5、X7、X11、X2、X10、X6、Y5、Y、Y6、Z6 各点顺时针连接，生成袖子样板；鼠标单击【衣片列表框】中刚生成的袖子样板，将其选中，选中【衣片辅助线】工具 ，添加袖中线 X2X12、袖肥线 ZY 和袖肘线 Z7Y7 为袖子的辅助内线；将【显示/隐藏设计线】工具 按起，隐藏结构线，左工作区显示如图 5-32 所示。袖子打板完成。

至此，上衣原型自由设计法打板的全过程结束，最终效果如图 5-33 所示。

图 5-32

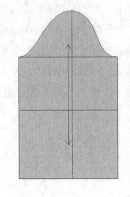
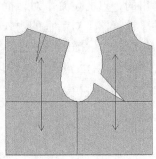
图 5-33

 操作提示：

原型上衣纸样一般不做成服装成品，而用于服装结构设计中的纸样变化，因此其基本纸样做成图 5-33 所示即可。考虑到要实现图 5-1 所示的款式效果，方便后续的加缝和裁剪纸样的设计，需要将前后片对称展开，并追加前后领贴的样板，对前袖窿省做省口闭合处理，具体步骤如下。

❶ 选中【点】工具 ，在前、后肩斜线上距肩颈点 2cm、在后中线上距后领中点 2cm 各找一点 Q4、M2 和 A1，选中【智能笔】工具 ，M2 和 A1 两点曲线连接，然后用【调整】工具 修圆顺，后领贴线画出；选中【专业设计工具栏】中的【相交等距线】工具 ，鼠标先单击前领窝线 QR，然后分别单击前肩斜线和前中线，松开鼠标拖动到 Q4 点上再单击，前领贴线画出，如图 5-34 所示。

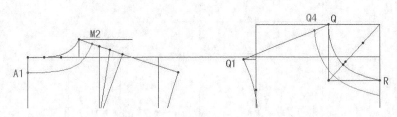
图 5-34

❷ 选中【智能笔】工具 ，将 O1、O2 两点直线连接，然后鼠标单击 U1 点，松开拖动到线段 O1、O2 上单击，弹出【点的位置】对话框，选择【比例】选项，比值为 "0.5"，再单击 "确认" 按钮，右键单击，画出中垂线 U1O3；选中【对称粘贴/移动】工具 ，U1O2 为对称中线，将线段 U1O3 对称到上方；选中【智能笔】工具 ，鼠标左键框选对称后的线段的左端，然后单击前袖窿线 Q1O2，再右键单击，将该线切齐到前袖窿线 Q1O2 上，交点为 O4，如图 5-35 所示。

❸ 选中【橡皮擦】工具 ，将线段 U1O3 删除；选中【对称粘贴/移动】工具 ，U1O2 为对称中线，将线段 U1O4 和前袖窿线 Q1O2 对称到下方；选中【剪断线】工具 ，将对称过来的前袖窿线在交点 O5 位置切断，并用【橡皮擦】工具 将左边一段删除，只保留线段 O2O5；选中【对称粘贴/移动】工具 ，将线段 O2O5 对称到 U1O5 的另一侧，省口闭合，如图 5-36 所示。

❹ 选中【剪刀】工具 ，生成前片和前、后领贴的样板；用【衣片辅助线】工具 添加辅助内线。

❺ 选中【纸样工具栏】中的【选择与修改】工具 ，鼠标在右工作区的后片样板的后中线的底端单击并按住鼠标拖动到顶端，将后中线选中，再单击【编辑工具栏】中的【对称复制】工具 ，

后片样板保留，并生成一个以后中线为基准线对称展开的样板，同样的方法将前片、前领贴和后领贴对称复制。对称复制的样板同时出现在左、右工作区和衣片列表框，而且在左工作区会自动生成与对称复制的样板完全一致的结构线。

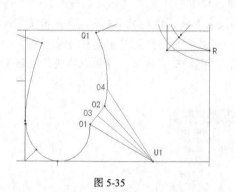

图 5-35　　　　　　　　　　　　　　　　　　　图 5-36

❻ 选中【纸样工具栏】中的【布纹线和两点平行】工具 ，鼠标在对称复制的后片的布纹线的上端单击，松开鼠标移动到下端点再单击，布纹线会自动跳到样板的对称中线位置，同样的方法完成其他对称复制样板布纹线位置的修改，具体如图 5-37 所示。

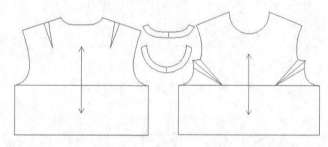

图 5-37

❼ 按键盘上的 F12 键，弹出【富怡设计与放码 CAD 系统】对话框，单击"是"按钮，将右工作区的所有样板放回【衣片列表框】；再依次单击【衣片列表框】中的袖子、对称复制后的前、后片大身和领贴样板，将其放回右工作区。

❽ 在【衣片列表框】中单击选中没有放入右工作区的样板，同时按下键盘上的 Ctrl+D 组合键，弹出【富怡设计与放码 CAD 系统】对话框，单击"是"按钮，将选中的样板删除。同样的方法删除其他不需要的样板。

4．样板编辑

（1）选择【纸样】菜单中的【款式资料】命令，弹出【款式信息框】对话框，在对话框中进行款式名、定单号、客户名等信息的设置，选择一种布纹方向，最后单击"确定"按钮，完成款式资料的编辑。

（2）鼠标移到【衣片列表框】的前片样板上单击，将前片选中，然后选择【纸样】菜单中的【纸样资料】命令，弹出【纸样资料】对话框。在对话框中选择或输入纸样名称、布料类型等内容，单击"应用"按钮，再单击"关闭"按钮即可。同样的方法完成其他样板的纸样资料的输入。

🔔 操作提示：

❶ 双击【衣片列表框】中的样板，可直接打开【纸样资料】对话框。

❷ 款式资料和纸样资料编辑后，在所编辑的样板上看不到任何显示，原因是没有对布纹线信息格式进行设置。布纹线信息格式设置的方法如下。

选择【选项】菜单下的【系统设置】命令，弹出【系统设置】对话框，在对话框中选择【布纹线信息格式】选项卡，单击【布纹线上方信息编辑输入框】右上角的【信息选择】按钮▶，弹出快捷菜单，在菜单中选择【客户名】、【订单名】、【款式名】和【纸样名】4 项，再单击【布纹线下方信息编辑输入框】右上角的【信息选择】按钮▶，在弹出的快捷菜单中选择【号型名】和【布料类型】两项，选择的信息会自动进入【信息编辑输入框】，而且进入到【信息编辑输入框】的内容可编辑，如图 5-38 所示。

图 5-38

❸ 快捷菜单各信息名与具体代号的对应关系如表 5-2 所示。

表 5-2 　　　　　　　　　　信息名与代号对应表 　　　　　　　　　　单位：cm

信息名	款式名	客户名	纸样名	纸样说明	布料类型	号型名	定单名	纸样份数	缩水率	日期
代号	&T	&U	&P	&C	&M	&S	&O	&N	&R	&D

❹ 图 5-38 所示对话框中输入的相关信息在前片布纹线上的显示如图 5-39 所示。

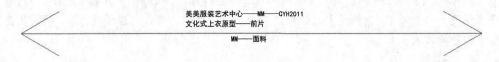

图 5-39

❺ 后领贴及其布纹线上的文字信息显示如图 5-40 所示。

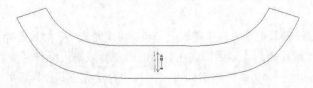

图 5-40

❻ 考虑到画面的简洁性，本书所有的样板一般不做布纹线信息的标示。要去除样板布纹线上

信息的标示，只需在【布纹线信息格式】选项卡的【信息编辑输入框】中将文字信息删除即可。

（3）选中【钻孔/纽扣】工具，完成所有样板的钻孔。

5．放缝

单击【放码工具栏】中的【加缝份】工具，鼠标移到右工作区任意样板的轮廓点上，出现红色的正方形选中框"口"后左键单击，弹出【加缝份】对话框。在【起点缝份量】输入框中输入缝份值"1"，然后单击"工作区全部纸样统一加缝份"按钮，弹出【富怡设计与放码 CAD 系统】对话框，单击"是"按钮，右工作区的所有样板统一加上 1cm 的缝份。鼠标移到前片右下角的轮廓点上，出现红色的正方形选中框"口"后按下鼠标左键不松开，拖动到左下角的轮廓点上再放开，弹出【加缝份】对话框。在【起点缝份量】输入框中输入缝份值"3"，再单击"确定"按钮，前片下摆的缝份由 1cm 改为 3cm。同样的方法完成后片下摆缝份和袖口缝份的修改，最终加缝效果如图 5-41 所示。

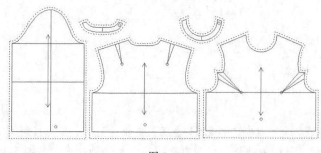

图 5-41

6．打剪口

单击选中【纸样工具栏】中的【剪口】按钮，鼠标移到前片左下角的轮廓点上，出现红色的正方形选中框"口"后左键单击，剪口打好，同时弹出【剪口编辑】对话框，之后再将其他的剪口打好，最终效果如图 5-42 所示。

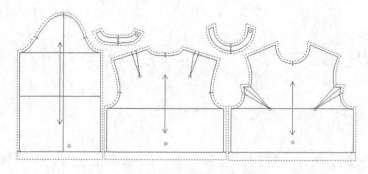

图 5-42

 教师指导：

前片左侧省口点 O1 在打剪口时，默认的方式如图 5-43 所示，这种方式是不对的，不仅剪口的方向有问题，而且没有在缝份上生成剪口！需将剪口角度设为"30"度左右，单击"确定"按钮，才能生成正确的剪口，如图 5-44 所示。与之相对应的前片右侧省口点的剪口角度要设为"-30"度左右。同样，前领贴前领中点在打剪口时，默认的角度分别是"95.8"度和"84.2"度，也不符合要求，需改为"0"度，如图 5-45 所示。

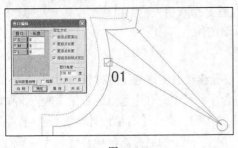

图 5-43

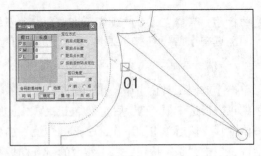

图 5-44

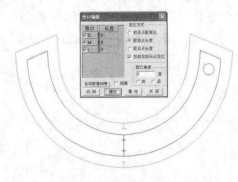

图 5-45

当然，遇到上述情况，也可以在选中【剪口】工具 的状态下，鼠标移到剪口上，出现图 5-46（1）所示的红色选中框后按下鼠标左键拖动，此时会出现红色的旋转线，如图 5-46（2）所示，将红色线旋转移动到与省线重合，再单击，剪口即可打到位，如图 5-46（3）所示。凡是打剪口位置和方向不符合要求的，都可以用这种方法调节，这是最快捷、最准确的方式。

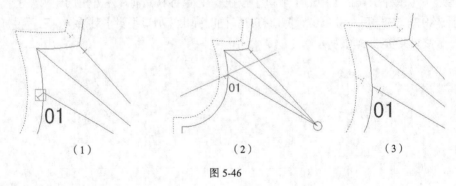

（1）　　　　　　　　　（2）　　　　　　　　　（3）

图 5-46

7. 保存

鼠标单击【快捷工具栏】中的【保存】按钮 ，在弹出的【另存为】对话框中选择文件保存的目标文件夹，输入文件名，单击"保存"按钮即可。

5.1.2　推板

在【公式法设计法】的打板模式下是全自动放码，不需要讨论推板的问题，这里只介绍【自由设计法】打板模式下的推板过程。

（1）在【自由设计法】打板模式下，打开原型上衣文件，按键盘上的 Ctrl+F12 组合键，将所有样板放入右工作区。

（2）鼠标单击【点放码表】按钮 ，将【点放码表】对话框打开。

（3）选中【选择与修改】工具 ，鼠标单击袖片的袖山顶点，弹出【匹配点选择】对话框，单击"确定"按钮。然后鼠标移到【点放码表】对话框 S 码的【dY】输入框内单击，输入数值"−0.25"，再单击 按钮，完成该点放码量的输入，放码结果会自动显示。

（4）鼠标单击【点放码表】对话框中的【复制放码量】按钮 ，然后选中【选择与修改】工具 ，再次单击袖片的袖山顶点，在弹出的【匹配点选择】对话框中选择样点类型为【开口辅助线点】，单击"确定"按钮。然后单击【点放码表】对话框中的【粘贴 XY】按钮 ，袖山顶点的放码量被复制到袖中线的上端点，放码对比结果如图 5-47 所示。

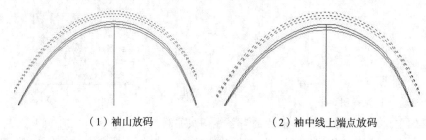

（1）袖山放码　　　　　　　　　（2）袖中线上端点放码

图 5-47

教师指导：

❶ 选中【选择与修改】工具 后，如果同时框选袖山顶点和袖中线的上端点，再输入放码量，可一次性完成袖山顶点和袖中线的上端点放码量的输入。

❷ 对于象袖中线、袖肥线、前后中线、样板上的绗缝线等两端都在样板轮廓线上的内线，可以在其放码后，用【两头都延长到边线】工具 将所有码的内线的端点延长到轮廓线上，直线和曲线皆可。

（5）鼠标框选前袖肥点 Y，然后在【点放码表】对话框 S 码的【dX】输入框内单击，输入数值"−0.65"，再单击 按钮，完成该点放码量的输入，放码结果会自动显示。

（6）参照图 5-7，完成袖子其他各点的放码，再完成其他样板的放码。

（7）最终放码效果如图 5-48 所示。

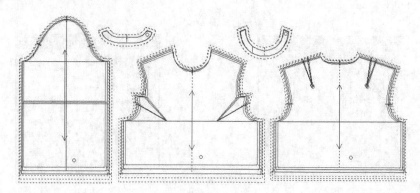

图 5-48

教师指导：

放码过程中，有几个地方需要特别强调。

（1）前后肩斜线在放码后，按照给定的放码量，并不能完全保证肩斜线是平行的，这时可按照如下方法进行调节。

❶ 以后片为例，选中【放码工具栏】中的【肩斜线放码】工具 ，鼠标先单击后领中点，移动到底摆中点再单击，然后移动到左肩点单击，如图 5-49 所示，弹出【肩斜线放码】对话框，如图 5-50 所示，单击"确定"按钮即可。

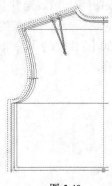

图 5-49　　　　　　　　　　　　　　　　　　　图 5-50

❷ 同样的方法，将右肩斜线和前片的肩斜线调成平行。

（2）按照给定的放码量放码后，省口点很难保证一定在肩斜线上，具体如图 5-51（1）所示。这时可选中【选择与修改】工具 ，然后在省口点上双击，弹出图 5-52（1）所示的【辅助线点属性】对话框，在对话框中将点的定位方式改为图 5-52（2）所示的【自动放码】，单击"确定"按钮，完成效果如图 5-51（2）所示。自动放码后省口大小会略有变化，但在误差允许范围。

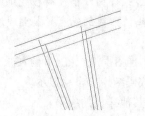

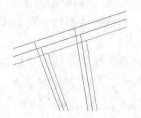

（1）按给定放码量放码后的效果　　　　　　　　（2）自动放码后的效果

图 5-51

（1）　　　　　　　　　　　　　　　　　　　（2）

图 5-52

（3）按照给定的放码量放码后，肩省省口的对位剪口偏离省口位置很大，如图 5-53（1）所示，这时可先用【皮尺/测量长度】工具测出左省口点 A 到颈侧点 C 的直线长度,如图 5-54(1)所示,之后在剪口上左键双击,弹出【剪口编辑】对话框,对话框设置如图 5-54(2)所示,单击"确定"按钮,即可将剪口调整到位。调整后的效果如图 5-53(2)所示。同样的方法完成省口点 B 位置剪口的调整。

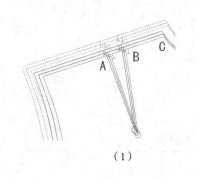
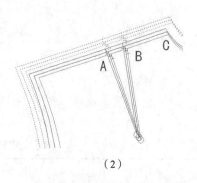

(1)　　　　　　　　　　　　(2)

图 5-53

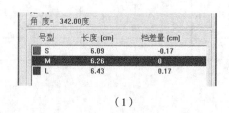
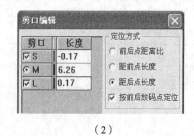

(1)　　　　　　　　　　　　(2)

图 5-54

(4)如果是左右对称的样板,可将样板的一边先行放码,之后在【匹配点选择】对话框中用【复制放码量】按钮复制放码量,再用【粘贴 XY】按钮将复制的放码量粘贴到对应的点上。对称复制时注意【对称放码】按钮一定要按下,如果是完全复制,则要将【对称放码】按钮按起,这一点要特别注意。

 教师建议:

手工打板的一般习惯是先放缝,再打剪口,最后在毛板的基础上推板,这种方式在 CAD 上也同样适用。但对于 CAD 来讲,是先推板、还是先放缝、抑或先打剪口,其实都无所谓,关键是看操作者的习惯。从实际应用的效率来看,建议先打剪口、再推板、最后放缝,如果样板是左右对称的,则建议先生成一半的样板,再打剪口,接着推板,之后将样板对称展开,再对某些部位做适当修改,最后放缝。考虑到连贯性,本书在之前的讲解中一直采用了手工打板的习惯,在之后的讲解中会根据需要,适当采用其他方式。

 巩固练习:

练习 1: 将文化女装上衣原型的 CAD 打板与推板过程反复练习 3 遍。

练习 2: 将本节 CAD 打板与推板中用到的各种工具再练习 2 遍。

练习 3: 试一试,参照图 5-55、表 5-3 和图 5-56,完成旧版文化式上衣原型的 CAD 打板与推板全过程。

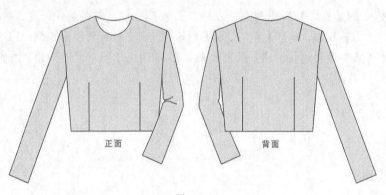

图 5-55

表 5-3　　　　　　　　　　　旧版文化式上衣原型的号型规格　　　　　　　　　单位：cm

部位 号型	背长	胸围	腰围	袖长
155/80A（S）	37	80	62	51.5
160/84A（M）	38	84	66	53
165/88A（L）	39	88	70	54.5
档差	1	4	4	1.5

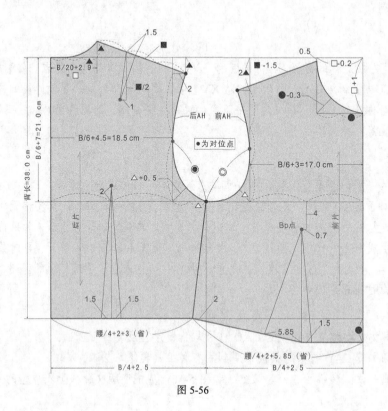

图 5-56

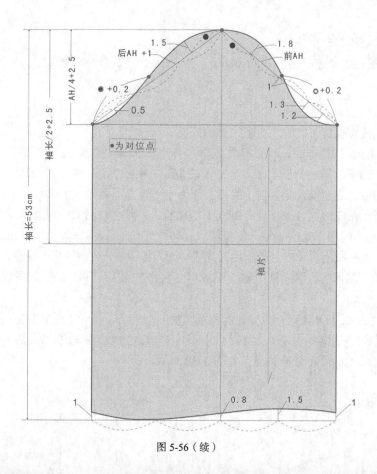

图 5-56（续）

5.2 NAC2000 服装 CAD 系统中的打板与推板

✎ **重点、难点：**

- 连接角工具的多种用法。
- 袖窿弧线与领窝弧线拼合、圆顺的方法。
- 交点、距离要素端点一定距离的点的找法。
- 袖山曲线的绘制。
- 特殊部位刀口指定的方法。
- 样板省口与省口剪口的推板；袖窿弧线与袖山弧线对位剪口的推板。

5.2.1 打板

上衣原型的 CAD 打板过程如下。

1. 单位设定
参考原型裙打板，完成单位设定，不再赘述。

2．号型、尺寸设定

参考原型裙打板，完成号型、尺寸设定，完成的尺寸表如图 5-57 所示。

3．打板

（1）大身打板。

将文字输入法切换到英文输入状态，开始打板。

① 选中【矩形】工具 ▢，将鼠标移到屏幕作图区域合适位置左键单击，在输入框中输入"x47.5y−37.5"，回车，画一个长 47.5、宽 37.5 的矩形（胸围/2+6 = 47.5，背长 = −37.5）。矩形的左边线设定为后中线，右边线设定为前中线，上面为上平线，下面为下平线。

② 选中【间隔平行】工具 ✕，上平线向下 20.62 cm（胸围/12+13.7）画平行线，定出袖窿深线。

③ 选中【垂直线】工具 ┃，输入框中输入"17.77"（胸围/8+7.4），回车，鼠标在袖窿深线的左端单击，移到上平线上再单击，画出后背宽线；输入框中输入"16.57"（胸围/8+6.2），回车，鼠标在袖窿深线的右端单击，输入框中输入"24.9"（胸围/5+8.3），回车，袖窿深线垂直向上画出前胸宽线。

④ 选中【水平线】工具 ━，鼠标在前胸宽线的上端单击，松开鼠标向右拖动，再单击，画一水平线；选中【纸样工具条】中的【连接角】工具 ◡，鼠标分别框选刚画出的水平线的右端和前中线的上端，将两线延长并交于 K 点，如图 5-58 所示。

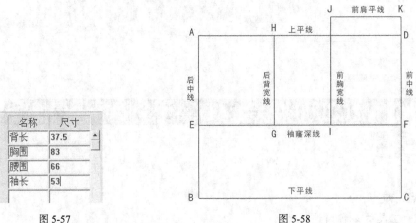

名称	尺寸
背长	37.5
胸围	83
腰围	66
袖长	53

图 5-57

图 5-58

⑤ 选中【垂直线】工具 ┃，在输入框中输入"6.86"（胸围/24+3.4），回车，鼠标在前肩平线的右端单击，在输入框中输入"−7.36"（胸围/24+3.9），回车，画出前领宽线；在输入框中输入"7.06"（胸围/24+3.6），回车，在输入框中输入"2.35"（［胸围/24+3.6］/3），回车，画出后领宽线。选中【水平线】工具 ━，从前领宽线的下端点画水平线到前中线，定出前领深线；在输入框中输入"8"，距后中线上端 8cm 画水平线到后背宽线。选中【两点线】工具 ╲，K 点与 L 点直线连接。以上操作如图 5-59 所示。

⑥ 选择【记号】→【标注】菜单下的【等分线标】命令，将 N、P 两点、P、G 两点、I、F 两点之间 2 等分，L、K 两点、后领宽两点之间 3 等分，鼠标单击后背宽线 HG 的下端，在输入框中输入"19.16"（前胸宽+胸围/32），回车，鼠标单击袖窿深线 EF 的右端，在输入框中输入"6"，回车，G、O 两点之间 6 等分，其中部分等分点为 S、T、U、V、W、X，具体如图 5-60 所示。

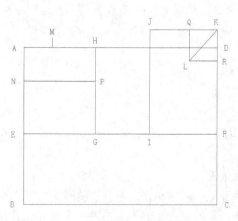

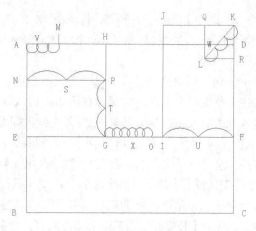

图 5-59　　　　　　　　　　　　　　　　　　图 5-60

⑦ 选中【垂直线】工具 ，X 点向下画垂直线到下平线为侧缝直线，O 点向上画一段垂直线。选中【纸样工具条】中的【切断】工具 ，鼠标在线段 NP 上左键单击，再右键单击，然后左键单击等分线标靠近中点 S 一侧，将线段 NP 在 S 点位置切断；同样的方法，将线段 HG 在 T 点、线段 EF 在 U 点切断。选中【水平线】工具 ，在输入框中输入 "0.5"，鼠标单击线段 GT 的上端，向右画一水平线。选中【连接角】工具 ，鼠标同时框选刚画出的水平线的右端和垂直线的上端，将两线延长并交于 O1 点。选中【两点线】工具 ，鼠标在线段 T1O1 的右端单击，找到 O1 点，然后在输入框中输入 "0.5"，回车，鼠标单击线段 EU 的右端，将 O1 点和距离 U 点向左 0.5cm 的 U1 点直线连接，具体如图 5-61 所示。

⑧ 选中【纸样工具条】中的【端点距离】工具 ，鼠标左键依次单击线段 GO 任一六等分线标的左右端点，测出两端点直线长度为 1.76。选中【纸样工具条】中的【要素长度】工具 ，鼠标在线段 O1U1 上单击，测出线段长度为 11.89。选中【打板工具条】中的【角度线】工具 ，鼠标在线段 O1U1 上单击，在输入框中输入长度 "11.89"，回车，然后单击线段 O1U1 靠近 U1 的一端，在输入框中输入角度 "-18.25"（B/4-2.5），回车，线段 O2U1 画出；同样的方法，输入长度分别为 "2.56"（1.76+0.8）、"2.16"（1.76+0.4），角度 45 度，画出线段 GG1 和线段 OO3。选中【长度调整】工具 ，将线段 T1O1 在左端缩短 0.1cm，端点为 T2。以上操作如图 5-62 所示。

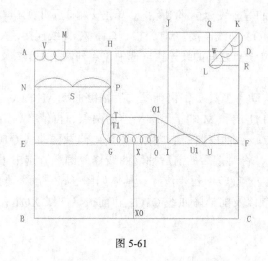

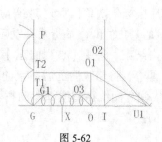

图 5-61　　　　　　　　　　　　　　　　　　图 5-62

⑨ 选中【切断】工具 ✳，将线段 JK 在 Q 位置切断，将线段 KL 在 W 位置切断。选中【长度调整】工具 ◰，将线段 LW 在 W 端缩短 0.5cm，端点为 W1，如图 5-63 所示。

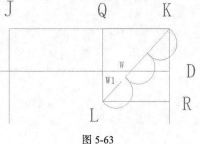

图 5-63

⑩ 选中【水平线】工具 ━，过 M 点向右画水平线。选中【角度线】工具 ↖，鼠标在刚画出的线段上单击，在输入框中输入长度 "8"，回车，然后单击线段靠近 M 的一端，在输入框中输入角度 "−18"，回车，后肩斜线画出；同样的方法，输入长度 "8"、角度 "22" 度，画出前肩斜线。选中【纸样工具条】中的【单侧修正】工具 ┵，鼠标在前胸宽线 IJ 上单击，指示该线为切断线，然后框选前肩斜线的左下端，右键单击，将前肩斜线切齐到前胸宽线 IJ。选中【长度调整】工具 ◰，将前肩斜线在左端延长 1.8cm，端点为 Q1。选中【要素长度】工具 ⁿ，测出前肩斜线 QQ1 的长度为 12.27。选中【纸样工具条】中的【剪切线】工具 ◰，在输入框中输入长度 "14.07" cm（前肩斜线长+胸围/32−0.8），回车，鼠标在后肩斜线的 M 一端单击，右键单击，后肩斜线向右下延长，端点为 M1。选中【水平线】工具 ━，过 Q1 向右画水平线到前胸宽线 IJ，交点为 Q2。以上操作如图 5-64 所示。

⑪ 选中【等分线标】命令，鼠标在线段 Q1Q2 的右端单击，然后单击【画面工具条】中的【交点】工具 ✕，再依次单击前胸宽线 IJ 和线段 O2U1，输入框中输入等分数 "3"，回车，将 Q2O4 之间三等分。选中【水平线】工具 ━，过 Q2O4 自下向上的第一个等分点向右画水平线，线的右端点为 O5。以上操作如图 5-65 所示。

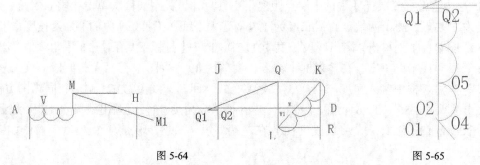

图 5-64 图 5-65

⑫ 选中【删除】工具 ◿，将需要删除的等分线标全部删除掉。单击【再表示】工具 ▢，刷新画面。选中【曲线】工具 ⌒，将 Q1、O5、O2 曲线连接，M1、T2、G1、X 曲线连接，X、O3、O1 曲线连接，Q、W1、R 曲线连接，M、V 两点之间曲线连接。选中【点列修正】工具 ↻，将连接的曲线修改圆顺。以上操作如图 5-66 所示。

⑬ 选中【纸样工具条】中的【旋转移动】工具 ▣，鼠标框选后袖窿曲线 M1T2X，右键单击，然后鼠标依次单击后肩斜线 MM1 的 M1 端和 M 端指示移动前的两点，再依次单击前肩斜线 QQ1 的 Q1 端和 Q 端指示移动后的两点，后袖窿曲线 M1T2X 对接到前袖窿曲线 Q1O2 上，右键单击结束。选中【点列修正】工具 ↻，将对接后的前后袖窿曲线修改圆顺。选中【旋转移动】工具 ▣，将修改后的后袖窿曲线 M1T2X 旋转回初始位置。具体如图 5-67 所示。同样的方法，完成领窝曲线在肩线部位的拼合、圆顺以及前袖窿曲线 Q1O2 和前袖窿曲线 XO1 在前腋下省部位的拼合、圆顺。

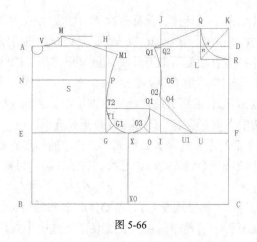

图 5-66

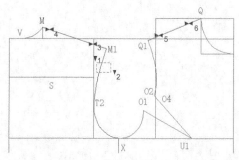

（1）框选移动线，指示移动的前、后对接点

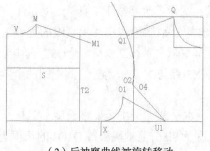

（2）后袖窿曲线被旋转移动

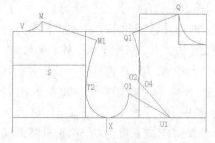

（3）后袖窿曲线回到原位

图 5-67

⑭ 选中【垂直线】工具⎪，在输入框中输入 "1"，回车，鼠标单击线段 SP 靠近 S 一端，向上画一段垂直线。选中【单侧修正】工具，将刚画出的垂直线切齐到后肩斜线，交点为 S2。选中【作图】菜单下的【半径圆】命令，在输入框中输入 "1.5"，回车，鼠标单击线段 S1S2 的上端，画一个圆，圆与后肩斜线的一个交点为 S3；在输入框中输入圆的半径 "1.79"（胸围/32−0.8），回车，然后单击【交点】工具✕，再依次单击刚画出的圆和线段 MM1 的右端，再画一个圆，圆与后肩斜线的一个交点为 S4。选中【两点线】工具＼，将 S1S3、S1S4 直线连接。以上操作如图 5-68 所示。

⑮ 选中【删除】工具✐，将多余线删除。选中【垂直线】工具⎪，补画前中线；选中【水平线】工具━，补画后领线。选中【打板工具条】中的【曲线拼合】工具，鼠标分别单击补画的后领线和后领窝线，右键单击，在输入框中输入拼合后的曲线的点数 "5"，回车，两根线拼成一根曲线，并在线上出现移动点，调节移动点的位置，将领窝线调到位，右键单击结束。单击【再表示】

工具，刷新画面。选中【切断】工具，鼠标依次单击线段 EU1 和线段 BC，右键单击，再单击线段 XX0，将线段 EU1 在 X 位置、线段 BC 在 X0 位置切断，再将线段 EX 在 G 点位置切断。选中【纸样工具条】上的【指定移动复写】工具，鼠标框选所有的结构线，右键单击，在输入框中输入"dy-50"，回车，所有结构线向下移动 50cm。选中【纸样工具条】上的【指定移动】工具，框选前片除侧缝线 XX0 以外的所有结构线，右键单击，在输入框中输入"dx5"，回车，前片结构线向右移动 5cm。选中【垂直线】工具，补画侧缝直线，前、后片基本样板打板完成。

⑯ 选中【纸样工具条】上的【省折线】工具，将前片的袖窿省省口闭合。选中【垂直反转复写】工具，分别以前中线和后中线为对称中心线，将前、后片对称展开，大身打板完成。

（2）袖子打板。

① 选中【垂直线】工具，画出线段 GT1 和 O1O。选中【等分线标】命令，G、O 两点之间 6 等分。选中【切断】工具，将前中线在 F 位置切断。选中【旋转移动】工具，将前袖窿省闭合，如图 5-69 所示。

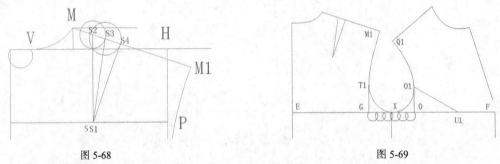

图 5-68　　　　　　　　　　　　　　　　图 5-69

② 选中【垂直线】工具，过 X 点向上画垂直线；选中【水平线】工具，过 M1 点向右画水平线。选中【连接角】工具，鼠标同时框选刚画出的水平线的右端和垂直线的上端，将两线延长并交于 M2 点。选中【水平线】工具，过 Q1 点向左画水平线交 XM2 于 Q3。选中【等分线标】命令，将 M2 与 Q3 两等分，等分中点为 X3，再将 X3 点与 X 点 6 等分，其中的两个等分点标示为 X1、X2。以上操作如图 5-70 所示。

③ 选中【水平线】工具，过 X1 点向左、向右画水平线。选中【要素长度】工具，测出后袖窿弧线 M1X 的长度为 21.56，前袖窿弧线 XO1 的长度为 8.86，前袖窿弧线 Q1O1 的长度为 11.84，如图 5-71 所示。

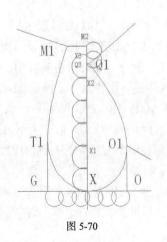
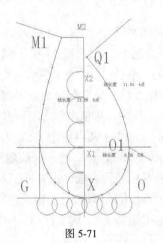

图 5-70　　　　　　　　　　　　　　　　图 5-71

④ 选中【打板工具条】中的【长度线】工具，鼠标在等分线标上单击，找到 X2 点，然后在线段 XU1 上单击指示该线为投影要素，在输入框中输入"20.7"（8.86+11.84），回车，画出前袖山斜线 X2Y，该线与过 X1 的水平线交于 X4 点。同样的方法，输入长度"22.56"（21.56+1），画出后袖山斜线 X2Z，该线与过 X1 的水平线交于 X5 点。选择【作图】菜单下的【半径圆】命令，分别以 X4 点和 X5 点为圆心各画一个半径为 1cm 的圆，第一个圆的上端与前袖山斜线 X2Y 的交点为 X6，另一个圆的下端与后袖山斜线 X2Z 的交点为 X7。选择【等分线标】命令，将前袖山斜线 X2Y 四等分，将 ZX 两等分，将 XY 两等分。

⑤ 选中【垂直线】工具，分别过 Z1、Z3、Y1、Y3 点向上画垂直线。选中【单侧修正】工具，将过 Z1、Y1 两点的垂直线切齐到 Z2、Y2 位置。选中【垂直反转复写】工具，分别以线段 Z3Z4 和线段 Y3Y4 为对称中心线，将 Z1Z2 对称到 Z5Z6 位置，将 Y1Y2 对称到 Y5Y6 位置。

⑥ 选择【作图】菜单下的【中心圆】命令，以 X2 为圆心，以 X8 为圆周上的点，画一个圆，圆与后袖山斜线 X2Z 交于 X9。选中【打板工具条】中的【垂线】工具，鼠标单击前袖山斜线 X2Y 为垂直基准线，在输入框中输入垂线长度"1.8"，再单击前袖山斜线 X2Y 自上而下的第一个等分线标的下端，过端点 X8 向右上方画一垂线 X8X10，类似的方法，输入长度"1.9cm"，画出线段 X9X11。以上操作如图 5-72 所示。

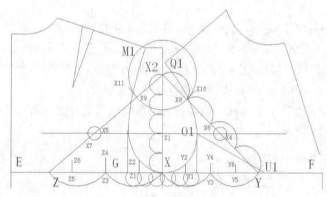

图 5-72

⑦ 选择【删除】工具，将多余线删除。选中【曲线】工具，鼠标单击找到 Z 点、Z6 点，之后单击【交点】工具，再依次单击后袖山斜线和圆的下方，找到 X7 点，接着单击【端点】工具，鼠标单击找到 X11 点、X2 点、X10 点，然后单击【交点】工具，鼠标单击前袖山斜线和圆的上方，找到 X6 点，接下来单击【端点】工具，鼠标单击找到 Y6 点、Y 点，将 Z、Z6、X7、X11、X2、X10、X6、Y6、Y 这 9 点曲线连接。选中【点列修正】工具，将连接的曲线修改圆顺。以上操作如图 5-73 所示。

⑧ 选中【删除】工具，将线段 XM2 和线段 XX0 删除。选中【垂直线】工具，过 X2 点，向下 53cm，画出袖中线，线的下端点为 X12，过 Z 点和 Y 点画出后、前袖侧缝线。选中【水平线】工具，过 X12 点画出前后袖口线。选中【连接角】工具，鼠标同时框选刚画出的后袖口线的左端和后袖侧缝线的下端，将两线延长并交于 Z7 点，再同时框选刚画出的前袖口线的右端和前袖侧缝线的下端，将两线延长并交于 Y7 点。选中【水平线】工具，在距袖山顶点 X2 的距离 29cm（袖长/2+2.5）处，画出袖肘线。以上操作如图 5-74 所示。

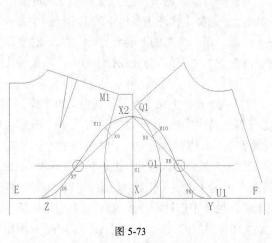

图 5-73

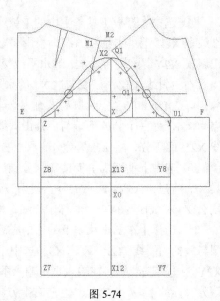

图 5-74

⑨ 选中【删除】工具 ⬚，将多余的线段删除。袖子打板完成。

（3）领贴打板。

① 选中【间隔平行】工具 ⬚，鼠标单击前领窝线 QR 指示为被平行要素，然后在领窝线的左侧空白位置单击指示平行侧，在输入框中输入间隔量 "2"，回车，平行线画出。选中【纸样工具条】中的【两侧修正】工具 ⬚，鼠标分别单击肩斜线和前中线指示为两条切断线，然后框选刚画出的平行线为被切断线，右键单击，将弧线切齐到肩斜线和前中线。

② 选中【垂直反转复写】工具 ⬚，将刚切齐的弧线对称到右侧，贴边线画出。

以上操作如图 5-75 所示。

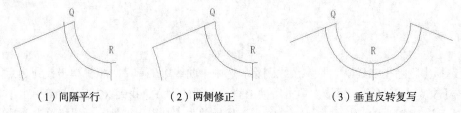

（1）间隔平行　　　　　　（2）两侧修正　　　　　　（3）垂直反转复写

图 5-75

③ 选中【纸样工具条】中的【形状取出】工具 ⬚，鼠标框选被剪开的要素，右键单击，再单击贴边线指示为剪开线，右键单击，然后鼠标在贴边内部单击，在输入框中输入 "dx35"，回车（如果不需要移动确切的距离，也可以鼠标单击指示移动的前后两点），贴边取出，如图 5-76 所示。

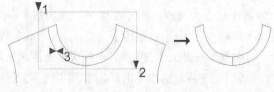

图 5-76

④ 选中【删除】工具 ⬚，将前片的领窝贴边线删除。按照与前片做贴边相同的方法，做出后片的领贴边。

至此，上衣原型自由设计法打板的全过程结束，最终效果如图 5-77 所示。

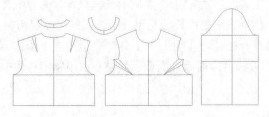

图 5-77

4．样板编辑

（1）设定纱向。选中【平行纱向】工具 ⫴，画出所有样板的纱向线。

（2）编写样板名。选中【输入文字】工具 A，标注所有样板的样板名。

（3）设定钻孔。选择【记号】→【点记号】菜单下的【打孔】命令，完成样板的打孔。

5．放缝

（1）选中【外周检查】工具 ，鼠标依次框选前片、后片、袖子和领贴样板，查看样板外周是否封闭。

（2）确认外周封闭后，选择【缝边】菜单下的【完全自动缝边】命令，在输入框中输入缝边宽度"1"，回车，所有样板被统一加上 1cm 的缝边。单击【再表示】按钮 ，刷新画面。

（3）选择【缝边】菜单下的【宽度变更】命令，在输入框中输入缝边宽度"3"，回车，鼠标依次单击前、后片和袖子的底摆线，缝边宽度改变，右键单击结束。单击【再表示】按钮 ，刷新画面。

（4）选择【纸样工具条】中的【角变更】工具 ，弹出【缝边角类型】对话框，在对话框中选择边角的类型为【直角】，单击"确定"按钮。然后鼠标单击前后片和前后领贴的肩斜线靠近领窝一侧，右键单击，角度变更完成。单击【再表示】按钮 ，刷新画面。加缝最终效果如图 5-78 所示。

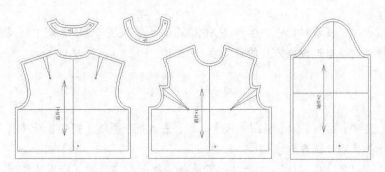

图 5-78

6．打剪口

（1）选中【纸样工具条】上的【对刀】工具 ，鼠标单击前片左侧侧缝直线的下端，右键单击，然后移到样板内部左键单击指示出头方向，弹出【对刀处理】对话框。在对话框中选择"T"型刀口，在【刀口 1】输入框中输入数值"0"单击"再计算"按钮，再单击"确定"按钮，左侧底摆线位置的刀口画出。同样的方法画出其他样片下摆部位的刀口。

（2）选中【要素长度】工具 ，测出前袖窿弧线 XO1 的长度为 8.86。再用【对刀】工具 ，长度 8.86，打出后片袖窿、袖子前后袖山弧线的对位刀口。

（3）选中【垂直线】工具 ┃，过袖山顶点向上画垂直线，垂直线要超出缝份线。选中【单侧修正】工具 ┋，将刚画出的垂直线的净样板与毛样板之间的部分剪切掉。选择【记号】→【刀口】菜单下的【刀口指定】命令，按照与【对刀】工具 ✂ 完全相同的操作方法，打出袖山的刀口，具体如图 5-79 所示。同样的方法打出前后片、前后领贴在前中领窝和后中领窝位置的刀口。

（1）画垂直线   （2）单侧修正   （3）刀口指定

图 5-79

（4）选中【两点线】工具 ✎，从省口点，沿着肩省省尖到省口延长线的方向，向外画斜线。之后的操作方法与袖山顶点打刀口的方法完全一样。同样的方法，打出后片左右肩省和前片左右袖窿省的省口处的刀口。

7. 保存

鼠标单击【保存】按钮 💾，在弹出的【另存为】对话框中选择文件保存的目标文件夹，输入文件名，单击"保存"按钮即可。

 教师指导：

（1）在进入推板系统之前，一定要确保对基础样板的所有操作全部完成。

（2）在推板系统中进行推板操作或全部完成推板操作后返回打板系统中，建议尽量不要再移动各样板的位置，也不要对基础样板进行纸样的修改，否则，重新进入推板系统后，会出现要求进行点对应的情况。如果放码点很多，点对应的工作量会很大，如果不对应，则多数样板的放码信息丢失，要重新设定放码量。

（3）操作过程中，试着对比在富怡和 NAC2000 这两套服装 CAD 系统中，肩省推板、省口、袖窿和袖山曲线上对位剪口推板方式的异同点。

5.2.2 推板

┃（1）选择【文件】菜单下的【返回推板】命令，进入推板系统，打板系统中保存的样板会自动排列在推板系统的【衣片选择框】中。

（2）选中【工具条】中的【布片全选】工具 ▦，将所有样板放入推板工作区。然后单击【工具条】上的【隐藏放码点】工具按钮 ◥，将其按起，所有样板的放码点以黑色显示。

（3）选择【展开】菜单下的【选择要放码的衣号】命令，弹出【选择要放码的衣号】对话框，在对话框中选择要放码的衣号，单击"确定"按钮即可。

（4）选择【选项】菜单下的【输入设定】命令，弹出【输入设定】对话框，在【点放码】选框中选择【数值表】和【与基础层差值】选项，单击"确定"按钮即可。

（5）勾选【选项】菜单下的【每步执行】命令。

（6）选中【固定点】工具，参照图 5-7，将前后中线与胸围线的交点、袖中线与袖肥线的交点、前后领贴的前后领中点设定为放码的基准点，点变为蓝色。

（7）选中【单 X 方向移动点】工具，鼠标框选前袖肥线上的所有点，右键单击，弹出【放码量输入】对话框。在对话框的【移动量】输入框中输入"0.65"，如图 5-80 所示，回车，弹出【Agrd】对话框，单击"是"按钮，完成前袖肥线横向放码量的输入。鼠标框选后袖肥线上的所有点，右键单击，在弹出的【放码量输入】对话框的【移动量】输入框中输入"–0.35"，回车，弹出【Agrd】对话框，单击"是"按钮，完成后袖肥线横向放码量的输入。

○ 尺寸表　● 数值输入	确定	1	2	3	+	移动量	☑ 2XS	☑ XS	☐ S	☑ M	☑ L	☑ XL	☑ 2XL	S
移动量　0.65	取消	4	5	6	–									L
	档差	7	8	9	*									
	同值	0	.	<	/									

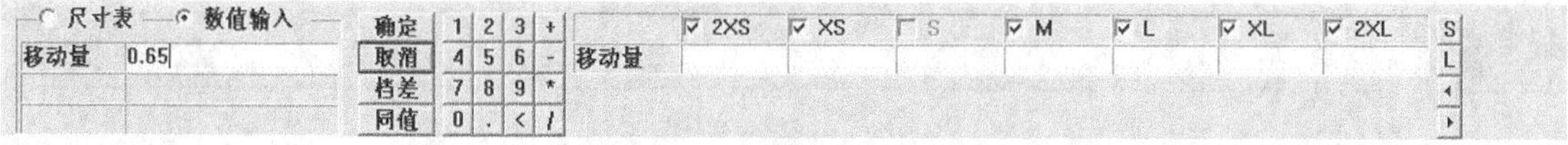

图 5-80

（8）选中【单 Y 方向移动点】工具，鼠标框选袖肘线上的所有点，右键单击，弹出【放码量输入】对话框。在对话框的【移动量】输入框中输入"–0.5"，如图 5-81 所示，回车，完成袖肘线纵向放码量的输入。鼠标框选袖口线上的所有点，右键单击，在弹出的【放码量输入】对话框的【移动量】输入框中输入"–1.25"，回车，完成袖口纵向放码量的输入。

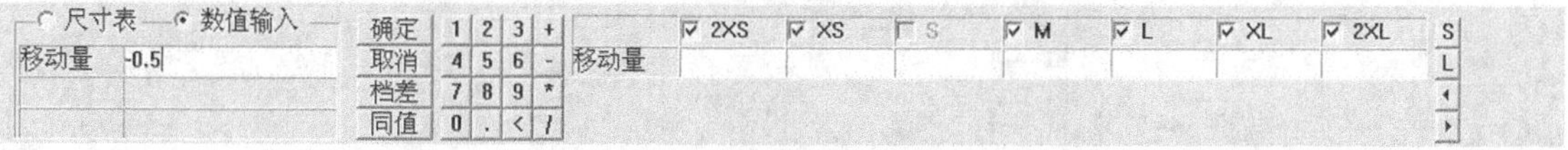

○ 尺寸表　● 数值输入	确定	1	2	3	+	移动量	☑ 2XS	☑ XS	☐ S	☑ M	☑ L	☑ XL	☑ 2XL	S
移动量　-0.5	取消	4	5	6	–									L
	档差	7	8	9	*									
	同值	0	.	<	/									

图 5-81

（9）选中【移动点】工具，鼠标框选袖片的袖山顶点，右键单击，弹出【放码量输入】对话框，在对话框的【横偏移】输入框中输入"0"、【纵偏移】输入框中输入"0.25"，如图 5-82 所示，回车，完成袖山顶点放码量的输入。

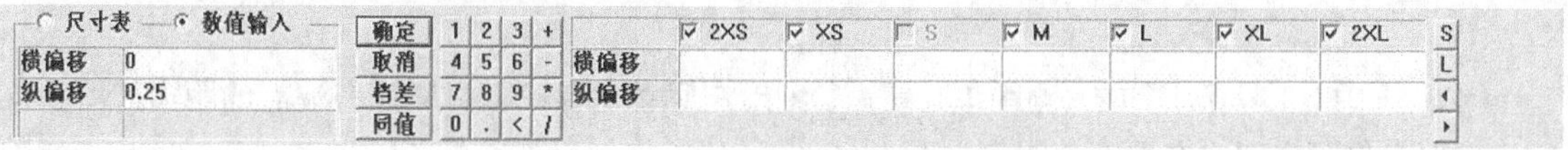

○ 尺寸表　● 数值输入	确定	1	2	3	+	横偏移	☑ 2XS	☑ XS	☐ S	☑ M	☑ L	☑ XL	☑ 2XL	S
横偏移　0	取消	4	5	6	–	纵偏移								L
纵偏移　0.25	档差	7	8	9	*									
	同值	0	.	<	/									

图 5-82

（10）同样的方法，参照图 5-7，完成其他样板放码点的放码量的输入。

（11）选中【工具条】上的【号间检查】工具，鼠标框选前袖窿弧线 XO1，右键单击，弹出【号间检查】对话框，如图 5-83 所示，单击"确定"按钮。选中【修改】菜单中的【刀口移动】命令，鼠标在前袖山弧线的净线上单击，弹出如图 5-84 所示的【刀口移动（1）】对话框，在刀口 1 对应的【档差】输入框中输入"0.37"，单击"确定"按钮，完成前袖山弧线对位刀口与前袖窿弧线对位刀口的匹配修改。同样的方法，在【档差】输入框中输入"0"，完成后袖山弧线对位刀口与后袖窿弧线对位刀口的匹配修改。

（12）选中【工具条】上的【距离平行点】工具，鼠标框选前片净板的右肩点，右键单击，然后在净板右肩斜线上单击，在弹出的【放码量输入】对话框的【横偏移】和【纵偏移】输入框中分别输入"0.375"和"0.5"，各码的净板右肩斜线平行。鼠标框选前片毛板的右肩点，右键单击，然后在毛板右肩斜线上单击，在弹出的【放码量输入】对话框的【横偏移】和【纵偏移】输入框中分别输入"0.375"和"0.5"，各码的毛板右肩斜线平行。同样的方法，将各码前片的左肩斜线和后片的左、右肩斜线调成平行。

图 5-83　　　　　　　　　　　　　　　　　　图 5-84

（13）选中【工具条】上的【平行与要素交点】工具，鼠标框选后片左肩省的左省线的省口端，然后右键单击，接着鼠标在左省线的省尖一端单击指示平行的起点，最后鼠标分别单击左肩斜线的颈侧端和肩点端，各码的左省线被调成平行，且各码的省口点都在对应的肩斜线上，具体如图 5-85 所示。同样的方法，完成其他肩省省线的推放。

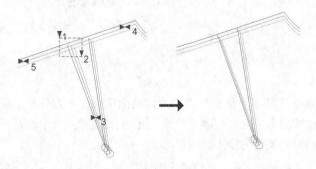

图 5-85

（14）选中【工具条】上的【测距】工具，测出左肩省左省口距肩斜线右端点的距离如图 5-86 所示，右省口距肩斜线右端点的距离如图 5-87 所示。

号型	横偏移	纵偏移	距离
2XS	5.104	1.672	5.371
XS	5.373	1.738	5.647
S	5.454	1.772	5.735
M	5.535	1.806	5.822
L	5.804	1.872	6.098
XL	5.979	1.922	6.280
2XL	6.154	1.972	6.462
3XL	6.329	2.022	6.644

号型	横偏移	纵偏移	距离
2XS	3.602	1.119	3.771
XS	3.674	1.188	3.861
S	3.752	1.219	3.945
M	3.830	1.250	4.028
L	3.902	1.319	4.118
XL	3.977	1.369	4.206
2XL	4.052	1.419	4.293
3XL	4.127	1.469	4.380

图 5-86　　　　　　　　　　　　　　　　　　图 5-87

（15）选择【修改】菜单中的【刀口移动】命令，鼠标在毛板左肩斜线上单击，弹出如图 5-88 所示【刀口移动（2）】对话框，在刀口 1、刀口 2 对应的【档差】输入框中分别输入 "0.08" 和 "0.09"，单击 "确定" 按钮，完成后片左肩斜线省口部位对位刀口的修改，如图 5-89 所示。同样的方法完成后片右肩斜线省口部位对位刀口的修改。

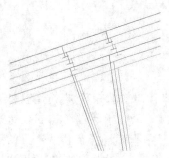

图 5-88

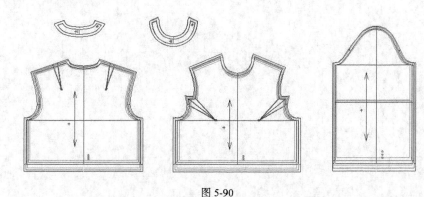

（1）刀口移动前　　　　　　　　　　（2）刀口移动后

图 5-89

（16）最终放码效果如图 5-90 所示。

图 5-90

 巩固练习：

练习 1：将原型衣的 CAD 打板与推板过程反复练习 3 遍。

练习 2：将本节 CAD 打板与推板中用到的各种工具再练习 2 遍。

练习 3：试一试，参照图 5-55、表 5-3 和图 5-56，完成旧版文化式上衣原型的 CAD 打板与推板全过程。

小结：

本章详细介绍了新文化女装上衣原型在富怡服装 CAD 系统中和在 NAC2000 服装 CAD 系统中打板与推板的流程和方法，重点介绍了新工具的应用方法和技巧，并对两套系统中打板与推板的流程和方法做了对照。

第

6章

直筒裤的打板与推板

 学习提示：

　　本章开始直筒裤 CAD 打板与推板的对比学习。在这一章中，理解纸样结构、熟悉操作流程和工具依然是重点，深入对照两个软件在打板与推板工具应用和操作方式上的异同是关键。本章的基本思路依然是在熟悉旧工具的同时，重点讲解新工具和新方法的应用。另外，为加深对裤子结构制图的理解，也达到进一步提高软件应用水平的目的，章节后面补充了喇叭裤的 CAD 打板与推板练习。

　　直筒裤是裤装当中的经典式样，男女老少、一年四季皆可穿用，具有简洁、朴素，端庄、稳重的风格特点。

1. 直筒裤的款式概述

　　直筒裤紧身合体，呈直筒造型，装直腰头，五根裤袢，前中门里襟装拉链，腰头钉扣，前、后裤片左右各收省一个，烫前后挺缝线，如图 6-1 所示。

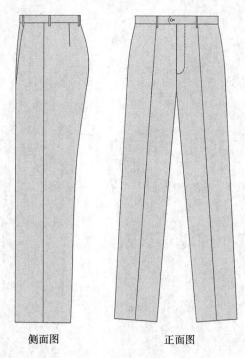

侧面图　　　　　　　　　　正面图

图 6-1

2. 直筒裤的号型规格表

　　直筒裤的打板需要 5 个尺寸，如表 6-1 所示。

表 6-1　　　　　　　　　　　　　　　直筒裤的号型规格　　　　　　　　　　　　　　单位：cm

部位 \ 号型	裤长	腰围	臀围	裆深	脚口
155/64A（S）	97	64	88	25	43
160/68A（M）	100	68	92	26	45
165/72A（L）	103	72	96	27	47
档差	3	4	4	1	2

3. 直筒裤的基本纸样结构

　　直筒裤的基本纸样结构如图 6-2 所示。

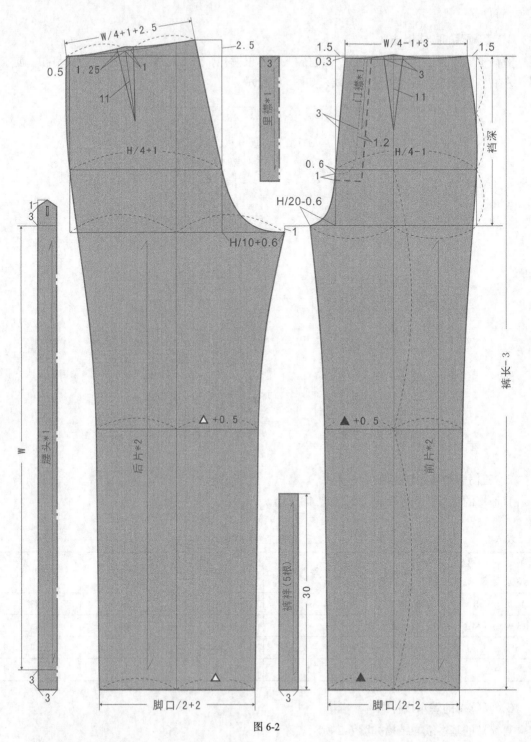

图 6-2

4. 直筒裤的基本样片

直筒裤的基本样片如图 6-3 所示。

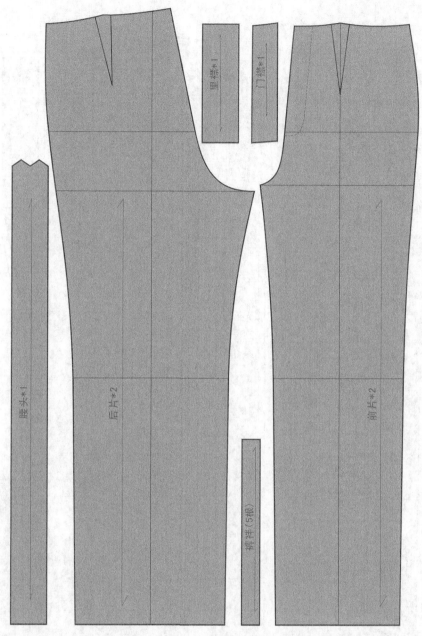

图 6-3

5. 直筒裤的裁剪样板

直筒裤的裁剪样板如图 6-4 所示，其具体加缝情况如下。

（1）前片脚口加 3cm 缝头，其他各边加 1cm 缝头，脚口线与侧缝线的相交角点部位进行缝边的折角处理，并将净样上的对位点打到毛板上，腰省线顺延至毛缝。

（2）后片脚口加 3cm 缝头，大裆斜线上端加 2.5cm 缝头，臀围线位置加 1.5cm 缝头，顺延至裆底为 1cm 缝头，其他各边加 1cm 缝头，脚口线与侧缝线的相交角点部位进行缝边的折角处理，并将净样上的对位点打到毛板上，腰省线顺延至毛缝。

（3）腰头一周加 1cm 缝头，并标注后腰中点与侧缝的对位点。

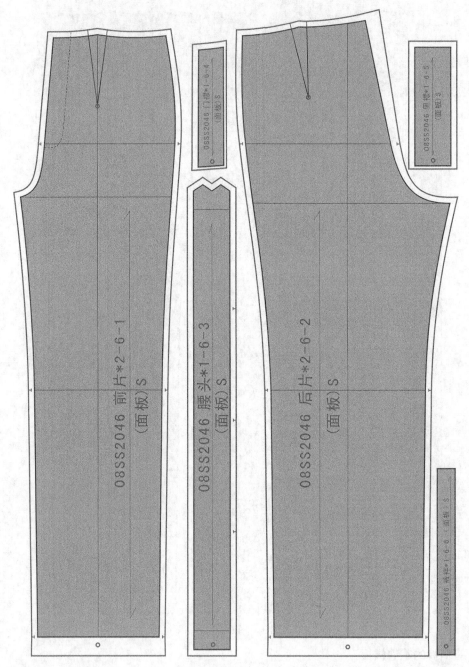

图 6-4

（4）里襟底边加 0.5cm 缝头，其他各边加 1cm 缝头。门襟右边和底边加 0.5cm 缝头，其他各边加 1cm 缝头。

6．直筒裤的推板图

图 6-5 所示为直筒裤的推板图。图中 ➡️ 代表推板方向， 🔶 代表推板的基准点，箭头所指的是扩大一个号型的放码方向。

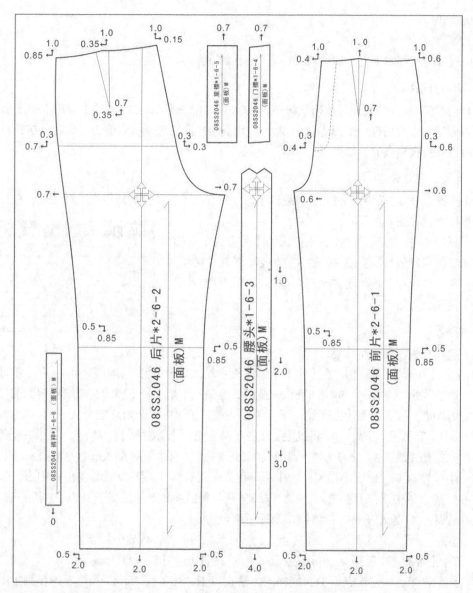

图 6-5

6.1 富怡服装 CAD 系统中的打板与推板

 重点、难点：

- 门、里襟的打板。
- 前、后浪线在裆底部位的拼合、圆顺；腰线在侧缝部位的拼合、圆顺。
- 后浪的加缝处理。
- 腰头打剪口。

6.1.1 打板

自由设计打板模式下直筒裤的 CAD 打板流程如下。

1. 选择打板模式

在富怡服装 CAD 的设计与放码系统中，鼠标单击【快捷工具栏】中的【新建】按钮，在弹出的【界面选择】对话框中选择【自由设计（D）】的打板模式，然后单击"确定"按钮，重新建一个自由设计打板模式的工作界面。

2. 号型、尺寸设定

（1）选择【号型】菜单中的【号型编辑】命令，弹出【设置号型规格表】对话框，在对话框建立号型规格表，如图 6-6 所示。

（2）鼠标单击"存储"按钮，在弹出的【另存为】对话框中选择文件保存的目标文件夹，输入文件名，单击"保存"按钮将尺寸文件保存。再单击"确定"按钮，将【设置号型规格表】关闭，开始打板。

设置号型规格表	S	M	L
裤长	97	100	103
腰围	64	68	72
臀围	88	92	96
裆深	25	26	27
脚口	43	45	47

图 6-6

3. 打板

（1）前片打板。

① 选中【矩形】工具，在【水平】输入框中输入数值"22"（臀围/4-1），在【垂直】输入框中输入数值"26"（裆深），单击"确认"按钮，绘制一个矩形。矩形的左边线设定为前裆线，右边线设定为侧缝直线，上面为上平线，下面为横裆线，矩形的 4 个角点定为 A、B、C、D。

② 选中【等份规】工具，将线段 CD 三等分；选中【智能笔】工具，过第一个等分点 E 画水平线到前裆直线 AB，交点为 F，臀围线画出；再过 B 点水平向左 4cm（H/20-0.6）画一线段，线段的左端点为 G 点，定出小裆宽；选中【等份规】工具，定出横裆线 GC 的中点；选中【智能笔】工具，过中点作上平线的垂线，垂线分别与臀围线和上平线交于 H 点、I 点，再过 I 点向下 97cm（裤长-3）画出前裤片挺缝线，线的下端点为 J。

③ 选中【等份规】工具，将 H 点、J 点两点之间等分，找到中裆点 K。

④ 选中【智能笔】工具，第一点定在 J 点，在【长度】输入框中输入"10.25"（脚口/4-1），画出脚口线的左半边，左端点为 J1；同样的方法，以 10.75cm（脚口/4-1+0.5）的量画出中裆的左半边，左端点为 K1；选中【对称粘贴/移动】工具，挺缝线为对称线，将脚口线和中裆线左右对称，对称线的右端点分别为 J2、K2。选中【点】工具，在上平线 AD 上距右端点 D 1.5cm 处找一点 D1；选中【智能笔】工具，水平距 A 点 1.5 cm，竖直向下 0.3 cm 画一线段，线段的下端点为 A1。以上操作如图 6-7 所示。

⑤ 将【智能笔】工具切换到曲线状态，将 A1 点、F 点、K1 点、J1 点、K2 点、J2 点分别用直线连接；将 F 点、G 点、G 点、K1 点、K2 点、E 点、D1 点、D1 点、A1 点分别用曲线连接，选中【调整】工具，将曲线 FG、GK1、K2ED1、D1A1 调成平滑圆顺的曲线。

⑥ 选中【剪刀】工具，生成前片样板；选中【衣片辅助线】工具，生成样板内部的辅助线，如图 6-8 所示。

⑦ 选中【偏移点】工具，前片挺缝线与腰线的交点 I1 向下 11cm 定出省尖点 H1，选中【双向尖省】工具，I1H1 为省中线，省大 3cm，开出前片的腰省，如图 6-9 所示。

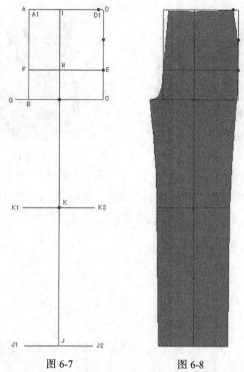

图 6-7　　　　　　　　　　图 6-8

⑧ 选中【相交等距线】工具🖼️，前裆直线 A1F 为平行基础线，腰围线 A1D1 和臀围线 EF 为相交线，向右 3cm 作门襟斜线 A1F 的平行线；选中【延长曲线端点】工具✎，将该线的下端缩短 2cm；选中【智能笔】工具✎，第一点定在该线的下端，空白位置单击再定两点，最后鼠标单击前裆弯线 FG 的上端，在弹出的【点的位置】对话框中输入长度值为 "0.6"，单击 "确认" 按钮，找到 F1 点，然后用【调整】工具🖱️将曲线调圆顺，门襟压线画好，如图 6-10 所示。

⑨ 选中【衣片辅助线】工具📇，增加门襟压线 A2F1 为样板内部的辅助线，前片打板完成，如图 6-11 所示。

　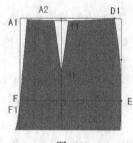　

图 6-9　　　　　　　　　图 6-10　　　　　　　　图 6-11

（2）门、里襟打板。

① 选中【相交等距线】工具🖼️，前裆直线 A1F 为平行基础线，腰围线 A1D1 和臀围线 EF 为相交线，向右 4.2cm 作门襟斜线 A1F 的平行线。

② 选中【智能笔】工具✎，距前裆弯线 FG 的上端 1.6cm，找到 F2 点，在空白合适位置单击再定一点，画一条短线，如图 6-12 所示；鼠标分别框选刚画出的两线段的就近端，右键单击，将两线相交，如图 6-13 所示。

③ 选中【剪刀】工具✂️，生成门襟样板。

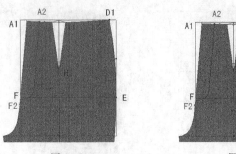

图 6-12   图 6-13

④ 选中【纸样工具栏】中的【布纹线和两点平行】工具 ，鼠标依次在右工作区的门襟样板的右侧线的上下两端单击，将布纹线调成与该轮廓线平行；之后选中【编辑工具栏】中的【布纹线旋转到垂直方向】工具 ，将门襟样板调成垂直摆放状态，如图 6-14 所示。

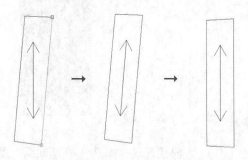

选择平行基础线   布纹线与轮廓线平行   布纹线旋转到垂直方向

图 6-14

⑤ 选中【纸样工具栏】中的【皮尺/测量长度工具】工具 ，测出门襟样板左侧线的长度为 18.7cm。

⑥ 选中【矩形】工具 ，以长 19.7cm（里襟比门襟要长出 0.5～1）、宽 6 cm 画一个长方形，选中【剪刀】工具 ，生成里襟样板。

（3）后片打板。

① 选中【智能笔】工具 ，分别过前片的上平线、臀围线、横裆线、中裆线、脚口线的左端点画水平线到合适位置；选中【不相交等距线】工具 ，横裆线向下 1 cm 作平行线，定出后片的落裆线。

② 选中【智能笔】工具 ，过上平线的左端点画竖直线到落裆线为后片侧缝直线，选中【不相交等距线】工具 ，向右 24cm（H/4+1）作侧缝直线的平行线为后裆直线。

以上操作如图 6-15 所示。

③ 选中【智能笔】工具 ，鼠标左键框选上平线、臀围线、横裆线、落裆线，再分别单击侧缝直线和后裆直线，将上平线、臀围线、横裆线、落裆线切齐。切齐后的臀围线的左右端点为 M 点和 N 点，落裆线的左右端点为 C1 点和 O 点，如图 6-16 所示。

④ 过落裆线的右端向右 9.8cm（臀围/10+0.6）画一水平线，线的右端点为 P 点；选中【等份规】工具 ，将线段 C1P 二等分；选中【智能笔】工具 ，过横裆线 C1P 的中点作上平线的垂线，再作脚口线的垂线，垂线分别与中裆线和脚口线交于 Q 点、R 点，后片挺缝线画出。

⑤ 鼠标左键框选中裆线和脚口线的左端，再单击后片挺缝线，右键单击，将中裆线和脚口线的左端分别在 Q 点、R 点位置切齐；然后过 Q 点、R 点向左分别画水平线段，长度为 12.25（脚口/4+1）、

12.75（脚口/4+1+0.5），线段的左端点为 Q1、R1；选中【橡皮擦】工具 ✐，将被切断的中裆线和脚口线的右段删除；选中【对称粘贴/移动】工具 ⚠，挺缝线为对称线，将中裆线和脚口线左右对称，对称线的右端点分别为 Q2、R2。

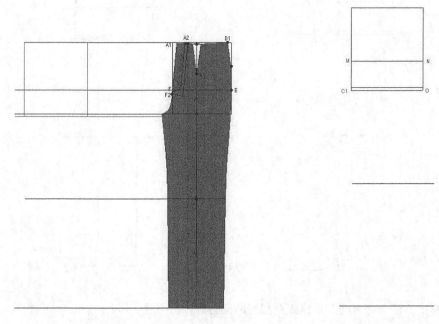

图 6-15　　　　　　　　　　　　　　　　　　图 6-16

⑥ 选中【延长曲线端点】工具 ✍，将上平线的左端延长 0.5cm，作后片的困势，端点为 L1；选中【不相交等距线】工具 〜，向上 2.5cm 作上平线的平行线为后腰起翘线；选中【圆规】工具 🅰，指示 L1 点为圆心，然后单击后腰起翘线，在【长度】输入框中输入线的长度"20.5"cm（W/4+1+2.5），画出后腰直线。以上操作如图 6-17 所示。

⑦ 选中【智能笔】工具 ✍，将 S 点、N 点，Q1 点、R1 点，Q2 点、R2 点分别用直线连接；将 S 点、L1 点，L1 点、M 点、Q1 点，N 点、P 点，P 点、Q2 点分别用曲线连接，选中【调整】工具 ↖，将曲线 S L1、L1 M Q1、N P、P Q2 调成平滑圆顺的曲线。

⑧ 选中【橡皮擦】工具 ✐，将后腰直线删除，选中【等份规】工具 ⌐，将后腰直线 L1S 二等分；选中【圆规】工具 🅰，等分中点向侧缝方向 1cm 再找一点，选中【智能笔】工具 ✍，过该点，长度 11cm，画出后片的省中线，后片样板结构画出，如图 6-18 所示。

⑨ 选中【点】工具 ·，前后外侧缝线腰点向下 3cm 各找一点 D2、L2；选中【传统设计工具栏】中的【移动旋转/粘贴】工具 🖉，鼠标依次单击对应起点 L1、D1 和对应终点 L2、D2，如图 6-19（1）所示；再单击需要作移动的线条——后腰曲线 L1S，右键单击，曲线拼合，如图 6-19（2）所示。

⑩ 选中【调整】工具 ↖，将被复制的后腰曲线调圆顺，如图 6-19（3）所示；选中【橡皮擦】工具 ✐，将原来的后腰曲线 L1S 删除，如图 6-19（4）所示；选中【移动旋转/粘贴】工具 🖉，鼠标依次单击对应起点 D1、L1 和对应终点 D2、L2，再单击需要作移动的线条——被复制并修改的后腰曲线，右键单击，曲线回到原来位置，如图 6-19（5）所示；选中【橡皮擦】工具 ✐，将旋转/粘贴的后腰曲线删除，如图 6-19（6）所示，腰线在侧缝部位的拼合、圆顺修改完成。

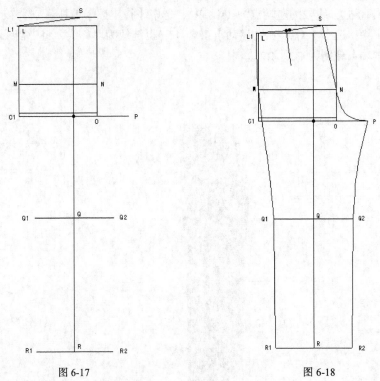

图 6-17　　　　　　　　　　　图 6-18

⑪ 同样的方法，完成前、后浪线在裆底部位的拼合、圆顺。

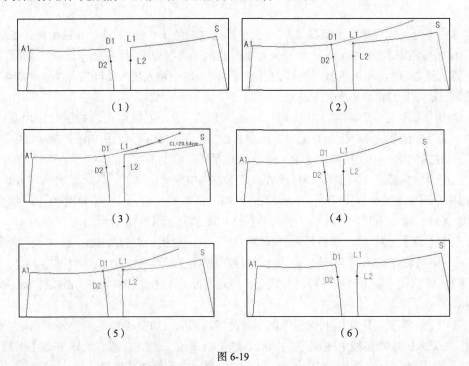

图 6-19

⑫ 选中【剪刀】工具，生成后片样板，如图 6-20 所示。选中【衣片辅助线】工具，生成样板内部的辅助线；选中【双向尖省】工具，省大 2.5cm 生成后片腰省，后片打板完成，具体如图 6-21 所示。

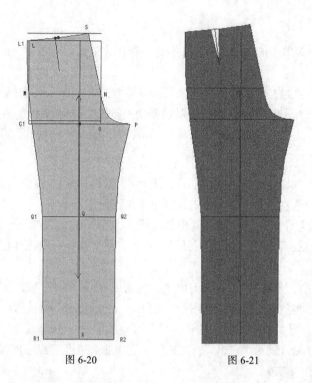

图 6-20　　　　　　　　图 6-21

（4）腰头打板。

① 选中【矩形】工具 ▦，以长 75cm、宽 3cm（腰头宽=3，腰围+7=75）画一个长方形；选中【不相交等距线】工具 ≈，距离分别为 3cm 和 4cm，画出腰头与前中的对位线；选中【延长曲线端点】工具 ↶，将腰头的左、右线在上端缩短 1cm；选中【智能笔】工具 ✍，画出尖头。选中【橡皮擦】工具 ✐，将尖头端的水平线段删除；选中【对称粘贴/移动】工具 ⬚，将腰头左右对称展开。

② 选中【剪刀】工具 ✂，生成腰头样板；选中【衣片辅助线】工具 ▯，增加样板内部的辅助线，后片样板如图 6-22 所示。

（5）裤襻打板。

选中【矩形】工具 ▦，以长 30cm、宽 3cm 绘制一个矩形，裤襻样板画出。

至此，直筒裤自由设计法打板的全过程结束，最终效果如图 6-23 所示。

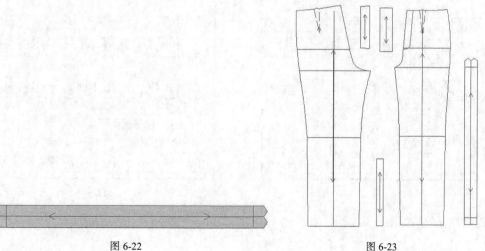

图 6-22　　　　　　　　　图 6-23

4．样板编辑

（1）选中【纸样】菜单中的【款式资料】命令，弹出【款式信息框】对话框，在对话框中进行款式资料的编辑。

（2）鼠标移到【衣片列表框】的样板上单击，将样板选中，然后选择【纸样】菜单中的【纸样资料】命令，弹出【纸样资料】对话框，在对话框中进行纸样资料的编辑。

（3）选中【纸样工具栏】中的【钻孔/纽扣】工具 ⊙，完成各样板的钻孔。

5．放缝

（1）单击【放码工具栏】中的【加缝份】工具 ，鼠标移到右工作区任意样板的轮廓点上，出现红色的正方形选中框"口"后左键单击，弹出【加缝份】对话框。

（2）在【起点缝份量】输入框中输入缝份值"1"，然后单击"工作区全部纸样统一加缝份"按钮，弹出【富怡设计与放码 CAD 系统】对话框，单击"是"按钮，右工作区的所有样板统一加上1cm 的缝份。

（3）鼠标移到前片右下角的轮廓点上，出现红色的正方形选中框"口"后按下左键不松开，拖动到左下角的轮廓点上再放开，弹出【加缝份】对话框。在【起点缝份量】输入框中输入缝份值"3"，并选择"拐角类型 1"，再单击"确定"按钮，前片脚口的缝份由 1cm 改为 3cm；同样的方法完成后片脚口缝份的修改；输入缝份值"0.5"，完成门、里襟底边以及门襟右侧缝份的修改；输入缝份值"0"，完成裤衩缝份的修改。

（4）鼠标移到后片的后腰点上，出现红色的正方形选中框"口"后按下左键不松开，拖动到臀围线的右端点上再放开，弹出【加缝份】对话框。在【起点缝份量】输入框中输入缝份值"2.5"，并选择"拐角类型 1"，将【终点缝份量】复选框勾选，输入缝份值"1.5"，并选择"拐角类型 0"，具体如图 6-24 所示，再单击"确定"按钮，完成后片大档斜线缝份量的修改，放缝效果如图 6-26所示。

（5）鼠标移到臀围线的右端点上，出现红色的正方形选中框"口"后按下左键不松开，拖动到横档线的右端点上再放开，弹出【加缝份】对话框。在【起点缝份量】输入框中输入缝份值"1.5"，并选择"拐角类型 0"，将【终点缝份量】复选框勾选，输入缝份值"1"，并选择"拐角类型 0"，具体如图 6-25 所示，再单击"确定"按钮，完成后片大档弯线缝份量的修改，放缝效果如图 6-27所示。

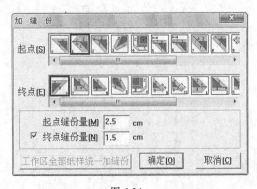

图 6-24　　　　　　　　　　　　　　　　图 6-25

最终加缝效果如图 6-28 所示。

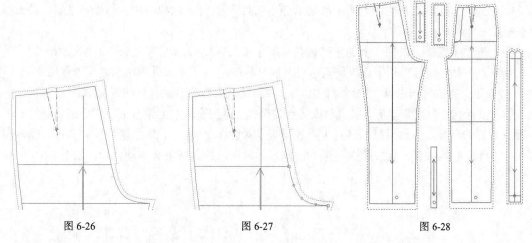

图 6-26　　　　　　　　　　　图 6-27　　　　　　　　　　　图 6-28

6. 打剪口

（1）单击选中【纸样工具栏】中的【剪口】工具，鼠标移到前片左下角的轮廓点上，出现红色的正方形选中框"□"后左键单击，剪口打好，同时弹出【剪口编辑】对话框。同样的方法将前片的左侧中裆点、前中臀围点，后片的左下角轮廓点、左侧中裆点和左侧臀围点的剪口打好。

（2）鼠标移到前片右下角的轮廓点上，出现红色的正方形选中框"□"后左键单击，剪口打出，同时弹出【剪口编辑】对话框，在对话框中将【剪口角度】选择改为"后"。同样的方法将前片的右侧中裆点、右侧臀围点，后片的右下角轮廓点、右侧中裆点、右侧臀围点和后腰中点的剪口打好。

（3）先将腰头在前中对位线位置的剪口打好，然后按照图 6-29 所示的剪口设置，将腰头上其他对应部位的剪口打好，单击"关闭"按钮即可。

图 6-29

7. 保存

鼠标单击【快捷工具栏】中的【保存】按钮，在弹出的【另存为】对话框中选择文件保存的目标文件夹，输入文件名，单击"保存"按钮即可。

6.1.2　推板

考虑到提高推板的效率，这里采用单方向放码的方式来实施这一任务。

在富怡服装 CAD 设计与放码系统中，直筒裤的打板过程全部结束后，按下键盘上的 Ctrl+F12 组合键，将【衣片列表框】中的所有样板全部放入右工作区，以备推板。

1. 单 Y 方向放码

（1）鼠标单击【快捷工具栏】上的【点放码表】按钮，将【点放码表】对话框打开。

（2）选中【放码工具栏】上的【移动纸样】工具 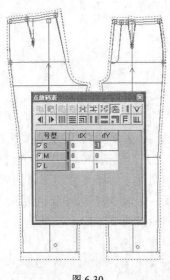，将前片和后片、门襟和里襟、腰头与裤衩摆放在一起。

（3）选中【纸样工具栏】上的【选择与修改】工具 ，鼠标从左上到右下框选前、后片腰线上的所有点，然后鼠标移到【点放码表】对话框 S 码的【dY】输入框内单击，输入数值"–1"，再单击▤按钮，完成框选点纵向放码量的输入，放码结果会自动显示，如图 6-30 所示。

（4）鼠标在空白位置单击，取消对放码点的选择。再按照从左上到右下方式框选前后片臀围线上及其附近的所有点，然后鼠标移到【点放码表】对话框 S 码的【dY】输入框内单击，输入数值"–0.3"，再单击▤按钮，完成框选点纵向放码量的输入，放码结果会自动显示，如图 6-31 所示。

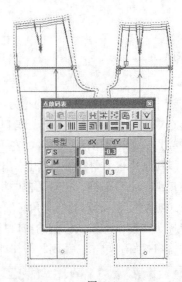

图 6-30

图 6-31

（5）鼠标在空白位置单击，取消对放码点的选择。再按照从左上到右下方式框选前后片中裆线上的所有点，然后鼠标移到【点放码表】对话框 S 码的【dY】输入框内单击，输入数值"0.85"，再单击▤按钮，完成框选点纵向放码量的输入，放码结果会自动显示。

（6）同样的方法，在【点放码表】对话框 S 码的【dY】输入框内输入数值"2"，完成脚口点纵向放码量的输入，放码结果会自动显示。

（7）鼠标在空白位置单击，取消对放码点的选择。再按照从左上到右下方式框选门、里襟片上端的所有点，在【点放码表】对话框 S 码的【dY】输入框内输入数值"–0.7"，完成框选点纵向放码量的输入，放码结果会自动显示。

（8）同样的方法，在【点放码表】对话框 S 码的【dY】输入框内输入数值"–4"，完成腰头上端各点纵向放码量的输入，放码结果会自动显示。腰头上各对位剪口的位置在打板过程中的打剪口阶段已经设置好，这里不需要再做处理。

（9）鼠标在后片省尖点上单击，在【点放码表】对话框 S 码的【dY】输入框内输入数值"–0.7"，完成该点纵向放码量的输入；同样的方法，同样的放码量，完成前片省尖点纵向放码量的输入，放码结果会自动显示。所有样板纵向放码量的输入完成。

2．单 X 方向放码

（1）鼠标从左上到右下框选前后片中裆和脚口线上右侧的所有点，然后鼠标移到【点放码表】对话框 S 码的【dX】输入框内单击，输入数值"–0.5"，再单击▥按钮，完成框选点横向放码量的输入，放码结果会自动显示，如图 6-32 所示。

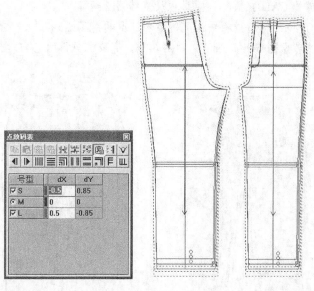

图 6-32

（2）取消对框选点的选择，鼠标从左上到右下框选前后片中裆和脚口线上左侧的所有点，然后鼠标移到【点放码表】对话框 S 码的【dX】输入框内单击，输入数值"0.5"，再单击Ⅲ按钮，完成框选点横向放码量的输入，放码结果会自动显示。

（3）取消对框选点的选择，鼠标从左上到右下框选前片腰线、臀围线和横裆线右侧点，在 S 码的【dX】输入框内输入数值"–0.6"，完成框选点横向放码量的输入，放码结果会自动显示。

（4）类似的方法，参照图 6-5，完成前后片其他各点横向放码量的输入，直筒裤最终放码结果如图 6-33 所示。

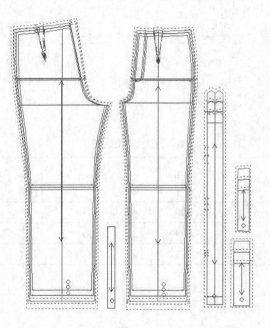

图 6-33

巩固练习：

练习 1：将直筒裤的 CAD 打板与推板过程反复练习 2 遍。

练习 2：将本节 CAD 打板与推板中用到的各种工具再练习 1 遍。

练习 3：试一试，参照图 6-34、表 6-2 和图 6-35，完成喇叭裤的 CAD 打板与推板全过程。

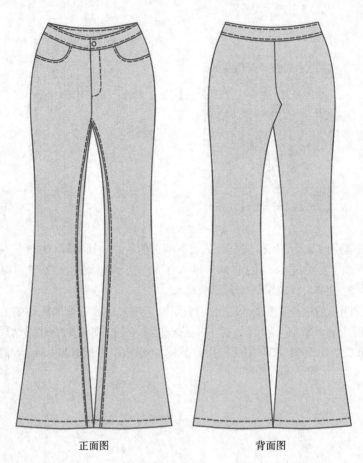

正面图　　　　　　　　　　背面图

图 6-34

表 6-2		喇叭裤的制图规格			单位：cm
部位 号型	裤长	腰围	臀围	裆深	脚口
160/68A	101	70	92	23	50
165/72A	104	74	96	23.75	52
170/76A	107	78	100	24.5	54

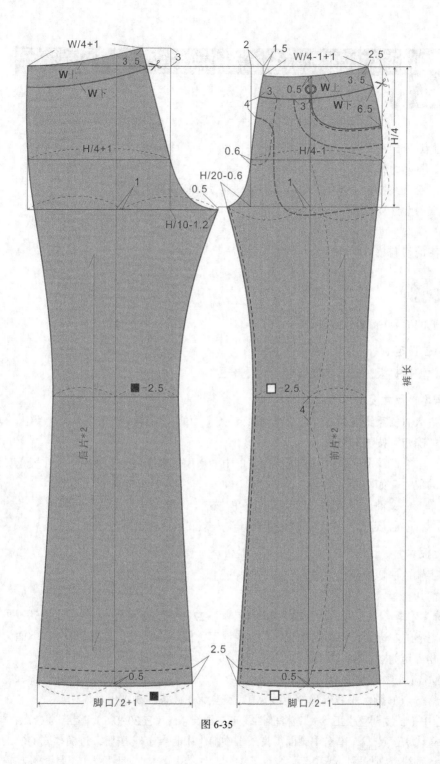

图 6-35

6.2 NAC2000 服装 CAD 系统中的打板与推板

✎ **重点、难点:**

- 门、里襟的打板。
- 前、后浪线在裆底部位的拼合、圆顺;腰线在侧缝部位的拼合、圆顺。
- 后浪的加缝处理。
- 省口、腰头、臀围处打刀口。
- 腰头的切割放码。

6.2.1 打板

直筒裤的 CAD 打板过程如下。

1. 单位设定

参考原型裙打板,完成单位设定,不再赘述。

2. 号型、尺寸设定

(1)进入打板系统,鼠标单击【画面工具条】中的【新建文件】工具 □,弹出【Apat】对话框,单击"确定"按钮即可。

(2)单击【查看】菜单栏,选择下拉菜单中的【尺寸表】命令,弹出【尺寸表】对话框,输入打板所需的尺寸,如图 6-36 所示。

(3)单击【文件】菜单栏,选择下拉菜单中的【保存尺寸表】命令,弹出【另存为】对话框,选择文件保存的文件夹,输入文件名后保存即可。

名称	尺寸
裤长	100
腰围	68
臀围	92
裆深	26
脚口	45

图 6-36

3. 打板

将文字输入法切换到英文输入状态,开始打板。

(1)前片打板。

① 选中【矩形】工具 □,在输入框中输入"x22y-26"(H/4-1=22,裆深=26),回车,绘制一个矩形。矩形的左边线设定为前裆线,右边线设定为侧缝直线,上面为上平线,下面为横裆线,矩形的 4 个角点定为 A、B、C、D。

② 选中【记号】菜单中的【等分线标】命令,将线段 CD 三等分;选中【水平线】工具 □,过第一个等分点 E 画水平线到前裆直线 AB,交点为 F,臀围线画出。

③ 选中【长度调整】工具 ◢,将横裆线向左延长 4cm(H/20-0.6),端点为 G 点,画出小裆宽;选中【垂直线】工具 □,单击【画面工具条】中的【中心点】┼ 按钮,过横裆线 GC 的中点作上平线的垂线,垂线分别与臀围线和上平线交于 H 点、I 点;选中【剪切线】工具 ◢,在输入框中输入"97"(裤长-3),回车,指示垂线的上端为固定端,右键单击,前裤片挺缝线画出,线的下端点为 J。

④ 选中【等分线标】命令,将 H 点、J 点两点之间等分,找到中裆点 K。

⑤ 选中【水平线】工具 □,第一点定在 J 点,在输入框中输入"-10.25"(脚口/4-1),回车,脚口线的左半边画出,左端点为 J1;同样的方法,以 10.75cm(脚口/4-1+0.5)的量定出中裆的左

半边，左端点为 K1；选中【垂直反转复写】工具 ▥，挺缝线为对称线，将脚口线和中裆线左右对称，对称线的右端点分别为 J2、K2；选中【长度调整】工具 ◹，将上平线 AD 在右端缩短 1.5cm，找到端点 D1；选中【垂直线】工具 ▮，水平距 A 点 1.5 cm，竖直向下 0.3 cm 画一线段，线段的下端点为 A1。以上操作如图 6-37 所示。

⑥ 选中【两点线】工具 ◹，将 A1 点、F 点，K1 点、J1 点，K2 点、J2 点分别用直线连接；选中【曲线】工具 〜，将 F 点、G 点，G 点、K1 点，K2 点、E 点，D1 点，D1 点、A1 点分别用曲线连接；选中【点列修正】工具 ◟，将曲线 FG、GK1、K2ED1、D1A1 调成平滑圆顺的曲线，前片样板生成，如图 6-38 所示。

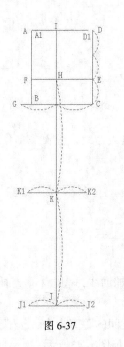

图 6-37

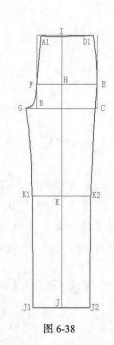

图 6-38

⑦ 选中【删除】工具 ✐，将不要的辅助线删除；选中【单侧修正】工具 ⯐，将挺缝线在腰线位置切齐；选中【剪切线】工具 ◹，在输入框中输入 "11"（省长），回车，指示挺缝线的上端为固定端，右键单击，挺缝线缩短。

⑧ 选中【省道】工具 ▥，缩短的挺缝线为省中线，省大 3cm，将前省打开，选择【纸样】菜单中的【省的圆顺】命令，圆顺腰线；再选中【省折线】工具 ▥，闭合省口。

⑨ 选中【间隔平行线】工具 ◹，向右 3cm 作门襟斜线 A1F 的平行线；选中【单侧修正】工具 ⯐，将该线切齐到腰线，端点为 A2；选中【长度调整】工具 ◹，将该线的下端缩短 2cm；选中【曲线】工具 〜，第一点定在该线的下端，空白位置单击再定两点，在输入框中输入 "0.6"，回车，鼠标单击前裆弯线 FG 的上端，找到 F1 点，然后用【点列修正】工具 ◟ 将曲线调圆顺，门襟压线画好，前片打板完成，如图 6-39 所示。

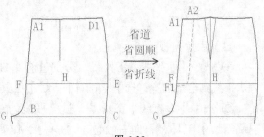

图 6-39

（2）门、里襟打板。

① 选中【间隔平行线】工具 ◹，向右 1.2cm

作门襟压线 A2F1 上段线的平行线；选中【两点线】工具，在输入框中输入"1.6"，回车，鼠标单击前裆弯线 FG 的上端，找到 F2 点，空白合适位置单击再定一点，画一条短线；选中【单侧修正】工具，将该线上端切齐到腰线；选中【连接角】工具，分别框选刚画出的两线段的就近端，门襟样板画出；选中【纸样工具条】中的【形状取出】工具，从前片中提取出门襟样板，如图 6-40 所示。

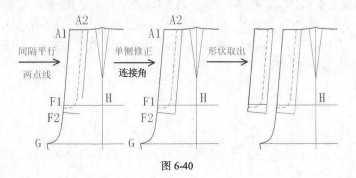

图 6-40

 教师指导：

【形状取出】是一个非常有用的工具，常用于门襟、贴边、挂面等部位的提取，其操作方法如下：

❶ 包围被剪开的要素：[领域上]，右键单击；

❷ 指示剪开线：[要素]，右键单击；

❸ 指示移动侧：[任意点]；

❹ 输入移开的量 dx/dy [端点]：dx−7，回车。

具体过程如图 6-41 所示。

② 选中【删除】工具，删除门襟样板上多余的辅助线；选中【垂直补正】工具，将门襟调成竖直摆放。

③ 选中【端点距离】工具，测出 A1、F2 两点之间的距离为 18.7cm；选中【矩形】工具，在输入框中输入"x6y−19.7"，回车，里襟样板画出，如图 6-42 所示。

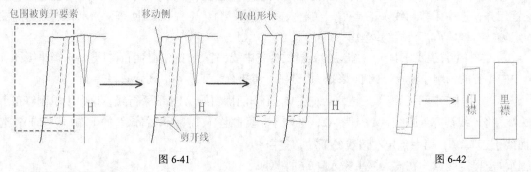

图 6-41   图 6-42

（3）后片打板。

① 选中【水平线】工具，分别过前片的上平线、臀围线、横裆线、中裆线、脚口线的左端点画水平线到合适位置；选中【间隔平行线】工具，横裆线向下 1 cm 作平行线，定出后片的落裆线。

② 选中【垂直线】工具，过上平线的左端点画竖直线到落裆线为后片侧缝直线；选中【间隔平行线】工具，向右 24cm（H/4+1）作侧缝直线的平行线为后裆直线；选中【两侧修正】工具，指示侧缝直线和后裆直线为两条切断线，将上平线、臀围线、横裆线、落裆线切齐。切齐

后的臀围线的左右端点为 M 点和 N 点，落裆线的左右端点为 C1 点和 O 点。

③ 选中【长度调整】工具，将落裆线的右端延长 9.8cm，端点为 P 点；选中【垂直线】工具，单击【画面工具条】中的【中心点】按钮，过横裆线 C1P 的中点作上平线的垂线，再作脚口线的垂线，垂线分别与中裆线和脚口线交于 Q 点、R 点，后片挺缝线画出。

④ 选中【单侧修正】工具，将中裆线和脚口线的左端分别在 Q 点、R 点位置切齐，选中【水平线】工具，过 Q 点、R 点向左分别画水平线段，长度为 12.25（脚口/4+1）、12.75（脚口/4+1+0.5），线段的左端点为 Q1、R1；选中【删除】工具，将被切断的中裆线和脚口线的右段删除；选中【垂直反转复写】工具，挺缝线为对称线，将中裆线和脚口线左右对称，对称线的右端点分别为 Q2、R2。

⑤ 选中【长度调整】工具，将上平线的左端延长 0.5cm，作后片的困势，端点为 L1；选中【间隔平行线】工具，向上 2.5cm 作上平线的平行线为后腰起翘线；选中【长度线】工具，指示 L1 点为长度线的起点，指示后腰起翘线为投影要素，在输入框中输入线的长度"20.5"（W/4+1+2.5），回车，后腰直线画出。以上操作如图 6-43 所示。

⑥ 选中【两点线】工具，将 S 点、N 点，Q1 点、R1 点，Q2 点、R2 点分别用直线连接；选中【曲线】工具，将 S 点、L1 点，L1 点、M 点，Q1 点，N 点、P 点，P 点、Q2 点分别用曲线连接；选中【点列修正】工具，将曲线 S L1、L1 M Q1、N P、P Q2 调成平滑圆顺的曲线；选中【删除】工具，将后腰直线删除。后片样板生成，如图 6-44 所示。

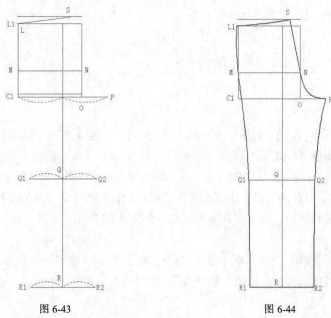

图 6-43   图 6-44

⑦ 选中【垂线】工具，单击后腰口线指示为垂直基准要素，在输入框中输入垂线的长度"11"，回车，鼠标在【画面工具条】上的【中心点】按钮上单击，在输入框中输入数值"1"，回车，再单击后腰口线侧缝一端，指示垂线的通过点，然后在后腰口线的下方单击指示垂线的延伸方向，省中线画出。

☞ 教师指导：

在 NAC2000 服装 CAD 系统中，只有线段，没有点，只提供线的端点、中心点、交点、任意点、比例点和区域内任意点 6 种点的捕捉方式。软件默认的捕捉点是线的端点。其点的示意图如图 6-45 所示。

假设作一条水平线段的垂线，先选中【画面工具条】中的【垂直线】工具，鼠标在水平线段上单击：

- 如果单击在线段左端点与中心点之间，选中的是左端点；
- 如果单击在线段右端点与中心点之间，选中的是右端点；

图 6-45

- 如果要选中线内距左端点 2cm 的 B 点，要先在输入框中输入数值"2"，再鼠标单击线段左端点与中心点之间即可；
- 如果要选中线内距右端点 2cm 的 F 点，要先在输入框中输入数值"2"，再鼠标单击线段右端点与中心点之间即可；
- 如果要选中线外距左端点 2cm 的 A 点，要先在输入框中输入数值"-2"，再鼠标单击线段左端点与中心点之间即可；
- 如果要选中线内距中心点 2cm 的 C 点，要先选中【画面工具条】中的中心点 ⊥ 按钮，然后在输入框中输入数值"2"，再鼠标单击线段左端点与中心点之间即可；
- 如果要选中线内距中心点 2cm 的 D 点，要先选中【画面工具条】中的中心点 ⊥ 按钮，然后在输入框中输入数值"2"，再鼠标单击线段右端点与中心点之间即可。

⑧ 选中【省道】工具 Ⅶ，省大 2.5cm，将后腰省打开；选中【纸样】菜单中的【省的圆顺】命令，圆顺腰线；再选中【省折线】工具 Ⅶ，闭合省口，后片样板完成。以上操作如图 6-46 所示。

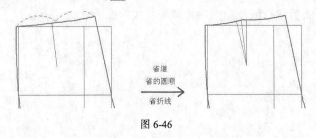

图 6-46

（4）腰头打板。

① 选中【矩形】工具 ☐，在输入框中输入"x3y-75"（腰头宽=3，腰围+7=75），回车，绘制一个矩形；选中【间隔平行线】工具 ☒，距离分别为 3cm 和 4cm，画出腰头与前中的对位线；选中【长度调整】工具 ☒，将腰头的左、右线在上端缩短 1cm；选中【两点线】工具 ☒，画出尖头。

② 选中【删除】工具 ✍，将尖头端的水平线段删除；选中【垂直反转复写】工具 ▥，将腰头左右对称展开，考虑到版面，这里将其水平摆放，如图 6-47 所示。

（5）裤袢打板。

选中【矩形】工具 ☐，在输入框中输入"x3y-30"，回车，绘制一个矩形，裤袢样板画出。

至此，直筒裤打板的全过程结束，最终效果如图 6-48 所示。

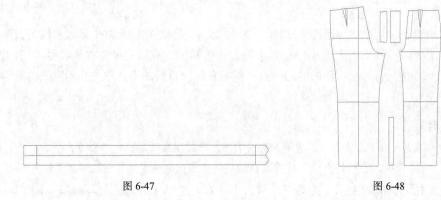

图 6-47   图 6-48

4．样板编辑

（1）设定纱向。

① 选中【纸样工具条】中的【平行纱向】工具 ⦀，鼠标在前片样板的内部合适位置单击定第一点为纱向的开始点，移动鼠标到一定距离位置再单击定第二点为纱向的终了点，然后单击前中线为平行的基准线，纱向线画出。

② 同样的方法画出其他样板的纱向线。

（2）编写样板名。

① 选中【纸样工具条】中的【输入文字】工具 Ａ，在输入框中输入文字"前片*2"，回车，鼠标移到前片纱向线中间左方位置单击，再右键单击，完成前片样板名的输入。

② 同样的方法完成其他衣片板名的输入。

（3）设定钻孔。

① 打开【记号】菜单，选择下拉菜单中【点记号】下的【打孔】命令，在输入框中输入孔的半径"0.3"，回车，鼠标依次在各样板的合适位置单击，指定打孔中心点，定出穿挂样板的孔位。

② 在输入框中输入数值"1"，鼠标单击省中线的省尖一端，定出省尖的孔位。

③ 右键单击结束。

5．放缝

（1）选中【纸样工具条】中的【外周检查】工具 ⬚，鼠标依次框选每一块样板，查看样板外周是否封闭。如果样板外周封闭，则左下角有红色菱形标记；如果样板外周不封闭，则样板的某一端点位置会出现红色的"+"形标记，此时要检查样板，查看问题所在，并进行修改，直到外周检查时，样板左下角出现红色菱形标记为止。

（2）选中【缝边】菜单中的【完全自动缝边】命令，在输入框中输入缝边宽度"1"，回车，所有样板被统一加上 1cm 的缝边。

（3）单击【再表示】按钮 ⬚，刷新画面。

（4）选择【缝边】菜单中的【宽度变更】命令，在输入框中输入缝边宽度"3"，回车，鼠标依次单击前、后片的脚口线，缝边宽度改变，右键单击结束。单击【再表示】按钮 ⬚，刷新画面。

（5）按照与步骤（4）同样的方法，输入缝边宽度"0.5"，完成门、里襟部分缝份的变更；输入缝边宽度"0"，完成裤衩缝份的变更。

（6）选择【缝边】菜单中的【宽度变更】命令，在输入框中输入缝边宽度"2.5/1.5"，回车，鼠标单击后片大裆斜线的上端，再单击【再表示】按钮 ⬚，完成该部分线段缝份的修改；同样的方法，输入缝边宽度"1.5/1"，鼠标单击后片大裆弯线的上端，完成该部分线段缝份的修改。

（7）鼠标单击【纸样工具条】中的【角变更】工具 ⬚，弹出【缝边角类型】对话框，选择【反转角】形式，再单击"确定"按钮，鼠标依次单击前、后片脚口线的左端与右端、后片大裆斜线的上端，再单击【再表示】按钮 ⬚，刷新画面，边角处理完成。放缝最终效果如图 6-49 所示。

6．打剪口

（1）选中【纸样工具条】上的【对刀】工具 ⬚，鼠标单击后片左侧侧缝直线的下端，右键单击，然后移到样板内部左键单击指示出头方向，弹出【对刀处理】对话框。

（2）在对话框的左侧选择一种刀口类型，在【刀口 1】输入框中输入数值"0"，单击"再计算"按钮，再单击"确定"按钮，左侧缝线下端位置的刀口画出。【对刀处理】对话框设置如图 6-50 所示。

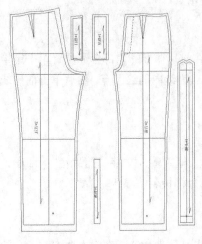

图 6-49   图 6-50

（3）按照与步骤（2）同样的方法画出前、后片相应部位的刀口。

（4）选中【水平线】工具 ，过前片臀围线的右端点向右画一段水平线；打开【记号】菜单，选择下拉菜单中【刀口】下的【刀口指定】命令，鼠标在刚画出的线段的右端单击，然后在前片的样板内再单击，弹出【对刀处理】对话框，单击"再计算"按钮，再单击"确定"按钮，刀口画出。

（5）按照与步骤（4）同样的方法画出后片臀围线右侧的刀口。

（6）选中【对刀】工具 ，【对刀处理】对话框中的设置如图 6-51 所示，画出腰头的刀口。

（7）直筒裤最终对刀效果如图 6-52 所示。

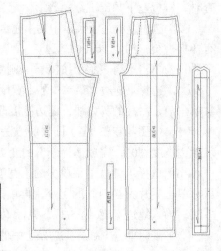

图 6-51   图 6-52

7. 保存

鼠标单击【画面工具条】中的【保存】工具 ，在弹出的【另存为】对话框中选择文件保存的目标文件夹，输入文件名，单击"保存"按钮即可。

6.2.2 推板

直筒裤打板全部结束后，在打板系统中选中【文件】菜单中的【返回推板】命令，进入推板系统，打板系统中保存的样板会自动排列在推板系统的【衣片选择框】中。

鼠标单击【衣片选择框】中的所有样板，将其放入推板工作区，然后单击【工具条】上的【隐藏放码点】工具，将其按起，样板的所有放码点以黑色显示。

1．单 Y 方向放码

（1）选中【固定点】工具，将前片挺缝线与横裆线的交点、后片挺缝线与横裆线的交点设为放码基准点，点变成蓝色。

（2）选中【工具条】上的【单 Y 方向移动点】工具，鼠标左键框选前、后片腰围线上的所有点，右键单击，弹出【放码量输入】对话框。在【移动量】输入框中输入"1"（裆深的档差），回车，或者单击"确定"按钮，前、后片腰围线上的所有点会自动在 Y 方向推放 1cm 的放码量，如图 6-53 所示。鼠标左键框选前、后片省尖点，在【移动量】输入框中输入"0.7"，回车，完成省尖点 Y 方向放码量的输入；同样的方法，在【移动量】输入框中输入"0.3"，完成臀围线上及其附近的所有点的 Y 方向放码量的输入，如图 6-54 所示。

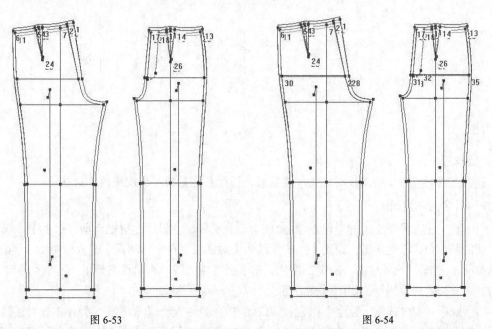

图 6-53　　　　　　　　　　　　　　　　图 6-54

（3）鼠标左键继续框选前、后片中裆线上的所有点，右键单击，在【移动量】输入框中输入"-0.85"，回车，完成中裆线上所有点放码量的输入；同样的方法，在【移动量】输入框中输入"-2"，完成脚口线上所有点的 Y 方向放码量的输入；在【移动量】输入框中输入"0"，完成横裆线上除基准点外的所有点的 Y 方向放码量的输入。

（4）鼠标左键继续框选门、里襟片的上端点，右键单击，在【移动量】输入框中输入"0.7"，回车，完成框选点放码量的输入。

（5）选中【工具条】上的【输入横向切开线】工具，在腰头上输入 4 条横向切开线，如图 6-55（1）所示。

（6）选中【工具条】上的【输入切开量】工具，鼠标一次性框选所有的横向切开线，然后右键单击，弹出【切开放码量输入】对话框。在【切开量 1】输入框中输入"1"，回车，腰头放码完成，如图 6-55（2）所示。

（7）单击【工具条】上的【隐藏放码点】工具 和【隐藏切开线】工具 ，将两个按钮按下，隐藏所有的放码点和放码线，腰头放码结果显示如图 6-55（3）所示。

至此，所有样板 Y 方向放码量的输入完成。

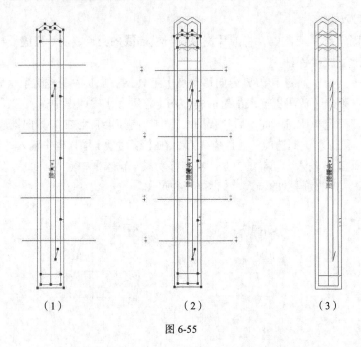

（1）　　　　　　　　　（2）　　　　　　　　　（3）

图 6-55

 操作提示：

腰头上的对位刀口用点放码方式不能推板，因此在这里采用线放码的方式推板。

2. 单 X 方向放码

（1）选中【工具条】上的【单 X 方向移动点】工具 ，鼠标左键框选前、后片中裆线和脚口线右侧的所有点，右键单击，弹出【放码量输入】对话框。在【移动量】输入框中输入 "0.5"（脚口档差/4），回车，或者单击 "确定" 按钮，前、后片中裆线和脚口线右侧的所有点会自动在水平方向推放 0.5cm 的放码量，如图 6-56 所示。

（2）鼠标左键框选前、后片中裆线和脚口线左侧的所有点，右键单击，弹出【放码量输入】对话框。在【移动量】输入框中输入 "–0.5"（脚口档差/4），回车，或者单击 "确定" 按钮，前、后片中裆线和脚口线左侧的所有点会自动在水平方向推放 0.5cm 的放码量。

（3）参照图 6-5，完成前、后片其他各点放码量的输入。直筒裤放码的最终效果如图 6-57 所示。

 巩固练习：

练习 1：将直筒裤的 CAD 打板与推板过程反复练习 2 遍。

练习 2：将本节 CAD 打板与推板中用到的各种工具再练习 1 遍。

练习 3：试一试，参照图 6-34、表 6-2 和图 6-35，完成喇叭裤的 CAD 打板与推板全过程。

小结：

本章详细介绍了直筒裤在富怡服装 CAD 系统中和在 NAC2000 服装 CAD 系统中打板与推板的流程和方法，重点介绍了新工具和新方法，并对两套系统中打板与推板的流程和方法做了深入的对照。

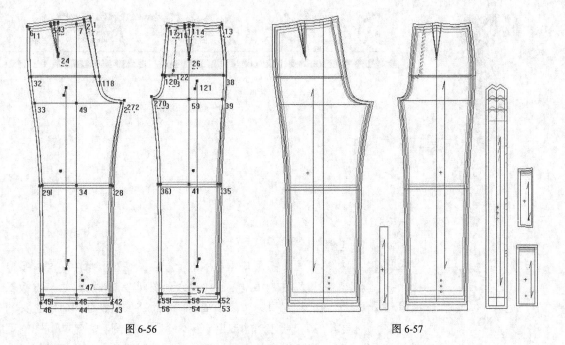

图 6-56　　　　　　　　　　　　　　　　　图 6-57

第

7

章

男衬衫的打板与推板

 学习提示：

本章开始男衬衫 CAD 打板与推板的对比学习。在这一章中，理解纸样结构、熟悉操作流程和工具依然是重点，深入对照两个软件在打板与推板工具应用和操作方式上的异同是关键。本章的基本思路依然是在熟悉旧工具的同时，重点讲解新工具和新方法的应用。另外，为加深对衬衫结构制图的理解，也达到进一步提高软件应用水平的目的，章节后面补充了休闲男衬衫的CAD 打板与推板练习。

男衬衫是男装当中的经典式样,也是男性必不可少的服装之一,一年四季皆可穿用,具有简洁、朴素、端庄、稳重的风格特点。

1.男衬衫的款式概述

男衬衫呈宽松直筒造型,略收腰,平装袖,曲下摆,中尖领,明门襟,钉 6 粒纽扣。左前胸贴袋一只,后片过肩分割,左右各捏裥一个,一片式长袖,袖口开衩,捏两个裥,装圆头袖克夫,袖克夫钉纽扣 2 粒,袖衩钉纽扣 1 粒,具体如图 7-1 所示。

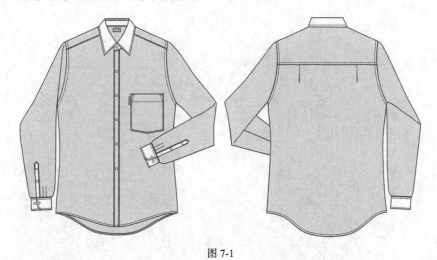

图 7-1

2.男衬衫的号型规格表

男衬衫的打板需要 6 个尺寸,如表 7-1 所示。

表 7-1 男衬衫的号型规格 单位:cm

号型 部位	衣长	领围	胸围	肩宽	背长	袖长
165/84A	73	38	104	46.8	43	57
170/88A	75	39	108	48	44	58.5
175/92A	77	40	112	49.2	45	60
档差	2	1	4	1.2	1	1.5

3.男衬衫的基本纸样结构

男衬衫的大身和领子结构如图 7-2 所示,袖子结构如图 7-3 所示。

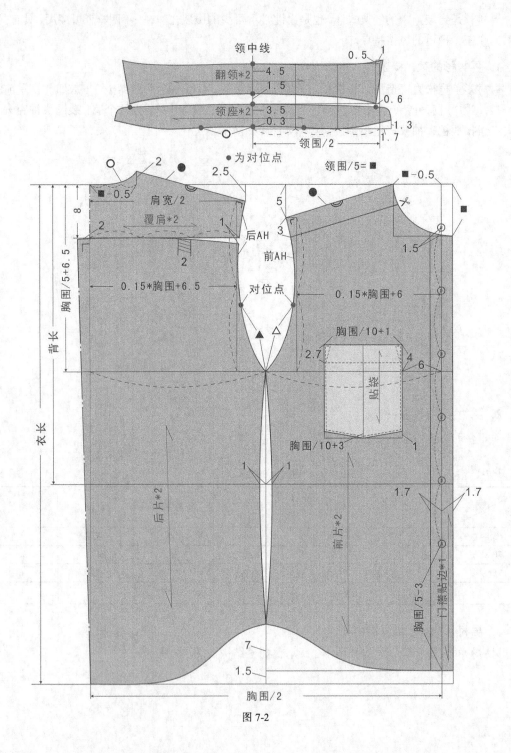

图 7-2

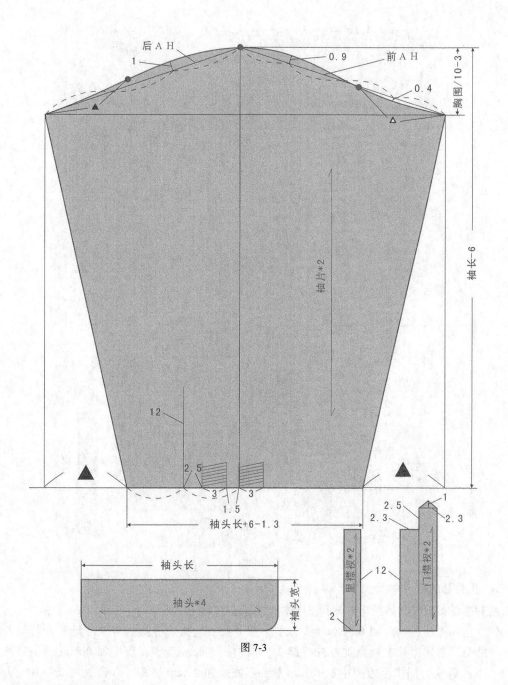

图 7-3

4. 男衬衫的基本样片

男衬衫的基本样片如图 7-4 所示。

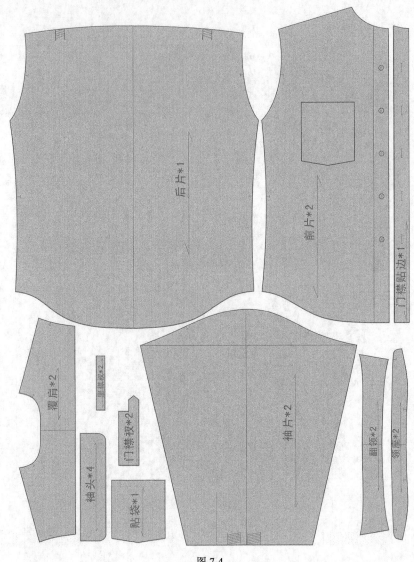

图 7-4

5．男衬衫的裁剪样板

男衬衫的裁剪样板如图 7-5 所示，具体加缝情况如下。

（1）前门襟片在袖窿加 0.5cm 缝头，前中加 0.8cm 缝头，底摆加 0.8cm 缝头，其他各边加 0.7cm 缝头；前里襟片在袖窿加 0.5cm 缝头，前中加 3.2cm 缝头，底摆加 0.8cm 缝头，其他各边加 0.7cm 缝头；门襟贴边前中加 1.2cm 缝头，底摆加 0.8cm 缝头，领窝处加 0.7cm 缝头，折边处加 1cm 缝头。

（2）后片在袖窿加 0.5cm 缝头，侧缝加 1.5cm 缝头，底摆加 0.8cm 缝头，育克缝加 0.7cm 缝头；后育克一周加缝 0.7cm。

（3）袖子的袖山与后袖缝加缝 1.5cm，前袖缝加缝 0.7cm，袖口加缝 1cm；袖克夫装袖处加缝 1.5cm，其他各边加缝 1cm；门襟和里襟袖衩一周加缝 1cm。

（4）翻领与领座底一周加缝 0.7cm，领座面装领处加缝 1cm，其他各边加缝 0.7cm；贴袋袋口处加缝 5.5cm，其他各边 1 cm。

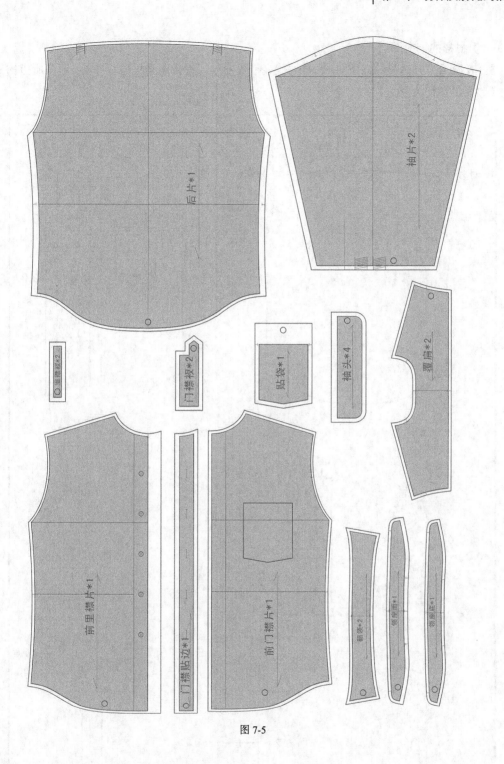

图 7-5

6．男衬衫的推板图

图 7-6 所示为男衬衫的推板图。图中 →代表推板方向，✛代表推板的基准点，箭头所指的是扩大一个号型的放码方向。

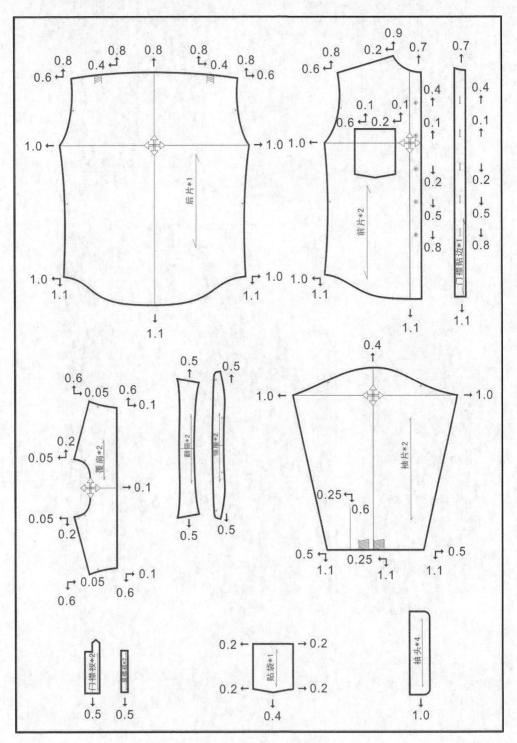

图 7-6

7.1 富怡服装 CAD 系统中的打板与推板

✎　**重点、难点：**

- 后片的纸样处理。
- 后片和袖口的褶位处理。
- 门襟扣眼、里襟纽扣的处理。
- 覆肩打板。
- 放缝与打剪口。

7.1.1　打板

自由设计打板模式下男衬衫的 CAD 打板流程如下。

1．选择打板模式

在富怡服装 CAD 的设计与放码系统中，鼠标单击【快捷工具栏】中的【新建】工具按钮，在弹出的【界面选择】对话框中选择【自由设计（D）】的打板模式，然后单击"确定"按钮，重新建一个自由设计打板模式的工作界面。

2．号型、尺寸设定

（1）选择【号型】菜单中的【号型编辑】命令，弹出【设置号型规格表】对话框，在对话框建立号型规格表，如图 7-7 所示。

（2）鼠标单击"存储"按钮，在弹出的【另存为】对话框中选择文件保存的目标文件夹，输入文件名，单击"保存"按钮将尺寸文件保存。再单击"确定"按钮，将【设置号型规格表】关闭，开始打板。

设置号型规格表	S	m	L	
衣长	73	75	77	
领围	38	39	40	
胸围	104	108	112	
肩宽	46.8	48	49.2	
背长	43	44	45	
袖长	57	58.5	60	

图 7-7

3．打板

（1）绘制基础结构线。

① 选中【矩形】工具，在【水平】输入框中输入数值"55.7"（B/2+1.7），在【垂直】输入框中输入数值"75"（衣长），单击"确认"按钮，绘制一个矩形。矩形的左边线设定为后中线，右边线设定为搭门线，上面为上平线，下面为下平线，矩形的 4 个角点设定为 A、B、C0、D0。选中【不相交等距线】工具，搭门线为基准线，向左 1.7cm 作平行线为前中线，前中线与上平线和下平线分别交于 D 点、C 点；上平线为基准线，向下 28.1cm（B/5+6.5）作平行线为袖窿深线，再向下 44cm（背长）作平行线为腰围线，袖窿深线与后中线和前中线分别交于 E 点、F 点。

② 选中【等份规】工具，将 E、F 两点之间等分，等分中点为 G。

③ 选中【智能笔】工具，过袖窿深线 EF 的中点 G 作下平线的垂线，垂线与腰围线和下平线分别交于 H 点和 I 点，侧缝直线画出；鼠标在袖窿深线 EF 的靠近 E 点一端左键单击，在弹出的【点的位置】的【长度】输入框中输入"22.7"（0.15×B+6.5），回车，在袖窿深线 EF 的左端定第一点为 E1 点，鼠标移到上平线再单击，定第二点为 E2，后背宽线画出。

④ 同样的方法，以袖窿深线的右端点为起点，从袖窿深线画垂直线到上平线，定出前胸宽线，前胸宽线的上下端点为 F2、F1。基础线绘制完成，如图 7-8 所示。

（2）后片打板。

① 选中【智能笔】工具 ✍，以 A 点为起点，向右 7.3cm（N/5－0.5），向上 2cm 画出后领宽线，线段的上端点为 A1；向右 24cm（肩宽/2），向下 2.5cm 画出后落肩线，线段的下端点为 J；过后肩点 J 作后背宽线的垂线，垂点为 J1；选中【等份规】工具 ▣，将后领宽三等分，第一个等分点为 A2 点；再将 J1 点、E1 点两点之间两等分，等分中点为 E3；选中【传统设计工具栏】中的【线上两等距点】工具 ▣，以腰围线与侧缝直线的交点 H 为对称基础点，侧缝直线为对称线，距离 1cm，在腰围线上找两点 H1、H2。

图 7-8

② 选中【智能笔】工具 ✍，在 I 点向上 1.5cm 找一点为 I1 画水平线到搭门线，水平线与前中线分别交于 C1、C2；选中【点】工具 ·，在侧缝直线下端向上 8.5cm 找一点为 I2。

③ 选中【智能笔】工具 ✍，J 点、A1 点直线连接，后肩斜线画出；A1 点、A2 点曲线连接，后领窝曲线部分画出；B 点、I2 点曲线连接，底摆线画出；I2 点、H1 点、G 点曲线连接，侧缝线画出；G 点、E3 点的右上方、J 点曲线连接，袖窿弧线画出；选中【调整】工具 🖑，将画出的曲线调圆顺。以上步骤如图 7-9 所示。

④ 选中【智能笔】工具 ✍，A 点向下 8cm 找一点为 A3 画水平线交于袖窿弧线，后片覆肩线画出，交点为 J2；选中【剪断线】工具 ✂，将袖窿弧线在 J2 点位置切断；选中【延长曲线端点】工具 ✍，被切断的袖窿弧线的下半段在上端缩短 1m，端点为 J3。

⑤ 选中【智能笔】工具 ✍，A3 点向左 2cm 画一水平线段，再将水平线段左端点、B 点直线连接，后中线画出；选中【延长曲线端点】工具 ✍，后中线在上端缩短 0.2cm 找到 A4 点。

⑥ 选中【等份规】工具 ▣，将后片覆肩线三等分；选中【智能笔】工具 ✍，A4 点、覆肩线上第一个等分点、J3 点曲线连接；选中【调整】工具 🖑，将画出的曲线调圆顺。

⑦ 选中【智能笔】工具 ✍，覆肩线上第三个等分点向下 3.5cm 画一竖直线段；选中【不相交等

距线】工具 ≋，向左 2cm 作该线的平行线；选中【智能笔】工具 ✐，将两条竖直线段切齐到曲线 A4J3。

以上操作如图 7-10 所示。

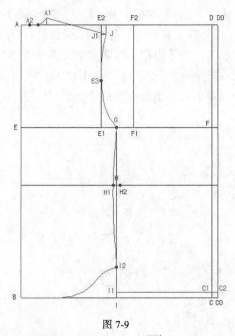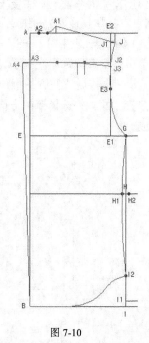

图 7-9　　　　　　　　　　　　　　图 7-10

⑧ 选中【成组粘贴/移动】工具 ▦，将后片与覆肩结构线复制一份；选中【橡皮擦】工具 ✐，将不需要的辅助线删除，如图 7-11（1）所示。

⑨ 选中【旋转粘贴/移动】工具 ▣，左键依次单击选中需要旋转的结构线和点，再右键单击，然后选中 B 点为旋转中心点，移动鼠标到 A4 点上再单击，将该点选择为旋转点，选中的结构线和点以 B 点为旋转中心点自由旋转，如图 7-11（2）所示。

⑩ 鼠标在 A3 点上单击，选中的结构线和点被调成竖直摆放，如图 7-11（3）所示。

⑪ 选中【橡皮擦】工具 ✐，将被旋转粘贴/移动的结构线和点删除；选中【智能笔】工具 ✐，分别过 G 点、H1 点画水平线到后中线，如图 7-11（4）所示。

⑫ 选中【对称粘贴/移动】工具 ◩，以后中线为对称线，将后片结构线左右对称展开。

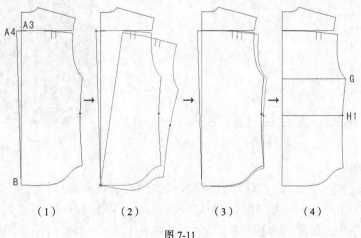

（1）　　　　（2）　　　　（3）　　　　（4）

图 7-11

小贴士：

男衬衫后育克的分割设计主要有 3 种形式，如图 7-12 所示，其对应的结构变化如图 7-13 所示。

⑬ 选中【剪刀】工具 ，生成后片样板；选中【衣片辅助线】工具 ，生成样板内部的辅助线。

⑭ 选中【纸样工具栏】中的【单向刀褶】工具 ，鼠标在后片左侧靠近后中一侧的褶位线的上下两端单击，松开鼠标向左拖动，再单击，在弹出的【刀褶】对话框中设置如图 7-14 所示，单击"确定"按钮，将后片左侧的褶位符号画出；同样的方法，在【刀褶】对话框中的【宽度】输入框内输入褶量"2"，并选择褶的方向为逆时针，将后片右侧的褶位符号画出，如图 7-15 所示，后片打板完成。

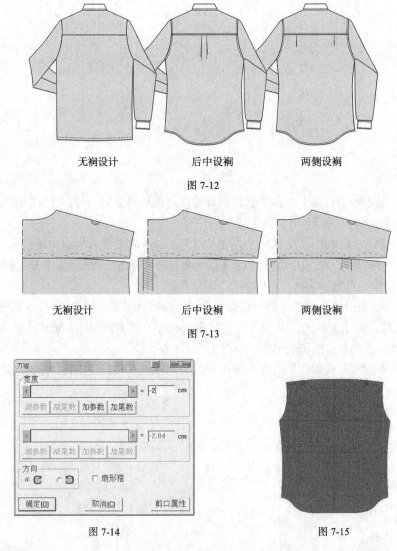

无褶设计　　　　　　后中设褶　　　　　　两侧设褶

图 7-12

无褶设计　　　　　　后中设褶　　　　　　两侧设褶

图 7-13

图 7-14　　　　　　　　　　　　图 7-15

（3）前片打板。

① 选中【智能笔】工具 ，鼠标在上平线的右端单击，在弹出的【点的位置】的【长度】输入框中输入"9"（N/5-0.5+1.7），单击"确认"按钮，在上平线的右端找一点为 D1 点，移动鼠标向下在空白位置单击，在弹出的【长度】输入框中输入"7.8"（N/5），回车，前领宽线画出；过

前领宽线的下端点画水平线与搭门线交于 D2 点，前领深线画出；距前胸宽线的上端点 5cm 定一点为 K1 点，过 K1 点向左画一水平线段为前落肩线。

② 选中【皮尺/测量长度】工具🖉，测出后肩斜线 A1J 的长度为 17.3cm；选中【圆规】工具🅰，鼠标分别在 D1 点和前落肩线上单击，在弹出的【长度】输入框中输入线的长度"17.3"（后肩斜线长），单击"确定"按钮，前肩斜线画出，斜线的左端点为前肩点 K。

③ 选中【等份规】工具⚙，在 K1 点、F1 点两点之间等分，等分中点为 F3。

④ 选中【智能笔】工具✐，D1 点、D2 点曲线连接，前领窝弧线画出；C2 点、C1 点、I2 点曲线连接，底摆线画出；I2 点、H2 点、G 点曲线连接，侧缝线画出；G 点、F3 点的左上方、K 点曲线连接，袖窿弧线画出；选中【调整】工具🖱，将画出的曲线调圆顺。K 点、D1 点、D2 点、C2 点、C1 点、I2 点、H2 点、G 点封闭的区域即为前片样板的基础形。

以上步骤如图 7-16 所示。

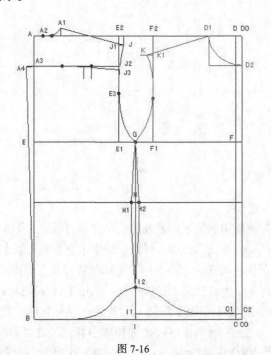

图 7-16

⑤ 选中【成组粘贴/移动】工具🖫，将前后片的结构线复制 1 份。

⑥ 选中【相交等距线】工具🖳，向下 3cm 作前肩斜线的平行线为前过肩线，线的左右端点为 K2、D3；向左 1.7cm 作前中线的平行线为门襟贴边线，线的上下端点为 D4、C3。

⑦ 选中【偏移点】工具🖊，前领窝线与前中线的交点向上 1.5cm 找一点，C1 点向上 18.6cm 再找一点；选中【等份规】工具⚙，两点之间 5 等分，定出前片纽扣的位置。

⑧ 选中【智能笔】工具✐，距前中搭门线 C0D07.7cm，袖窿深线向上 4cm 画一竖直线段，过竖直线段的上端点向左 11.8cm（B/10+1）画水平线，袋口线画出，线的左右端点为 M、L，过袋口线的左端点和中点向下 12.8cm（B/10+2）、13.8 cm（B/10+3）画两条竖直线段，再将两条竖直线段的下端点直线连接；选中【橡皮擦】工具✐，将最初画出的竖直线段删除；选中【对称粘贴/移动】工具🖳，袋中线为对称，将口袋左右对称展开。

⑨ 选中【成组粘贴/移动】工具🖫，将前片的结构线复制 1 份；选中【橡皮擦】工具✐，删除部分结构线。以上操作如图 7-17 所示。

⑩ 选中【对称粘贴/移动】工具◢，以前中搭门线 C0D0 为对称线，将前片的结构线左右对称展开，如图 7-18 所示。

⑪ 选中【剪刀】工具，生成前里襟片样板；选中【衣片辅助线】工具，生成样板内部的辅助点线。

⑫ 选中【纸样工具栏】中的【钻孔/扣位】工具，鼠标在前中线的纽扣位置点上单击，弹出【钮扣/钻孔】对话框。单击"属性"按钮，弹出【属性】对话框，设定操作方式和半径，单击"确定"按钮，回到【钮扣/钻孔】对话框，单击"确定"按钮，画出一个纽扣位置。

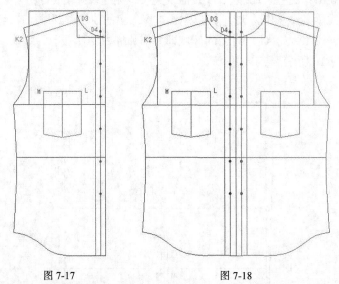

图 7-17　　　　　　　　　　　图 7-18

⑬ 同样的方法画出其他纽扣的位置，完成前里襟片的打板，如图 7-19（1）所示。

⑭ 选中【剪刀】工具，生成前门襟片样板；选中【衣片辅助线】工具，生成样板内部辅助点线，如图 7-19（2）所示；同样的方法，生成前胸贴袋样板，如图 7-19（3）所示。

⑮ 选中【剪刀】工具，生成前门襟贴边样板；选中【衣片辅助线】工具，生成样板内部的辅助点线；选中【纸样工具栏】中的【眼位】工具，鼠标在前中线的纽扣位置点上单击，沿着前中线向上一定位置再单击，右键单击，弹出【加扣眼】对话框，在对话框中将扣眼长度设为"1.4"，扣眼余量设为"0"，起始点纵向偏移量为"−0.7"，如图 7-20 所示，单击"确定"按钮，画出第一个扣眼位；同样的方法画出其他的扣眼位，最终效果如图 7-19（4）所示。

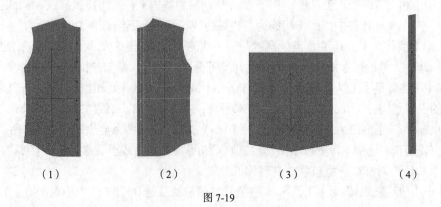

（1）　　　　　　　　（2）　　　　　　　　（3）　　　　　　　（4）

图 7-19

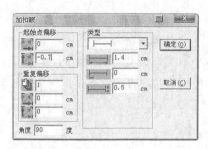

图 7-20

 教师指导：

可以一次性将里襟上的纽扣位或门襟贴边上的扣眼位画好。

1. 里襟上的纽扣位置的画法

（1）先用【皮尺/测量长度】工具测出纽扣位置两点之间的距离为 9.71cm。

（2）选中【钻孔/扣位】工具，鼠标在里襟前中线的最上端纽扣位置点上单击，在弹出的【钮扣/钻孔】对话框中的设置如图 7-21 所示。单击"确定"按钮，所有纽扣画出。

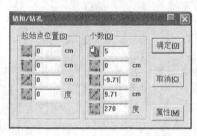

图 7-21

2. 门襟贴边上的扣眼位置的画法

（1）选中【眼位】工具，鼠标在门襟贴边前中线的最上端纽扣位置点上单击，松开鼠标拖动到前中线的最下端纽扣位置点上再单击，线段变红，如图 7-24（1）所示。

（2）然后右键单击，弹出【加扣眼】对话框，在对话框中的设置如图 7-22 所示；单击"确定"按钮，所有扣眼位画出，如图 7-24（2）所示。需要特别提出的一点是，一般扣眼都要设置扣眼余量，所以在图 7-22 中，给了"0.3"的扣眼余量，这个量包含在"1.4"的扣眼总长度当中。系统默认是将扣眼余量位置点定在选择的起始点上，因此，要在【起始点偏移】的【垂直偏移】输入框中输入"0.4"的值（1.4/2－0.3）。当然，如果不设置扣眼余量，则在【起始点偏移】的【垂直偏移】输入框中输入"0.7"的值即可（1.4/2）。

（3）另外，如果要输入与前中线垂直的扣眼，则要按照图 7-23 所示的方式进行设置，角度依情况可选"0"度或"180"度。其结果如图 7-24（3）所示。

图 7-22

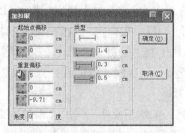

图 7-23

（4）覆肩打板。

① 选中【剪断线】工具，将前袖窿弧线在 K2 点位置、前领窝弧线在 D3 点位置切断。

② 选中【移动旋转/粘贴】工具，将前过肩 KK2D3D1 以 D1K 为对接边，D1 为对接起点第一点、A1 为对接终点第一点，K 为对接起点第二点、J 为对接终点第二点，与后覆肩的 A1J 边对接，如图 7-25 所示。

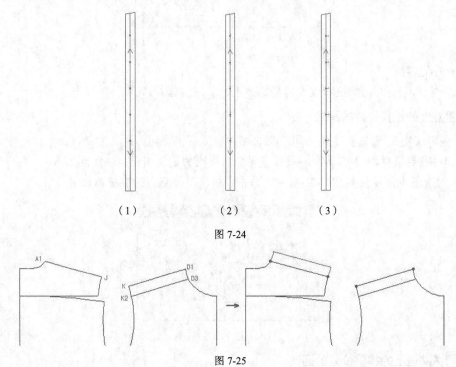

图 7-24

图 7-25

③ 选中【专业设计工具栏】中的【连接】工具，将对接后的覆肩的领窝线和袖窿线连接成一根整线；选中【对称粘贴/移动】工具，以 AA3 为对称中线，将覆肩结构线对称展开。

④ 选中【剪刀】工具，生成覆肩样板；选中【衣片辅助线】工具，生成样板内部的辅助线，覆肩打板完成，如图 7-26 所示。

（5）领子打板。

① 绘制基础线。

❶ 选中【矩形】工具，以长 19.5cm（领围/2=19.5）、宽 3.8cm 画一个的矩形。矩形的左边线设定为后领中线，右边线设定为前领中线，上面为领座上口基础线，下面为领座下口基础线。矩形的 4 个角点设定为 A、B、C、D。

❷ 选中【不相交等距线】工具，向上 1.5cm 作领座上口基础线的平行线，翻领下口基础线画出，线段左右端点为 A1、B1；再以线段 A1B1 为平行基础线，向上 4.5cm 作翻领下口基础线的平行线，翻领上口基础线画出，线段左右端点为 D1、C1；选中【等份规】工具，分别将线段 AB、CD、A1B1、C1D1 三等分；选中【智能笔】工具，将点 A1 与 点 D1、点 B1 与点 C1 以及各等分点直线连接，基础线绘制完成，如图 7-27 所示。

② 领座打板。

❶ 选中【延长曲线端点】工具，以 B 点为起点，将领座下口基础线向右延长 1.7cm 找一点；选中【智能笔】工具，过该点竖直向上 1.3cm 画线段找一点为 G 点，再将 F 点与 G 点直线连接，

画出领翘线。

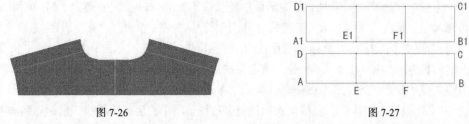

图 7-26　　　　　　　　　　　　　　　　图 7-27

❷ 选中【点】工具 ，距 A 点向上 0.3cm 在后领中线上找一点为 H；选中【智能笔】工具 ，过 H 点向右画一条水平线段，找到 I 点；将 H 点、I 点、F 点、G 点用曲线连接起来，再将 D 点、G 点用曲线连接起来；选中【调整】工具 ，将两条曲线调圆顺，领座脚线与领座上口线画出，如图 7-28 所示。

❸ 选中【智能笔】工具 ，距 C 点 0.6cm 在线段 CD 上找一点 J，并向下画一垂直线段与领座上口线相交；选中【点】工具 ，将交点标出；选中【对称粘贴/移动】工具 ，将领座脚线、领座上口线和交点以后领中线为对称线，左右对称展开，如图 7-29 所示。

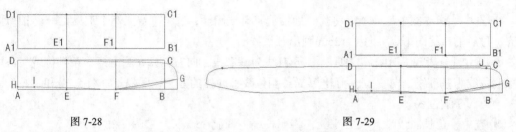

图 7-28　　　　　　　　　　　　　　　　图 7-29

❹ 选中【剪刀】工具 ，生成领座样板；选中【衣片辅助线】工具 ，生成样板内部的辅助点线。

③ 翻领打板。

❶ 选中【智能笔】工具 ，过 J 点画一条竖直线段到翻领上口基础线；选中【延长曲线端点】工具 ，将刚画出的竖直线段向上延长 0.5cm 找一点。

❷ 选中【智能笔】工具 ，过该点水平向右 1cm 画一段线，端点为 K 点；再将 J 点与 K 点直线连接，领嘴画出；将 A1 点、J 点曲线连接，再将 D1 点、K 点曲线连接；选中【调整】工具 ，将两条曲线调圆顺，翻领脚线与翻领上口线画出，如图 7-30 所示。

❸ 选中【对称粘贴/移动】工具 ，将翻领脚线、翻领上口线以后领中线为对称线，左右对称，如图 7-31 所示。

图 7-30　　　　　　　　　　　　　　　　图 7-31

❹ 选中【剪刀】工具 ，生成翻领样板；选中【衣片辅助线】工具 ，生成样板内部的辅助线，翻领打板完成。

（6）袖子打板。

① 绘制基础线。

❶ 选中【智能笔】工具 ，在屏幕合适位置单击确定一点为袖山顶点，向下 52.5cm（袖长-6）

画一垂直线，定出袖中线；距袖山顶点 8cm（胸围/10-3），水平画出前、后袖肥基础线。

❷ 选中【皮尺/测量长度】工具，测出后袖窿弧线 JJ2、J3G 的长度分别为 5.61cm 和 20.13cm，前袖窿弧线 KG 的长度为 24.43cm，三段长度分别用符号"☆"、"★"、"▲"表示。

❸ 选中【圆规】工具，鼠标分别在袖山顶点和前袖肥基础上单击，在弹出的【长度】输入框中输入线的长度"24.43"（▲），单击"确定"按钮，前袖山斜线画出；同样的方法，在【长度】输入框中输入线的长度"25.73"（☆+★），画出后袖山斜线。

❹ 选中【智能笔】工具，鼠标框选后袖肥基础线，再单击后袖山斜线，鼠标移到袖中线一侧右键单击，后袖肥基础线被切齐到后袖山斜线的左端点，后袖肥点定出，同样的方法画出前袖肥点。

❺ 选中【水平垂直线】工具，过前、后袖肥点和袖口点画出前、后袖缝基础线和前、后袖口线。

❻ 选中【皮尺/测量长度】工具，测出两点的直线距离为 47.5cm。

❼ 选中【智能笔】工具，鼠标单击后袖肥点，再单击后袖口线的左端，在弹出的【点的位置】对话框中输入"9.4"（[48.5-袖口长]/2），回车，后袖缝线画出；同样的方法画出前袖缝线。袖子基础线完成，如图 7-32 所示。

② 绘制袖口。

❶ 选中【橡皮擦】工具，将前、后袖缝基础线删除；选中【智能笔】工具，将袖口两端切齐；过后袖口线的中点，向上 12cm 画出开衩线。

❷ 选中【不相交等距线】工具，开衩线为基准线，向右 2.5cm 画出第一条裥位线；再以第一条裥位线为基准线，向右 3cm 画出第二条裥位线；同样的方法，间隔量 "1.5" 和 "3"，画出第三、第四条裥位线。

❸ 选中【延长曲线端点】工具，将裥长统一调成 3cm 长，如图 7-33 所示。

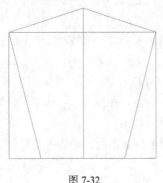

图 7-32

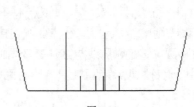

图 7-33

③绘制袖山弧线。

❶ 选中【等份规】工具，将前袖山斜线四等分，将后袖山斜线三等分，找到等分点。

❷ 选中【传统设计工具栏】中的【三角板】工具，分别作前、后袖山斜线的垂线段，线段的端点为 A 点、B 点和 C 点。

❸ 选中【智能笔】工具，依次单击前袖肥点、A 点、前袖山斜线的中点、B 点、袖山顶点、C 点、后袖肥点，画出袖山弧线；选中【调整】工具，对曲线进行修正，最终结果如图 7-34 所示。

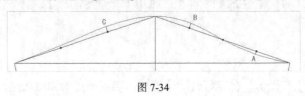

图 7-34

④ 袖片生成。

❶ 选中【剪刀】工具，生成袖片样板；选中【衣片辅助线】工具，生成样板内部的辅助线。

❷ 选中【纸样工具栏】中的【单向刀褶】工具，画出袖口的褶位符号，袖片打板完成。

⑤ 袖头打板。

❶ 选中【矩形】工具，以长 12m（袖头/2=12）、宽 6cm 画一个的矩形。

❷ 选中【专业设计工具栏】中的【圆角】工具，鼠标分别在矩形的左边线和下边线上单击，然后指示矩形的左边线上适当位置为圆心，圆角画出。

❸ 选中【对称粘贴/移动】工具，将袖头结构线对称展开；选中【剪刀】工具，生成袖头样板。

⑥ 里襟袖衩打板。

选中【矩形】工具，以长 12cm、宽 2cm 画一个长方形；选中【剪刀】工具，生成里襟样板。

⑦ 宝剑头袖衩打板。

❶ 选中【矩形】工具，以长 12cm、宽 4.6cm 画一个长方形；选中【不相交等距线】工具，间隔 2.3cm 竖直作矩形的等分中线。

❷ 选中【延长曲线端点】工具，将等分中线和矩形右边长向上延长 2.5 cm，再选中【智能笔】工具，在两线上端点画一条水平线段；过水平线段的中点向上 1cm，画一条竖直线段；竖直线段的上端点与水平线段的左右端点直线连接，画出尖头。

❸ 选中【剪刀】工具，生成宝剑头袖衩样板。

至此，男衬衫打板的全过程结束。

选中【纸样工具栏】中的【布纹线和两点平行】工具，将育克、袖头、翻领和领座的布纹线调成水平摆放；在右工作区用【编辑工具栏】中的【布纹线旋转到垂直方向】工具将育克、袖头、翻领和领座调成垂直摆放；选中【放码工具栏】中的【移动纸样】工具，将所有样板摆放成如图 7-35 所示。

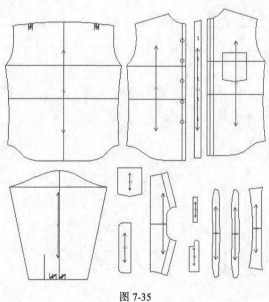

图 7-35

3.样板编辑

（1）选择【纸样】菜单中的【款式资料】命令，弹出【款式信息框】对话框，在对话框中进行款式资料的编辑。

（2）鼠标移到【衣片列表框】的样板上单击，将样板选中，然后选择【纸样】菜单中的【纸样资料】命令，弹出【纸样资料】对话框，在对话框中进行纸样资料的编辑。

（3）选中【纸样工具栏】中的【钻孔/纽扣】工具 ，完成各样板的钻孔。

4．放缝

（1）单击【放码工具栏】中的【加缝份】工具 ，鼠标移到右工作区任意样板的轮廓点上，出现红色的正方形选中框"口"后左键单击，弹出【加缝份】对话框。

（2）在【起点缝份量】输入框中输入缝份值"0.7"，然后单击"工作区全部纸样统一加缝份"按钮，弹出【富怡设计与放码 CAD 系统】对话框，单击"是"按钮，右工作区的所有样板统一加上 0.7cm 的缝份。

（3）鼠标移到后片右下角的轮廓点上，出现红色的正方形选中框"口"后按下左键不松开，拖动到左下角的轮廓点上再放开，弹出【加缝份】对话框，在【起点缝份量】输入框中输入缝份值"0.8"，并选择"拐角类型 0"，再单击"确定"按钮，后片底摆的缝份由 0.7cm 改为 0.8cm；同样的方法完成前门、里襟片和门襟贴边底摆以及门襟贴边前中搭门线位置缝份的修改；输入缝份值"0.5"，完成前、后片袖窿缝份的修改；输入缝份值"1.5"，完成后片侧缝、袖子后袖缝和袖山缝份的修改。

（4）按照与步骤（3）相同的方法，参照图 7-5 完成各样板其他缝边的修改。

（5）鼠标移到前里襟片的前中搭门线上端点，出现红色的正方形选中框"口"后按下左键不松开，拖动到线的下端点上再放开，弹出【加缝份】对话框。在【起点缝份量】输入框中输入缝份值"3.2"，并选择起点"拐角类型 1"，终点"拐角类型 0"，单击"确定"按钮，完成前里襟片的前中搭门线位置缝份量的修改。加缝最终效果如图 7-36 所示。

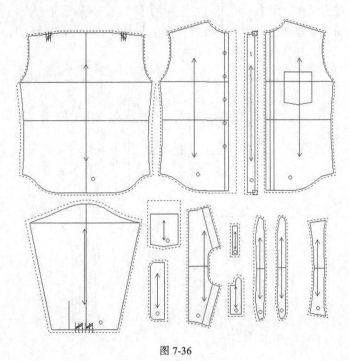

图 7-36

5．打剪口

（1）单击【纸样工具栏】中的【剪口】工具 ，鼠标移到袖子袖山点上，出现红色的正方形选中框"口"后左键单击，剪口打好，同时弹出【剪口编辑】对话框。同样的方法将前、后片腰围线、贴袋袋口线两侧、后片后中线上端、翻领和领座中线上、领座圆头两侧以及育克上的所有刀口打出。

（2）鼠标移到前里襟片前中搭门线上端点，出现红色的正方形选中框"口"后左键单击，剪口打出，同时弹出【剪口编辑】对话框，在对话框中将【剪口角度】选择改为"133"。

（3）鼠标移到前里襟片袖隆弧线的下端，出现红色的正方形选中框"口"后左键单击，在弹出的【剪口编辑】对话框中将【m】码的长度值改为"10"，打出对位剪口；同样的方法打出后片左侧袖隆弧线的对位剪口。

（4）鼠标移到前门襟片袖隆弧线的下端，出现红色的正方形选中框"口"后左键单击，在弹出的【剪口编辑】对话框中将【m】码的长度值改为"10"，【定位方式】改为【距后点长度】，打出对位剪口；同样的方法打出后片右侧袖隆弧线的对位剪口。

（5）鼠标移到后袖山弧线的下端，出现红色的正方形选中框"口"后左键单击，在弹出的【剪口编辑】对话框中将【m】码的长度值改为"10.2"，打出对位剪口；同样的方法，将【定位方式】改为【距后点长度】，打出前袖山弧线的对位剪口。

（6）鼠标移到领座脚线的下端，出现红色的正方形选中框"口"后左键单击，在弹出的【剪口编辑】对话框中将【m】码的长度值改为"13"，打出对位剪口；同样的方法，将【定位方式】改为【距后点长度】，打出领座脚线另一侧的对位剪口。

最终结果如图 7-37 所示。

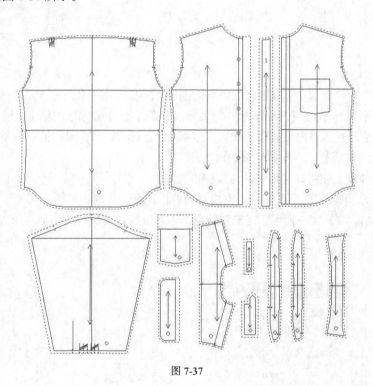

图 7-37

7.1.2　推板

在富怡服装 CAD 设计与放码系统中，男衬衫的打板过程全部结束后，按下键盘上的 Ctrl+F12

组合键，将【衣片列表框】中的所有样板全部放入右工作区，以备推板。

1. 单 Y 方向放码

（1）鼠标单击【快捷工具栏】上的【点放码表】按钮 ▥，将【点放码表】对话框打开。

（2）选中【放码工具栏】上的【移动纸样】工具 ✋，适当调整各样板的摆放位置。

（3）选中【纸样工具栏】上的【选择与修改】工具 ▨，鼠标从左上到右下框选门、里襟袖衩下端的所有点，然后鼠标移到【点放码表】对话框 S 码的【dY】输入框内单击，输入数值"0.5"，再单击 ▤ 按钮，完成框选点纵向放码量的输入，放码结果会自动显示，如图 7-38（1）所示。

（4）鼠标在空白位置单击，取消对放码点的选择。再按照从左上到右下方式框选袖头下端的所有点，然后鼠标移到【点放码表】对话框 S 码的【dY】输入框内单击，输入数值"1"，单击 ▤ 按钮，完成框选点纵向放码量的输入，放码结果会自动显示，如图 7-38（2）所示。

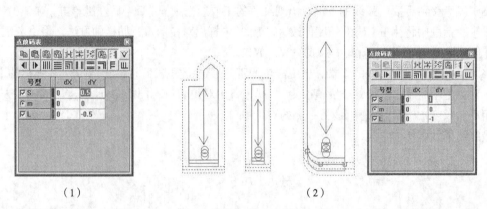

（1）　　　　　　　　　　　　　　　　　　（2）

图 7-38

（5）鼠标在空白位置单击，取消对放码点的选择。再按照从左上到右下方式框选翻领和领座上端的所有点，然后鼠标移到【点放码表】对话框 S 码的【dY】输入框内单击，输入数值"－0.5"，单击 ▤ 按钮，完成框选点纵向放码量的输入，放码结果会自动显示；同样的方法，输入放码量"0.5"，完成翻领和领座下端所有点纵向放码量的输入。

（6）鼠标在领座上领脚线与肩缝的对位剪口上双击，弹出【剪口编辑】对话框，在对话框中设置如图 7-39 所示，单击"确定"按钮，完成对该剪口位置的修改，如图 7-40 所示；同样的方法，【剪口编辑】对话框如图 7-39 所示，完成对领座下领脚线与该肩缝的对位剪口位置的修改，领子推板完成。

图 7-39

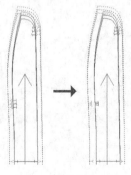

图 7-40

（7）鼠标在空白位置单击，取消对放码点的选择。再按照从左上到右下方式框选后片、前片和门襟贴边下端的所有点，然后鼠标移到【点放码表】对话框 S 码的【dY】输入框内单击，输入数值"1.1"，单击▤按钮，完成框选点纵向放码量的输入，放码结果会自动显示。

（8）再框选后片育克分割线上、前片肩点，在【点放码表】对话框 S 码的【dY】输入框内输入数值"-0.8"，单击▤按钮，完成框选点纵向放码量的输入，放码结果会自动显示。

（9）继续框选前片颈侧点，在【点放码表】对话框 S 码的【dY】输入框内输入数值"-0.9"，单击▤按钮，完成框选点纵向放码量的输入；再框选前片的前领中点和门襟贴边的上端点，在【点放码表】对话框 S 码的【dY】输入框内输入数值"-0.7"，单击▤按钮，完成框选点纵向放码量的输入；接着框选前、后片的腰线，在【点放码表】对话框 S 码的【dY】输入框内输入数值"0.2"，单击▤按钮，完成框选点纵向放码量的输入，放码结果会自动显示。

（10）鼠标在后片左侧腰线的对位剪口上双击，弹出【剪口编辑】对话框，在对话框中的设置如图 7-41（1）所示，单击"确定"按钮，完成对该剪口位置的修改，如图 7-41（2）所示。同样的方法，【剪口编辑】对话框如图 7-42（1）所示，完成后片右侧腰线的对位剪口位置的修改；【剪口编辑】对话框如图 7-42（2）所示，完成前门襟片右侧腰线的对位剪口位置的修改；【剪口编辑】对话框如图 7-42（3）所示，完成前里襟片左侧腰线的对位剪口位置的修改。

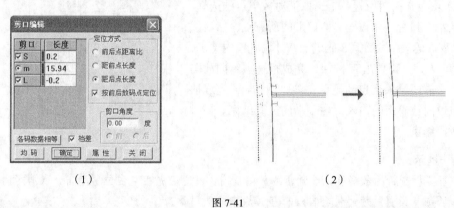

（1）　　　　　　　　　　　　　　　　　　（2）

图 7-41

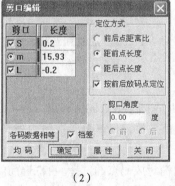

（1）　　　　　　　　　（2）　　　　　　　　　（3）

图 7-42

（11）鼠标框选前里襟片和门襟贴边上端的纽扣位和扣眼位，然后移到【点放码表】对话框 S 码的【dY】输入框内单击，输入数值"-0.4"，再单击▤按钮，完成框选点纵向放码量的输入；参照图 7-6，完成其他纽扣位和扣眼位纵向放码量的输入，放码结果会自动显示，如图 7-43 所示。参照图 7-6，完成前门襟片口袋位置纵向放码量的输入，如图 7-44 所示。

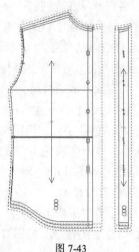

图 7-43   图 7-44

（12）【点放码表】对话框的设置如图 7-45 所示，完成前胸贴袋框选点纵向放码量的输入；参照图 7-6，完成后覆肩纵向放码量的输入。

（13）鼠标在空白位置单击，取消对放码点的选择。再按照从左上到右下方式框选袖口上的所有点，然后鼠标移到【点放码表】对话框 S 码的【dY】输入框内单击，输入数值"1.1"，再单击三按钮，完成框选点纵向放码量的输入，放码结果会自动显示；参照图 7-6，完成袖子其他点纵向放码量的输入，袖子纵向放码结束。男衬衫纵向放码结束。

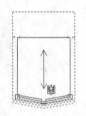

图 7-45

 操作提示：

（1）当要框选新的放码点，设置新的放码量时，一定要先在空白位置单击，取消对已选放码点的选择，否则新设置的放码量会自动覆盖掉原来的放码量。

（2）遇到放码方向和放码量不明确的放码点，可先设置其放码方向和放码量，然后用【纸样工具栏】中的【皮尺/测量长度】工具测量该放码点与前一放码点之间的长度，以此判断该点的放码方向和放码量是否正确。当然，如果在【设置颜色】对话框中设置了各码不同的颜色，也可以判断出放码方向是否正确。

2. 单 X 方向放码

（1）鼠标框选前里襟片和后片左侧缝线上的所有点，然后鼠标移到【点放码表】对话框 S 码的【dX】输入框内单击，输入数值"1"，再单击丨丨丨按钮，完成框选点横向放码量的输入，放码结果会自动显示，如图 7-46 所示。

（2）鼠标在空白位置单击，取消对放码点的选择。再框选前门襟片和后片右侧缝线上的所有点，然后鼠标移到【点放码表】对话框 S 码的【dX】输入框内单击，输入数值"-1"，再单击丨丨丨按钮，完成框选点横向放码量的输入，放码结果会自动显示。

（3）鼠标在空白位置单击，取消对放码点的选择。再框选前里襟片的左肩点和后片育克分割线左端，然后鼠标移到【点放码表】对话框 S 码的【dX】输入框内单击，输入数值"0.6"，再单击丨丨丨按钮，完成框选点横向放码量的输入，放码结果会自动显示。同样的方法，参照图 7-6，完成前、后片其他点横向放码量的输入，放码结果如图 7-47 所示。

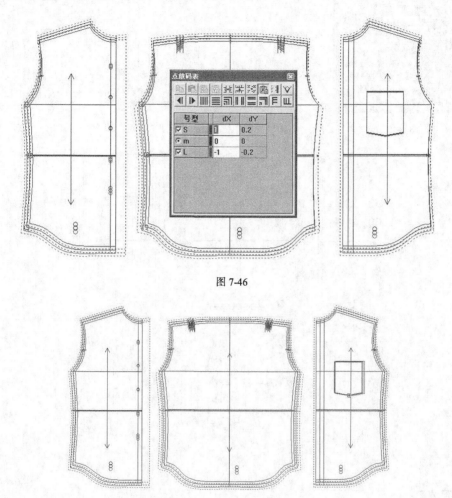

图 7-46

图 7-47

（4）鼠标在空白位置单击，取消对放码点的选择。再框选覆肩左侧过肩线上的所有点，然后鼠标移到【点放码表】对话框 S 码的【dX】输入框内单击，输入数值"0.1"，再单击▥按钮，完成框选点横向放码量的输入，放码结果会自动显示。

（5）参照图 7-6，完成覆肩其他点横向放码量和贴袋横向放码量的输入。

（6）鼠标在空白位置单击，取消对放码点的选择。再框选袖子的后袖肥点，然后鼠标移到【点放码表】对话框 S 码的【dX】输入框内单击，输入数值"1"，再单击▥按钮，完成框选点横向放码量的输入。参照图 7-6，横向放码量依次为"0.5"、"−1"、"−0.5"，完成后袖口点、前袖肥点和前袖口点放码量的输入。

（7）鼠标在空白位置单击，取消对放码点的选择。再框选袖子的开衩线、裥位线和袖中线的下端，然后鼠标移到【点放码表】对话框 S 码的【dX】输入框内单击，输入数值"0.25"，再单击▥按钮，完成框选点横向放码量的输入。

（8）鼠标在袖中线的下端点双击，弹出【辅助线点属性】对话框，在对话框中的设置如图 7-48 所示，完成袖中线下端点横向放码量的修改，袖口最终放码结果如图 7-49 所示。

（9）男衬衫放码的最终结果如图 7-50 所示。

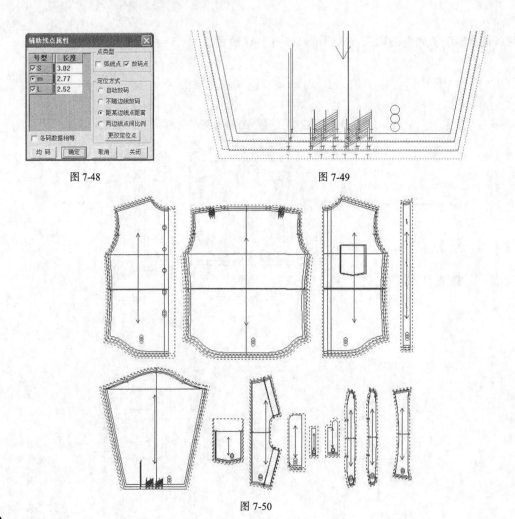

图 7-48   图 7-49

图 7-50

 巩固练习：

练习 1：将男衬衫的 CAD 打板与推板过程反复练习 2 遍。

练习 2：将本节 CAD 打板与推板中用到的各种工具再练习 1 遍。

练习 3：试一试，参照图 7-51、表 7-2 和图 7-52，完成休闲男衬衫的 CAD 打板与推板全过程。

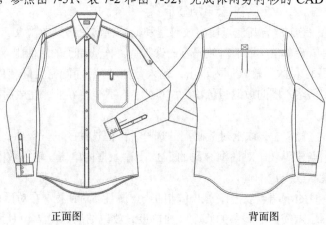

正面图   背面图

图 7-51

表 7-2　　　　　　　　　　　男衬衫的号型规格　　　　　　　　　　单位：cm

部位 \ 号型	衣长	领围	胸围	肩宽	背长	袖长
165/84A	73	38	104	46.8	43	57
170/88A	75	39	108	48	44	58.5
175/92A	77	40	112	49.2	45	60
档差	2	1	4	1.2	1	1.5

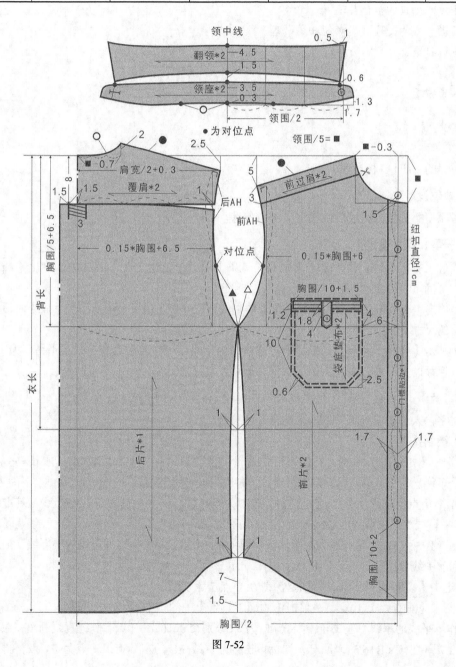

图 7-52

7.2 NAC2000 服装 CAD 系统中的打板与推板

重点、难点：
- 后片的纸样处理。
- 后片和袖口的褶位处理。
- 门襟扣眼的处理；里襟纽扣的处理。
- 覆肩打板。
- 打剪口。
- 领子推板。

7.2.1 打板

男衬衫的 CAD 打板过程如下。

1. 单位设定

参考原型裙打板，完成单位设定，不再赘述。

2. 号型、尺寸设定

（1）进入打板系统，鼠标单击【画面工具条】中的【新建文件】工具 □，弹出【Apat】对话框，单击"确定"按钮即可。

（2）单击【查看】菜单栏，选择下拉菜单中的【尺寸表】命令，弹出【尺寸表】对话框，输入打板所需的尺寸，如图 7-53 所示。

（3）单击【文件】菜单栏，选择下拉菜单中的【保存尺寸表】命令，弹出【另存为】对话框，选择文件保存的文件夹，输入文件名后保存即可。

3. 打板

将文字输入法切换到英文输入状态，开始打板。

（1）绘制基础线。

① 选中【矩形】工具 □，在输入框中输入 "x55.7y – 75"（B/2+1.7=55.7，衣长=75），回车，绘制一个矩形。矩形的左边线设定为后中线，右边线设定为搭门线，上面为上平线，下面为下平线，矩形的 4 个角点设定为 A、B、C0、D0；选中【间隔平行线】工具 ▨，以搭门线为基准线，向左 1.7cm 作平行线为前中线，前中线与上平线和下平线分别交于 D 点、C 点；以上平线为基准线，向下 28.1cm（B/5+6.5）作平行线为袖窿深线，再向下 44cm（背长）作平行线为腰围线，袖窿深线与后中线和前中线分别交于 E 点、F 点。

② 选中【切断】工具 ✂，将袖窿深线在 F 点位置切断。

③ 选中【垂直线】工具 ▯，单击【画面工具条】中的【中心点】 ⊷ 按钮，过袖窿深线 EF 的中点 G 作下平线的垂线，垂线与腰围线和下平线分别交于 H 点、I 点，侧缝直线画出；在输入框中输入 "22.7"（0.15 × B+6.5），回车，鼠标单击袖窿深线 EF 的左端定第一点为 E1 点，再单击上平

线定第二点为 E2，后背宽线画出；同样的方法，以袖窿深线的右端 F 点为起点，以 22.2（0.15*B+6）的量画出前胸宽线，前胸宽线的上下端点为 F2、F1，基础线绘制完成，如图 7-54 所示。

图 7-53　　　　　　　　　　　　　　　　　图 7-54

（2）后片打板。

① 选中【垂直线】工具，向右 7.3cm（N/5-0.5），向上 2cm 画出后领宽线，线段的上端点为 A1；向右 24cm（肩宽/2），向下 2.5cm 画出后落肩线，线段的下端点为 J。

② 选中【水平线】工具，过后肩点 J 作后背宽线的垂线，垂点为 J1；选中【等分线标】命令，后领宽三等分，第一个等分点为 A2 点；再将 J1 点、E1 点两点之间两等分，等分中点为 E3；选中【切断】工具，将腰围线在 H 点位置切断，选中【长度调整】工具，将被切断的腰围线在 H 端各缩短 1cm，端点分别为 H1、H2。

③ 选中【水平线】工具，I 点向上 1.5cm 找一点为 I1 画水平线到搭门线，水平线与前中线分别交于 C1、C2；选中【长度调整】工具，侧缝直线在下端向上缩短 8.5cm，端点为 I2。

④ 选中【两点线】工具，J 点、A1 点直线连接，后肩斜线画出；选中【曲线】工具，A1 点、A2 点曲线连接，后领窝曲线部分画出；B 点、I2 点曲线连接，底摆线画出；I2 点、H1 点、G 点曲线连接，侧缝线画出；G 点、E3 点的上方、J 点曲线连接，袖窿弧线画出；选中【点列修正】工具，将画出的曲线调圆顺。J 点、A1 点、A2 点、A 点、B 点、I2 点、H1 点、G 点封闭的区域即为后片的基础样板。以上步骤如图 7-55 所示。

⑤ 选中【水平线】工具，A 点向下 8cm 找一点为 A3 画水平线；选中【单侧修正】工具，将该线切齐到袖窿弧线，后片覆肩线画出，交点为 J2；选中【切断】工具，将袖窿弧线在 J2 点位置切断；选中【长度调整】工具，被切断的袖窿弧线的下半段在上端缩短 1m，端点为 J3。

⑥ 选中【水平线】工具，A3 点向左 2cm 画一水平线段；选中【两点线】工具，水平线段左端点、B 点直线连接，后中线画出；选中【长度调整】工具，后中线在上端缩短 0.2cm 找到 A4 点。

⑦ 选中【等分线标】命令，将后片覆肩线三等分；选中【曲线】工具，A4 点、覆肩线上第一个等分点、J3 点曲线连接；选中【点列修正】工具，将画出的曲线调圆顺。

⑧ 选中【垂直线】工具 ，在覆肩线上第三个等分点向下 3.5cm 画一竖直线段；选中【间隔平行线】工具 ，向左 2cm 作该线的平行线；选中【单侧修正】工具 ，将两条竖直线段切齐到曲线 A4J3；选择【记号】菜单【标注】下的【斜线】命令，画出裥位标记。

⑨ A4 点、B 点、I2 点、H1 点、G 点、J3 点封闭的区域即为后片样板，如图 7-56 所示。

⑩ 选中【指定移动复写】工具 ，将后片与覆肩样板复制一份；选中【删除】工具 ，将不需要的辅助线删除。选中【垂直补正】工具 ，以后中线为基准线，将后片样板调成竖直摆放；选中【水平线】工具 ，分别过 G 点、H1 点画水平线到后中线；选中【垂直反转复写】工具 ，以后中线为对称线，将后片左右对称展开。

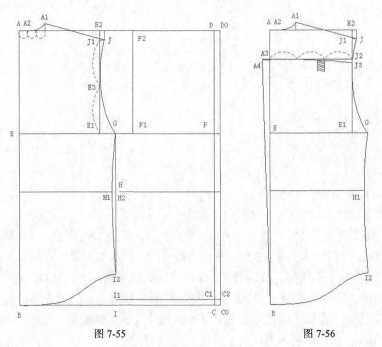

图 7-55　　　　　　　　　　　　　图 7-56

（3）前片打板。

① 选中【垂直线】工具 ，在输入框中输入"9"（N/5−0.5+1.7），回车，鼠标单击上平线的右端找一点为 D1 点，在输入框中输入"−7.8"（N/5），回车，前领宽线画出；选中【水平线】工具 ，过前领宽线的下端点画水平线与搭门线交于 D2 点，前领深线画出；在输入框中输入"5"，回车，鼠标单击前胸宽线的上端定一点为 K1 点，过 K1 点向左画一水平线段为前落肩线。

② 选中【要素长度】工具 ，测出后肩斜线 A1J 的长度为 17.3cm；选中【长度线】工具 ，指示 D1 点为长度线的起点，指示前落肩线为投影要素，在输入框中输入线的长度"17.3"（后肩斜线长），回车，前肩斜线画出，斜线的左端点为前肩点 K。

③ 选中【等分线标】命令，将 K1 点、F1 点两点之间等分，等分中点为 F3。

④ D1 点、D2 点曲线连接，前领窝弧线画出；C2 点、C1 点、I2 点曲线连接，底摆线画出；I2 点、H2 点、G 点曲线连接，侧缝线画出；G 点、F3 点的上方、K 点曲线连接，袖窿弧线画出。选中【点列修正】工具 ，将画出的曲线调圆顺。K 点、D1 点、D2 点、C2 点、C1 点、I2 点、H2 点、G 点封闭的区域即为前片的基础样板。

以上步骤如图 7-57 所示。

⑤ 选中【指定移动复写】工具 ，将前后片的结构线复制 1 份。

⑥ 选中【间隔平行线】工具 ![icon]，向下 3cm 作前肩斜线的平行线为前过肩线，向左 1.7cm 作前中线的平行线为门襟贴边线；选中【两侧修正】工具 ![icon]，指示前袖窿弧线和前领窝弧线为两条切断线，将前过肩线切齐，线的左右端点为 K2、D3；再指示前领窝弧线和前底摆线为两条切断线，将门襟贴边线切齐，线的上下端点为 D4、C3。

⑦ 选中【删除】工具 ![icon]，将不要的辅助线删除；选中【单侧修正】工具 ![icon]，前领窝弧线为切断线，将搭门线、前中线在上端切齐；选中【长度调整】工具 ![icon]，将前中线再向上延长 1.5cm。

⑧ 单击【记号】菜单栏，选择下拉菜单【纽扣】下的子菜单【等距圆扣】命令，鼠标单击前中线的上端定第一扣位点，在输入框中输入"18.6"（胸围/5-3），回车，再单击前中线的下端定最后扣位点，右键单击，输入纽扣的直径"1.1"，回车，选择扣类型"1"（圆扣），回车，输入纽扣的个数"6"，回车，纽扣画出。

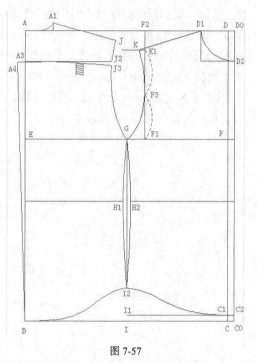

图 7-57

⑨ 选中【垂直线】工具 ![icon]，在输入框中输入"6"，回车，鼠标单击袖窿深线的右端找一点，在输入框中输入"4"，回车，画一竖直线段；选中【水平线】工具 ![icon]，过竖直线段的上端点向左 11.8cm（B/10+1）画水平线，袋口线画出，线的左右端点为 M、L；选中【删除】工具 ![icon]，将刚画出的竖直线段删除；选中【垂直线】工具 ![icon]，过袋口线的左端点和中点向下 12.8cm（B/10+2）、13.8 cm（B/10+3）画两条竖直线段；选中【两点线】工具 ![icon]，两条竖直线段的下端点直线连接；选中【矩形】垂直反转复写工具 ![icon]，以袋中线为对称线，将口袋左右对称展开。以上步骤如图 7-58 所示。

⑩ 选中【单侧修正】工具 ![icon]，前领窝弧线为切断线，将前中线在上端切齐；选中【删除】工具 ![icon]，将第一粒纽扣删除。

⑪ 选中【纸样工具条】中的【形状取出】工具 ![icon]，从前片中提取出门襟贴边样板。

⑫ 选中【纸样工具条】中的【平移】工具 ![icon]，以前过肩线 K2D3 为剪开线，将前过肩移出。以上步骤如图 7-59 所示。

⑬ 选中【删除】工具 ![icon]，单击【画面工具条】中的【领域内】按钮 ![icon]，鼠标框选门襟贴边上的纽扣标记和切齐的线，如图 7-60（1）所示，将其删除，如图 7-60（2）所示；选中【长度调整】工具 ![icon]，将前中线向上延长 1.5cm；选中【等分线标】命令，第一点定在延长的前中线的上端点，第二点定距前中线的下端点 18.6cm 的位置，两点之间 5 等分，如图 7-60（3）所示。

⑭ 单击【记号】菜单栏，选择下拉菜单【纽扣】下的子菜单【等距扣眼】命令，鼠标单击前中线的上端定第一扣位点，在输入框中输入"18.6"（胸围/5-3），回车，再单击前中线的下端定最后扣位点，右键单击，输入纽扣的直径"1.4"，回车，鼠标在空白位置单击指示合里侧，选择扣眼方向为"2"（纵向），回车，输入扣眼余量为"0"，回车，输入扣的个数"6"，回车，扣眼画出，如图 7-60（4）所示。

⑮ 选中【纸样工具条】中的【指定移动】工具 ![icon]，左键单击【画面工具条】中的【领域内】

□ 按钮，鼠标框选门襟贴边前中线上端的 4 个扣眼标记，右键单击，在输入框中输入"dy-0.7"，回车，将选中的扣眼标记向下移动 0.7cm；再左键单击【画面工具条】中的【领域内】按钮□，鼠标框选门襟贴边前中线下端的 2 个扣眼标记，右键单击，在输入框中输入"dy0.7"，回车，将选中的扣眼标记向上移动 0.7cm，如图 7-60（4）所示，移动后的结果如图 7-60（5）所示。

⑯ 选中【删除】工具✎，将前中线、等分线段和最上端的第一个扣眼标记删除，门襟贴边样板完成，如图 7-60（6）所示。

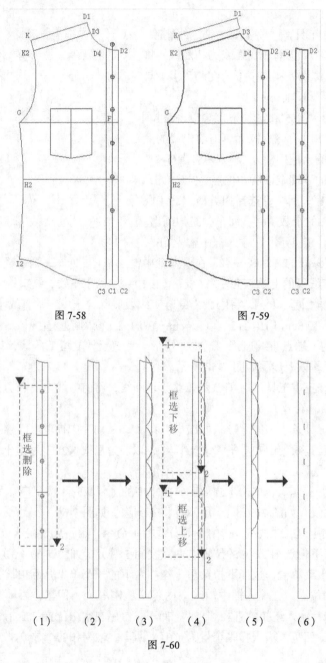

图 7-58　　　　　　图 7-59

（1）　（2）　（3）　（4）　（5）　（6）

图 7-60

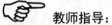 **教师指导：**

在 NAC2000 服装 CAD 的打板系统中，前中线上锁竖扣眼，一般用【等距扣眼】命令来做。

但在定扣眼位置时，有几点要特别注意。

（1）假定图 7-61（1）是将前中线 6 等分，等分位置即是需要画纽扣或扣眼的位置。则按照常规的方法，用【等距圆扣】命令即可将纽扣位置标出，如图 7-61（2）所示。

（2）如果是锁横扣眼，则按照常规的方法，用【等距扣眼】命令即可将纽扣位置标出，如图 7-61（3）所示。图 7-61（3）中，纽扣直径为 1.1cm，其对应的扣眼量在前中线的左侧，扣眼余量 0.3cm，其对应的长度量在前中线的右侧，整个扣眼长度为 1.4cm。

（3）如果是锁竖扣眼，则按照上述步骤⑬到步骤⑭的方法，用【等距扣眼】命令画出的纽扣位置如图 7-61（4）所示。图 7-61（4）中，纽扣直径为 1.4cm，扣眼余量 0，画出的扣眼上面 4 个底端对齐纽扣位置，下面 2 个顶端对齐纽扣位置，因此需要按照步骤⑮的方法，将上面 4 个扣眼下移 0.7cm，将下面 2 个扣眼上移 0.7cm，才能达到要求。

（4）如果纽扣直径为 1.1cm，扣眼余量 0.3cm，则用【等距扣眼】命令画出的纽扣位置如图 7-61（5）所示。需将上面 4 个扣眼下移 0.4cm（0.7－0.3），将下面 2 个扣眼上移 0.4cm，才能达到要求。

（5）如果纽扣直径为 0.7cm，扣眼余量为 0.7cm，则用【等距扣眼】命令画出的纽扣位置如图 7-61（6）所示，正好达到要求。因此，相比之下，如果要在前中线上锁竖扣眼，将纽扣直径和扣眼余量设为等大是最好的方法。

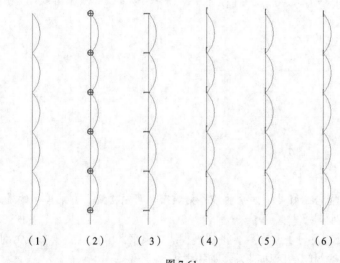

（1）　　（2）　　（3）　　（4）　　（5）　　（6）

图 7-61

（4）覆肩打板。

① 选中【旋转移动】工具，将前过肩以 D1 K 为对接边，与后覆肩的 A1J 边对接；选中【曲线拼合】工具，重新拼合并圆顺领窝线和袖窿线；选中【两侧修正】工具，将对接线两端切齐。

② 选中【两点线】工具，过对接线两端向里各画一条短线；选中【删除】工具，将对接线删除；选择【记号】菜单【刀口】下的【刀口指定】命令，将两条短线设定为刀口。

③ 选中【垂直反转复写】工具，以 AA3 为对称中线，将样板对称展开，覆肩打板完成。

（5）领子打板。

① 绘制基础线。

❶ 选中【矩形】工具，在输入框中输入"x19.5y－3.8"，回车，画一个长 19.5cm、宽 3.8cm 的矩形（领围/2=19.5）。矩形的左边线设定为后领中线，右边线设定为前领中线，上面为领座上口

基础线，下面为领座下口基础线。矩形的 4 个角点设定为 A、B、C、D。

❷ 选中【删除】工具 ，将后领中线、前领中线删除；选中【间隔平行线】工具 ，向上 1.5cm 作领座上口基础线的平行线，翻领下口基础线画出，线段左右端点为 A1、B1；再次单击【间隔平行线】工具 ，向上 4.5cm 作翻领下口基础线的平行线，翻领上口基础线画出，线段左右端点为 D1、C1；鼠标左键单击打开【作图】菜单栏，选择下拉菜单中的【等分线】命令，依次单击翻领上口基础线和领座下口基础线的左端，输入等分数"3"，回车，等分线画出。等分线与领座下口基础线、翻领下口基础线分别交于 E 点和 F 点，E1 点和 F1 点，基础线绘制完成，如图 7-62 所示。

② 领座打板。

❶ 选中【长度调整】工具 ，以 B 点为起点，将领座下口基础线向右延长 1.7cm 找一点；选中【垂直线】工具 ，过该点竖直向上 1.3cm 画线段找一点为 G 点；选中【两点线】工具 ，F 点与 G 点直线连接，画出领翘线。

❷ 选中【水平线】工具 ，在输入框中输入"0.3"，回车，鼠标单击后领中线的下端，距 A 点向上 0.3cm 找一点为 H 点，在输入框中输入"2.2"（约为 AE 的三分之一），回车，过 H 点画一条水平线段，找到 I 点。

❸ 选中【曲线】工具 ，将 H 点、I 点、F 点、G 点用曲线连接起来，再将 D 点、G 点用曲线连接起来；选中【点列修正】工具 ，将两条曲线调圆顺，领座脚线与领座上口线画出，如图 7-63 所示。

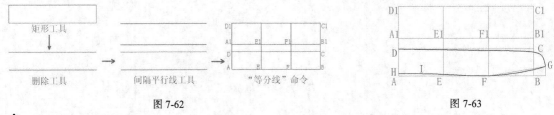

图 7-62　　　　　　　　　　　　　　　　　　　图 7-63

🔔　**操作提示：**

曲线定点时不可能恰倒好处，如果曲线不好调节，可用【修正】菜单下的【点追加】或【点减少】命令来增加或减少调节点。

❹ 选中【垂直反转复写】工具 ，将领座脚线、领座上口线以后领中线为对称线，左右对称。领座脚线、领座上口线封闭的区域即为领座的样板。

③ 翻领打板。

❶ 选中【竖直线】工具 ，在输入框中输入"0.6"，回车，单击领座上口基础线右端找一点为 J 点，再单击翻领上口基础线，画一条竖直线段；选中【长度调整】工具 ，将竖直线段向上延长 0.5cm 找一点；选中【水平线】工具 ，过该点水平向右 1cm 画一段线，端点为 K 点；选中【两点线】工具 ，将 J 点与 K 点直线连接，领嘴画出。

❷ 选中【切断】工具 ，将翻领下口基础线 A1B1 在 E1 位置切断。

❸ 选中【曲线】工具 ，将 A1 点、J 点用曲线连接起来，再将 D1 点、K 点用曲线连接起来；选中【点列修正】工具 ，将两条曲线调圆顺，翻领脚线与翻领上口线画出，如图 7-64 所示。

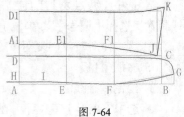

图 7-64

❹ 选中【垂直反转复写】工具 ，将翻领脚线、翻领上口线以后领中线为对称线，左右对称。翻领脚线、翻领上口线封闭的区域即为翻领的样板。

❺ 单击【删除】工具 ，仅保留轮廓线和必要的内线，其他辅助线全部删除。

❻ 选中【竖直线】工具 ，过翻领左右领嘴线下端点画两条竖直线与领座上口线相交，如图 7-65 所示。

❼ 选中【切断】工具 ，将刚画出的两条竖直线段在与领座上口线相交的位置切断，将后领中线在与翻领脚线相交的位置切断；选中【删除】工具 ，将刚切断的两条竖直线段的上半截删除。

❽ 选中【纸样工具条】中的【两侧修正】工具 ，指示两条切断线：领座上口线与领座脚线，指示被切断要素：后领中线被切断的下半截，线段切齐，如图 7-66 所示。

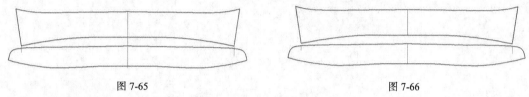

图 7-65   图 7-66

（6）袖子打板。

① 绘制基础线。

❶ 选中【垂直线】工具 ，在屏幕合适位置单击确定一点为袖山顶点，在输入框中输入"–52.5"（袖长–6），回车，定出袖中线。

❷ 选中【水平线】工具 ，在输入框中输入"8"（胸围/10–3），回车，在袖中线的上端位置单击，往右合适位置再单击，画出前袖肥基础线；再次单击【水平线】工具 ，单击前袖肥基础线左端，往左合适位置再单击，画出后袖肥基础线；同样的方法画出前后袖口基础线。

❸ 选中【长度线】工具 ，袖山顶点为起点，前袖肥基础线为投影线，长度为前 AH，画出前袖山斜线；袖山顶点为起点，后袖肥基础线为投影线，长度为后 AH，画出后袖山斜线。

❹ 选中【连接角】工具 ，框选后袖肥基础线与后袖山斜线的相交部位，线段切齐，后袖肥点定出，同样的方法画出前袖肥点。

❺ 选中【垂直线】工具 ，过前、后袖肥点画竖直线到袖口基础线，定出前、后袖缝参考线；选中【连接角】工具 ，分别框选前、后袖缝参考线与袖口基础线的相交部位，定出前、后袖口参考点。

❻ 选中【纸样工具条】中的【删除】端点距离工具 ，指示前、后袖口参考点，屏幕显示两点的直线距离为 47.5cm。

❼ 选中【两点线】工具 ，鼠标单击后袖山斜线的下端，在输入框中输入"9.4"（［48.5–袖口长］/2），回车，后袖缝线画出；鼠标单击前袖口基础线的右端，找到前袖口点，在输入框中输入"0"，回车，再单击前袖山斜线下端，画出前袖缝线。袖子基础线完成，如图 7-67 所示。

② 绘制袖口。

❶ 选中【连接角】工具 ，分别框选前、后袖缝线与袖口基础线的相交部位，定出前、后袖口点。

❷ 选中【垂直线】工具 ，单击【画面工具条】中的【中心点】 按钮，在输入框中输入"12"，回车，开衩线画出。

❸ 选中【间隔平行线】工具 ，指示被平行的要素：开衩线，再右方指示平行侧，输入间隔量 "2.5"，回车，第一条裥位线画出；单击【间隔平行线】工具 ，指示被平行的要素：第一条裥位线，再右方指示平行侧，输入间隔量 "3"，回车，第二条裥位线画出；同样的方法，以间隔量 "1.5"、"3"，画出第三、第四条裥位线。

❹ 选中【剪切线】工具 ，输入线的长度 "3"，回车，指示第一、二、三、四条裥位线的下端，将裥长统一调成 3cm 长。

❺ 单击【记号】菜单栏，选择下拉菜单【标注】下的【斜线】命令，输入斜线的间隔量："0.5"，分别框选指示夹斜线的要素：第二、一裥位线的上端，第一个裥的斜线画出；再分别框选第四、三裥位线的上端，第二个裥的斜线画出，袖口制图完成，如图 7-68 所示。

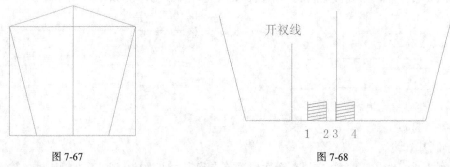

图 7-67   开衩线   图 7-68

👉 **教师指导：**

在画斜线时，可以一次同时框选两根裥位线，也可以分别框选，计算机默认从先指示的要素开始做斜线。很多时候，没有经验的人画出的斜线方向往往与自己希望的方向相反，主要是因为关系没有搞清楚。

比如要定出第一个裥位的斜线，有三种方法，如图 7-69 所示。

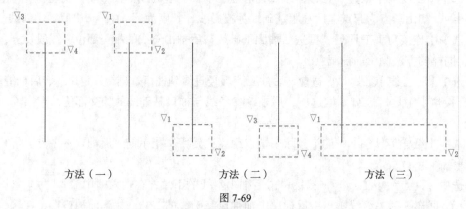

方法（一）   方法（二）   方法（三）

图 7-69

而要定出第二个裥位的斜线，则只能用前两种方法，因为一次只能同时框选两根裥位线，而第二个裥位中间有袖中线，一次框选无法避开。有时候框选两根裥位线后，斜线却怎么也画不出来，则是因为在同一位置有两根以上完全一样的重叠线，删掉重叠线即可。

③ 绘制袖山弧线。

❶ 选中【等分线标】命令，将前袖山斜线四等分，将后袖山斜线三等分，找到等分点。

❷ 选中【打板工具条】中的【垂线】工具 ，分别作前、后袖山斜线的垂线段，线段的端点为 A 点、B 点和 C 点。

❸ 选中【曲线】工具 ～，参照图 7-3，依次单击前袖肥点、A 点、前袖山斜线的中点、B 点、袖山顶点、C 点、后袖肥点，画出袖山弧线；选中【点列修正】工具 ，对曲线进行修正，最终结果如图 7-70 所示。

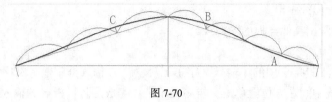

图 7-70

④ 袖片生成。

袖口线、前袖缝线、袖山弧线、后袖缝线连成的封闭轮廓即为袖片。

⑤ 袖头打板。

❶ 选中【矩形】工具 ，在输入框中输入"x12y−6"，回车，画一个矩形。

❷ 鼠标单击【纸样工具条】中的【圆角】工具 ，指示构成角的两条线：矩形的左边和下边，指示矩形的左边线上适当位置为圆心，圆角画出。

❸ 鼠标单击【纸样工具条】中的【垂直反转复写】工具 ，框选矩形除右边以外的所有线条，右键单击，指示反转基准点：矩形右边，所选线条被复制对称，袖头画出。

⑥ 里襟袖衩打板。

选中【矩形】工具 ，在输入框中输入"x2y−12"，回车，在袖头的右边画一个长 12cm、宽 2cm 的矩形，里襟袖衩画出。

⑦ 宝剑头袖衩打板。

❶ 选中【矩形】工具 ，在输入框中输入"x4.6y−12"，回车，在里襟袖衩的右边画一个长 12cm、宽 4.6cm 的矩形；选中【间隔平行线】工具 ，间隔 2.3cm 竖直作矩形的等分中线。

❷ 选中【长度调整】工具 ，将等分中线和矩形右边长向上延长 2.5 cm，再选中【水平线】工具 ，在两线上端点画一条水平线段；选中【垂直线】工具 ，单击【画面工具条】中的【中心点】按钮，在输入框中输入"1"，回车，画一条竖直线段。

❸ 选中【两点线】工具 ，将水平线段的端点与竖直线段的上端点直线连接，宝剑头袖衩画出。

❹ 选中【删除】工具 ，将不需要的结构线删除；选中【垂直补正】工具 ，将育克、袖头、翻领和领座调成垂直摆放；选中【自由移动】工具 ，将所有样板摆放整齐。

4．样板编辑

选中【纸样工具条】中的【指定移动复写】工具 ，将前片样板和领座样板复制 1 份；选中【纸样工具条】中的【垂直反转】工具 ，将门襟样板和复制的前片垂直反转；选中【删除】工具 ，将原来的前片上的口袋删除，单击【画面工具条】中的【领域内】按钮 ，鼠标框选复制的前片上的纽扣标记，将其删除；用【自由移动】工具 适当调整样板的摆放位置，如图 7-71 所示。

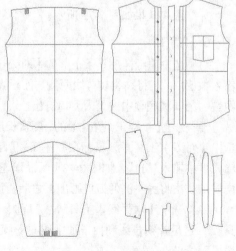

图 7-71

（1）设定纱向。

① 选中【纸样工具条】中的【平行纱向】工具 ，鼠标在后片样板的内部合适位置单击定第一点为纱向的开始点，移动鼠标到一定距离位置再单击定第二点为纱向的终了点，然后单击后中线为平行的基准线，纱向线画出。

② 同样的方法画出其他样板的纱向线。

（2）编写样板名。

① 选中【纸样工具条】中的【输入文字】工具 A ，在输入框中输入文字"后片*1"，回车，鼠标移到后片纱向线中间左方位置单击，再右键单击，完成后片样板名的输入。

② 同样的方法完成其他衣片板名的输入。

（3）设定钻孔。

打开【记号】菜单，选择下拉菜单中【点记号】下的【打孔】命令，在输入框中输入孔的半径"0.3"，回车，鼠标依次在各样板内部的合适位置左键单击，指定打孔中心点，定出穿挂样板的孔位，右键单击结束。

5. 放缝

（1）选中【纸样工具条】中的【外周检查】工具 ，鼠标依次框选每一块样板，查看样板外周是否封闭。如果样板外周不封闭，则要检查样板，查看问题所在，并进行修改，直到外周检查时，样板左下角出现红色菱形标记为止。

（2）选择【缝边】菜单中的【完全自动缝边】命令，在输入框中输入缝边宽度"0.7"，回车，所有样板被统一加上 0.7cm 的缝边。

（3）单击【再表示】按钮 ，刷新画面。

（4）选择【缝边】菜单中的【宽度变更】命令，在输入框中输入缝边宽度"0.8"，回车，鼠标依次单击前、后片和门襟贴边的底摆线，前门襟片的前中搭门线位置，缝边宽度改变，右键单击结束。单击【再表示】按钮 ，刷新画面。

（5）按照与步骤（4）相同的方法，参照图 7-5 完成各样板缝边的修改。

（6）单击【纸样工具条】中的【角变更】工具 ，弹出【缝边角类型】对话框，选择【反转角】形式，再单击"确定"按钮，鼠标单击前里襟片的前中搭门线，然后单击【再表示】按钮 ，刷新画面，边角处理完成。

加缝最终效果如图 7-72 所示。

6. 打剪口

（1）选中【纸样工具条】上的【对刀】工具 ，在【对刀处理】对话框的【刀口 1】输入框中输入数值"0"，将贴袋袋口线两侧、前里襟片前中搭门线上端、后片后中线上端、育克后中线上下两端、翻领和底领中线上的刀口打出。

（2）选中【纸样工具条】上的【要素长度工具】工具 ，测出未分割前的前领窝弧线长为 13cm；选中【对刀】工具 ，鼠标在领座面领脚线近前中一侧单击，在【对刀处理】对话框的【刀口 1】输入框中输入"13"，如图 7-73 所示，单击"再计算"按钮，再单击"确定"按钮，将刀口画出。同样的方法将另一侧的刀口画出，之后再画出领座里相同部位的刀口。

（3）选中【水平线】工具 ，过前、后片的腰围线画水平线段到缝份上；选中【垂直线】工具 ，过后片裥位线和袖子袖中线向上画垂直线段到缝份上，过袖子开衩线和裥位线向下画垂直线段到缝份上。

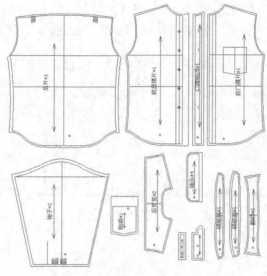

图 7-72

图 7-73

（4）选中【单侧修正】工具 ，将袖口上向下画出的线段切齐到缝份上，如图 7-74（1）所示。

（5）打开【记号】菜单，选择下拉菜单中【刀口】下的【刀口指定】命令，鼠标在刚画出的袖子袖中线上的线段上单击，然后在袖子的样板内再单击，弹出【对刀处理】对话框，单击"再计算"按钮，再单击"确定"按钮，刀口画出。同样的方法打出袖口部位的刀口，如图 7-74（2）所示。

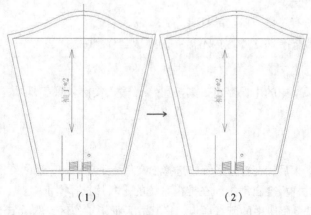

（1）　　　　　　　　　（2）

图 7-74

（6）按照与袖子打刀口相同的方法打出后片褴位线上、前后片腰线上，领座两侧圆头部位的刀口。

（7）选中【切断】工具 ，将袖山弧线在袖山顶点切断。

（8）打开【记号】菜单，选择下拉菜单【刀口】下的【袖对刀】命令，先框选前里襟片袖窿弧线的下端，右键单击；再框选前袖山弧线的下端，右键单击；然后框选后袖窿弧线的下端，右键单击；最后框选后袖山弧线的下端，右键单击，弹出【袖对刀设定】对话框，在对话框中设置刀口位置如图 7-75 所示，单击"再计算"按钮，再单击"确定"按钮，刀口画出，如图 7-76 所示。

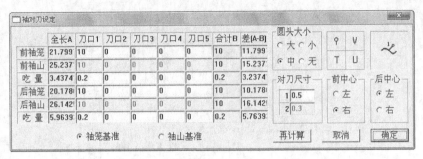

图 7-75

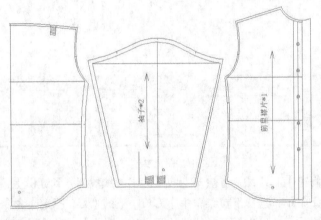

图 7-76

（9）选中【对刀】工具，在【刀口 1】输入框中输入"10"，将后片另一侧和前门襟片袖窿弧线上的的对位刀口打出。

至此，样板上的所有对位刀口全部打出。

选中【删除】工具，将工作区内不需要的样板全部删除。

7. 保存

单击【画面工具条】中的【保存】工具按钮，输入文件名保存即可。

7.2.2 推板

男衬衫打板全部结束后，在打板系统中选择【文件】菜单中的【返回推板】命令，进入推板系统，打板系统中保存的样板会自动排列在推板系统的【衣片选择框】中。

鼠标单击【衣片选择框】中的所有样板，将其放入推板工作区，然后单击【工具条】上的【隐藏放码点】工具按钮，将其按起，样板的所有放码点以黑色显示。

1. 单 Y 方向放码

（1）选中【工具条】上的【单 Y 方向移动点】工具，鼠标左键框选门、里襟袖衩下端的所有点，右键单击，弹出【放码量输入】对话框。在【移动量】输入框中输入"-0.5"，回车，或者单击"确定"按钮，门、里襟袖衩会自动在 Y 方向向下推放 0.5cm 的放码量，如图 7-123（1）

所示；左键框选袖头的下端，在【移动量】输入框中输入 "-1"，回车，完成袖头 Y 方向放码量的输入。

（2）选中【工具条】上的【输入横向切开线】工具 ⊓，在翻领和领座上输入 4 条横向切开线，如图 7-77（1）所示。

（3）选中【工具条】上的【输入切开量】工具 ⊠，鼠标一次性框选所有的横向切开线，然后右键单击，弹出【切开放码量输入】对话框。在【切开量 1】输入框中输入 "0.25"，回车，翻领和领座放码完成，如图 7-77（2）所示。

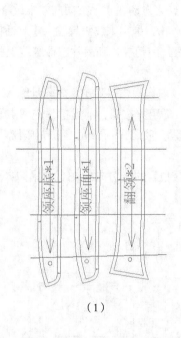
（1）

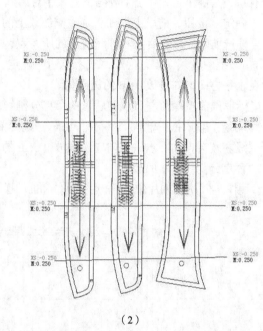
（2）

图 7-77

（4）选中【固定点】工具 •，将前、后片中线与胸围线的交点、袖中线与袖肥线的交点设为放码基准点，点变成蓝色。

（5）选中【工具条】上的【单 Y 方向移动点】工具 ，鼠标左键框选后片、前片和门襟贴边下端的所有点，右键单击，弹出【放码量输入】对话框。在【移动量】输入框中输入 "-1.1"，回车，或者单击 "确定"按钮，后片、前片和门襟贴边下端会自动在 Y 方向向下推放 1.1cm 的放码量。

（6）放码量-0.2cm，完成前后片腰线的放码；放码量0.8cm，完成后片育克分割线、前片肩点的放码；放码量0.9cm，完成前片颈侧点的放码；放码量 0.7cm，完成前片的前领中点和门襟贴边的上端点的放码。

（7）参照图 7-6，完成前里襟片和门襟贴边上的纽扣位和扣眼位以及前门襟片口袋位置的放码，如图 7-78 所示。

（8）放码量 0.6cm，完成覆肩上端 Y 方向的放码；放码量-0.6cm，完成覆肩下端 Y 方向的放码；放码量 0.2cm，完成覆肩上颈侧端 Y 方向的放码；放码量-0.2cm，完成

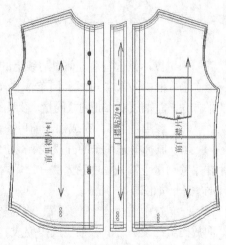
图 7-78

覆肩下颈侧端 Y 方向的放码；放码量-0.4cm，完成贴袋下端 Y 方向的放码。

（9）放码量 0.4cm，完成袖山顶点 Y 方向的放码；放码量-1.1cm，完成袖口各点及裥位的放码；放码量-0.6cm，完成开衩线上端点的放码。

男衬衫 Y 方向放码结束。

2. 单 X 方向放码

（1）选中【工具条】上的【单 X 方向移动点】工具，鼠标左键框选前里襟片和后片左侧缝线上的所有点，右键单击，弹出【放码量输入】对话框，在【移动量】输入框中输入"-1"，回车，或者单击"确定"按钮，前里襟片和后片左侧缝线上的所有点会自动在水平方向向左推放 1cm 的放码量；再框选前门襟片和后片右侧缝线上的所有点，右键单击，弹出【放码量输入】对话框，在【移动量】输入框中输入"1"，回车，或者单击"确定"按钮，前门襟片和后片右侧缝线上的所有点会自动在水平方向向右推放 1cm 的放码量。

（2）鼠标框选前里襟片左肩点和后片的育克分割线左端，右键单击，弹出【放码量输入】对话框。在【移动量】输入框中输入"-0.6"，回车，或者单击"确定"按钮，前里襟片左肩点和后片的育克分割线左端会自动在水平方向向左推放 0.6cm 的放码量；放码量 0.6cm，完成前门襟片右肩点和后片的育克分割线右端的放码。

（3）参照图 7-6，完成前片颈侧点、后片裥位和前门襟片贴袋位置的 X 方向的放码，如图 7-79 所示。

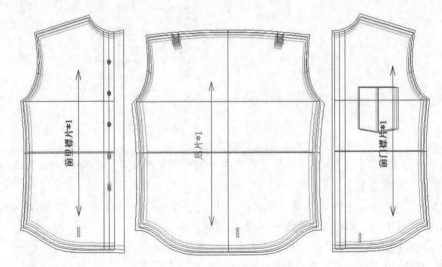

图 7-79

（4）鼠标框选覆肩左侧过肩线上的所有点，右键单击，弹出【放码量输入】对话框。在【移动量】输入框中输入"-0.1"，回车，或者单击"确定"按钮，覆肩左侧过肩线上的所有点会自动在水平方向向左推放 0.1cm 的放码量。参照图 7-6，完成覆肩的颈侧点、肩点以及前胸贴袋 X 方向的放码。

（5）参照图 7-6，完成袖子前后袖口和袖肥 X 方向的放码，如图 7-80 所示。

（6）鼠标框选袖子的开衩线、裥位线和袖中线的下端，右键单击，弹出【放码量输入】对话框。在【移动量】输入框中输入"-0.25"，回车，或者单击"确定"按钮，完成框选点 X 方向放码量的输入，如图 7-81 所示。

（7）选中【放大】工具，将袖子的袖中线下端部分放大，再框选袖中线下端点，将其 X 方向放码量的设为"0"，袖子放码完成。

（8）男衬衫放码的最终结果如图 7-82 所示。

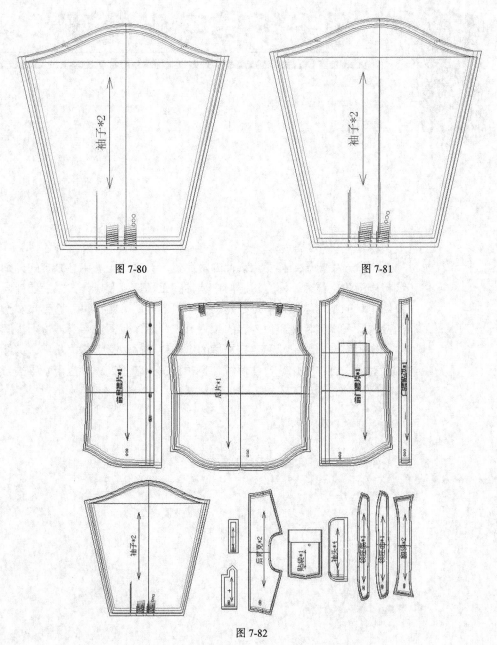

图 7-80　　　　　　　　　　　　　　　图 7-81

图 7-82

巩固练习:

练习 1: 将男衬衫的 CAD 打板与推板过程反复练习 2 遍。

练习 2: 将本节 CAD 打板与推板中用到的各种工具再练习 1 遍。

练习 3: 试一试,参照图 7-51、表 7-2 和图 7-52,完成休闲男衬衫的 CAD 打板与推板全过程。

小结:

本章详细介绍了男衬衫在富怡服装 CAD 系统中和在 NAC2000 服装 CAD 系统中打板与推板的流程和方法,重点介绍了新工具和新方法,并对两套系统中打板与推板的流程和方法做了深入的对照。

第

8

章

裙子纸样变化设计

 学习提示:

　　本章开始裙子纸样变化设计的对比学习。在这一章中,纸样的分割处理和褶裥变化是重点,深入对照两个软件在工具应用和操作方式上的异同是关键。本章的基本思路依然是在熟悉旧工具的同时,重点讲解新工具和新方法的应用。考虑到尽量避免内容的重复介绍,本章只对重点环节进行讲解,其中,辐射窄裙、袋鼠裙和育克褶裙的纸样变化是以原型裙为基础。另外,为加深对裙子纸样变化设计的理解,也达到进一步提高软件应用水平的目的,章节后面补充了与内容相应的练习。

1．辐射窄裙

辐射窄裙紧裹身体，能够很好地体现女性的优美身段，比较适合于身材苗条、体形匀称的女性穿着，具有紧身、合体，优雅、性感的风格特点。

（1）辐射窄裙的款式概述。

腰鼓造型，紧身合体，装腰头，后腰钉纽扣，前片弧形收省呈盾形，两侧设斜插袋，各收两个辐射状褶裥，以增强裙子的立体感和层次感，后片宽育克分割，强化腰臀造型，后中开片，上段装隐形拉链，下段开衩，如图 8-1 所示。

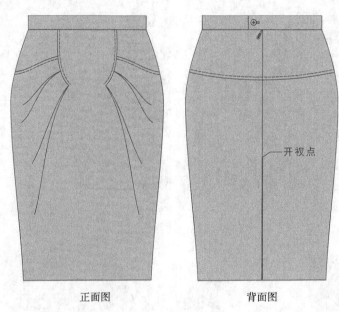

正面图　　　　　　　　　　背面图

——开衩点

图 8-1

（2）辐射窄裙的制图规格。

辐射窄裙的制图需要 4 个尺寸，如表 8-1 所示。

表 8-1　　　　　　　　　　　　辐射窄裙的制图规格

单位	裙长	腰围	基本臀围	臀高
cm	60	66	90	17

（3）辐射窄裙的基本纸样结构和变化。

辐射窄裙的基本纸样结构和变化如图 8-2 所示。

（4）辐射窄裙的基本样片。

辐射窄裙的基本样片如图 8-3 所示。

2．袋鼠裙

袋鼠裙因其褶裥造型酷似袋鼠的腹袋造型而得名，具有简约、干练，优雅、活泼的风格特点。

（1）袋鼠裙的款式概述。

腰鼓变体造型，上下紧，中间松，装腰头，后腰钉纽扣，前、后片捏裥向侧缝自然过渡，形成像鼠袋一样的造型，以增强裙子的立体感、层次感和活泼感，无侧缝，前、后开片，后中上段装隐形拉链，下段开衩，如图 8-4 所示。

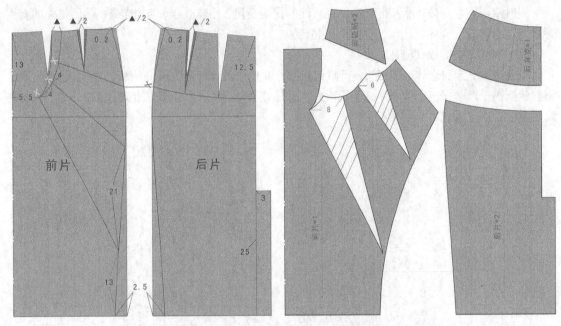

图 8-2

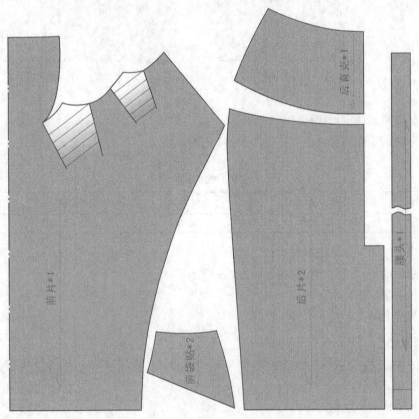

图 8-3

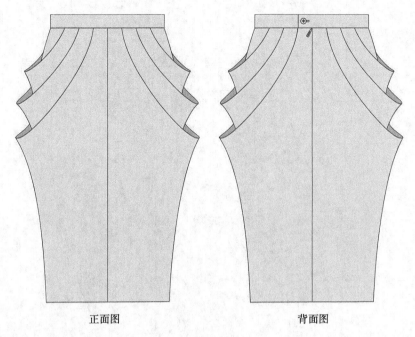

正面图　　　　　　　　　　背面图

图 8-4

（2）袋鼠裙的制图规格。

袋鼠裙的制图需要 4 个尺寸，如表 8-2 所示。

表 8-2　　　　　　　　　　　　　　袋鼠裙的制图规格

单位	裙长	腰围	基本臀围	臀高
cm	60	66	90	17

（3）袋鼠裙的基本纸样结构和变化。

袋鼠裙的基本纸样结构和变化如图 8-5 所示。

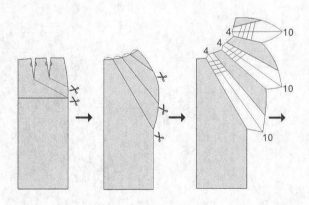

图 8-5

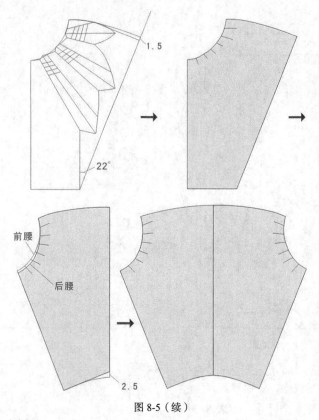

图 8-5（续）

（4）袋鼠裙的基本样片。

袋鼠裙的基本样片如图 8-6 所示。

3. 育克褶裙

育克褶裙上紧下松，穿脱方便，动静皆宜，具有简约、大方，轻快、活泼的风格特点。

（1）育克褶裙的款式概述。

A 字造型，装腰头，侧缝装拉链，弧形育克分割，裙片均匀设 3 个工字褶，前后片结构相同，如图 8-7 所示。

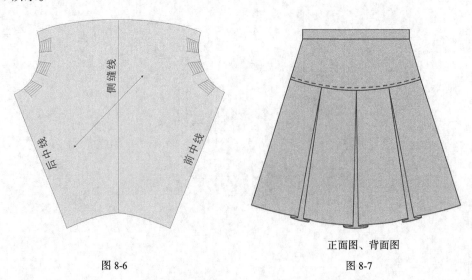

图 8-6

正面图、背面图

图 8-7

（2）育克褶裙的制图规格。

育克褶裙的制图需要 4 个尺寸，如表 8-3 所示。

表 8-3 育克褶裙的制图规格

单位	裙长	腰围	基本臀围	臀高
cm	42	66	90	17

（3）育克褶裙的基本纸样结构和变化。

育克褶裙的基本纸样结构和变化如图 8-8 所示。

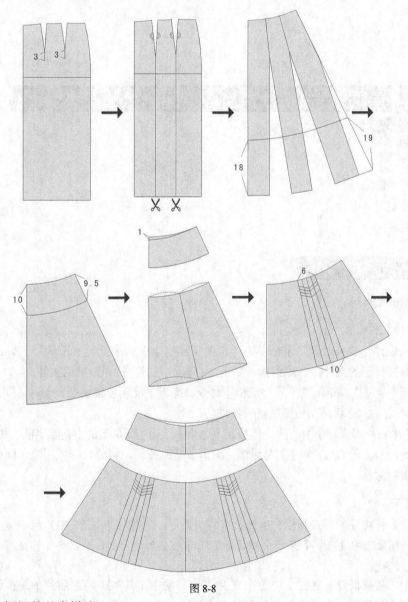

图 8-8

（4）育克褶裙的基本样片。

育克褶裙的基本样片如图 8-9 所示。

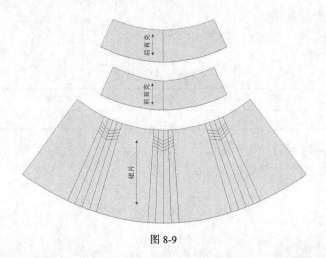

图 8-9

8.1 富怡服装 CAD 系统中的裙子纸样变化设计

 重点、难点：

- 纸样分割与展开。
- 褶裥处理。

8.1.1 辐射窄裙的纸样设计

辐射窄裙的纸样设计过程如下。

1. 调用原型裙样板

（1）进入设计与放码系统，鼠标单击【快捷工具栏】中的【打开】工具 ，弹出【打开】对话框，选择需要打开的文件——原型裙，单击"打开"按钮，打开原型裙文件。

（2）选择【号型】菜单下的【号型编辑】命令，弹出【设置号型规格表】对话框，在对话框中将 S 码和 L 码删除，重新保存号型规格表文件。

（3）选中【衣片列表框】中的前片样板，再选中【纸样】菜单下的【删除当前选中纸样】命令，弹出【富怡设计与放码 CAD 系统】对话框，单击"是"按钮，将前片样板删除。同样的方法将后片和腰头样板删除。

操作提示：

如果要一次性将【纸样工具栏】中的所有样板删除，可先按下 Ctrl+F12 组合键，将所有样板放入工作区，然后选中【纸样】菜单中的【删除工作区全部纸样】命令，会弹出【富怡设计与放码 CAD 系统】对话框，单击"是"按钮即可。

（4）选中【传统设计工具栏】中的【成组粘贴/移动】工具 ，将前后片的结构线复制一份；选中【橡皮擦】工具 ，将不需要的辅助线、点删除；选中【成组粘贴/移动】工具 ，按住键盘上的 Ctrl 键，将前片与后片的结构线移动摆放到合适位置，具体如图 8-10 所示。

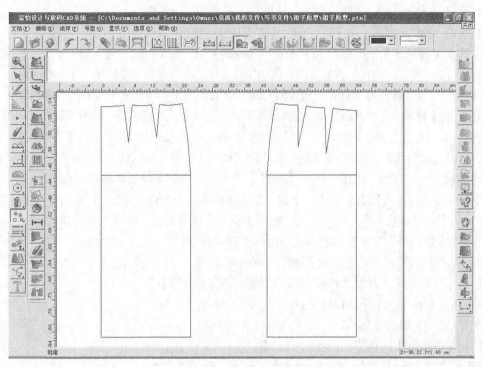

图 8-10

（5）选中【传统设计工具栏】中的【收省】工具，鼠标单击前片腰线为开省线，再单击前片省中线，然后在空白处单击指示省的倒向侧，弹出【省宽】对话框。在【省宽】输入框中输入省量 "2"，单击 "确定" 按钮，省出现，并显示省闭合后的腰线效果。鼠标移到调节点上，移动调节点，将腰线调圆顺，右键单击，第一个省开出，同样的方法开出第二个省，以上操作如图 8-11 所示。同样的方法开出后片的省。

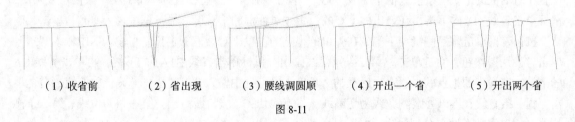

（1）收省前　　　（2）省出现　　　（3）腰线调圆顺　　　（4）开出一个省　　　（5）开出两个省

图 8-11

⚠ **注意：**

在开后片的第二个省时，如果省中线没有交到腰线上，则要用【智能笔】工具将省中线切齐到腰线，再进行收省处理。

（6）选中【橡皮擦】工具，将前后片的省口折线删除。

（7）选择【文档】菜单中的【另存为】命令，弹出【保存为】对话框，输入文件名 "纸样变化原型裙"，单击 "保存" 按钮。

（8）再次选择【文档】菜单中的【另存为】命令，弹出【保存为】对话框，输入文件名 "辐射窄裙"，单击 "保存" 按钮即可。

2．纸样设计

（1）前片纸样设计。

① 选中【智能笔】工具 ，鼠标单击前中线的上端，在【点的位置】对话框的【长度】输入框中输入"13"，单击"确认"按钮，向右拖动鼠标再单击，在弹出的【长度】输入框中输入"5.5"，单击"确定"按钮，画一水平线段，线段的右端点为 A 点。鼠标单击水平线段的右端找到 A 点，再右键单击，将【智能笔】工具 切换到曲线状态 ，空白位置再定三点，第五点定在前中第一个省的右省线的上端点为 B 点，右键单击；再次单击水平线段的右端找到 A 点，空白位置再定三点，鼠标单击中间腰线的左端，在弹出【点的位置】对话框的【长度】输入框中输入"2"，单击"确认"按钮，找到 C 点，右键单击结束。选中【调整】工具 ，将两条曲线调圆顺，弧线省画出。

② 选中【延长曲线端点】工具 ，鼠标单击中间腰线的右端，弹出【调整曲线长度】对话框，在对话框的【长度增减】输入框中输入"0.5"，单击"OK"按钮，将该线在右端延长 0.5，端点为 B1；同样的方法，将右侧腰线的左端向左延长 0.5，端点为 C1。选中【智能笔】工具 ，重新画出省道线，省尖点为 A1。

③ 将【智能笔】工具 切换到丁字尺状态 ，过臀腰侧缝线上端点向左 1cm 画一水平线段，再过水平线段左端点向上 0.3cm 画一竖直线段，上端点为 D 点。

④ 将【智能笔】工具 切换到曲线状态，C1 点、D 点、D 点、臀围线右端点曲线连接，选中【调整】工具 ，将两条曲线调圆顺。以上操作如图 8-12 所示。

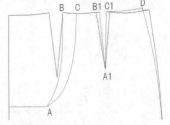

图 8-12

⑤ 选中【智能笔】工具 ，臀围线右端为起点，向下空白位置再定三点，鼠标单击下摆线的右端，在弹出的【点的位置】对话框的【长度】输入框中输入"2.5"，单击"确认"按钮，找到 J 点，右键单击结束。选中【调整】工具 ，将曲线调圆顺，并与下摆线垂直，臀摆侧缝线画出。选中【对称粘贴/移动】工具 ，将臀摆侧缝线复制对称一份，留做后片用。

⑥ 选中【智能笔】工具 ，第一点定在 A 点，鼠标单击臀摆侧缝线下端，在弹出的【点的位置】对话框的【长度】输入框中输入"13"，单击"确认"按钮，右键单击，第一条裥位线画出；鼠标单击省线 CA 的下端，在弹出的【点的位置】对话框的【长度】输入框中输入"4"，单击"确认"按钮，再单击臀摆侧缝线下端，在弹出的【点的位置】对话框的【长度】输入框中输入"34"，单击"确认"按钮，右键单击，第二条裥位线画出；鼠标单击省线 B1A1 的下端，再单击省线 CA 的下端，在弹出的【点的位置】对话框的【长度】输入框中输入"8"，单击"确认"按钮，右键单击，画一条直线；再以臀腰侧缝线为切断线，将直线切齐，袋口线画出。第一条裥位线、第二条裥位线、袋口线的左端点分别为 A、E、F，右端点分别为 I、H、G。

以上操作如图 8-13 所示。

⑦ 选中【橡皮擦】工具 ，将不需要的辅助线删除。选中【智能笔】工具 ，将下摆线切齐，再将中间腰线在左端切齐。用【智能笔】工具 重画左侧腰线。选中【调整】工具 ，将曲线调圆顺，如图 8-14 所示。

⑧ 选中【专业设计工具栏】中的【剪断线】工具 ，将省线 AC 在 F 点、臀腰侧缝线在 G 点切断。选中【成组粘贴/移动】工具 ，按住键盘上的 Ctrl 键，将裙子的前袋贴 CDGF 部分剪下并移动到合适位置。用【智能笔】工具 重画 F 点到 G 点的袋口直线，如图 8-15 所示。

⑨ 选中【剪断线】工具 ，将前袋贴的线段 FG 在 A1 点切断。选中【旋转粘贴/移动】工具

，按住键盘上的 Ctrl 键，框选需要旋转的部分，右键单击，鼠标分别单击省线 A1B1 的下端和上端指示旋转的中心点和旋转点，拖动鼠标到 C1 点上再单击，省道合并。

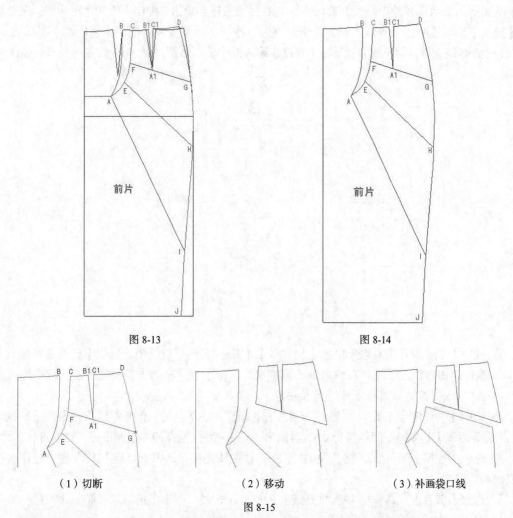

图 8-13　　　　　　　　　　　　　　　　　图 8-14

（1）切断　　　　　　　　　（2）移动　　　　　　　　　（3）补画袋口线

图 8-15

⑩ 选中【橡皮擦】工具 ，将线段 FA1、A1G 和合并后的省道线删除。

⑪ 选中【智能笔】工具 ，将 F 点与 G 点直线连接。选中【专业设计工具栏】中的【连接】工具 ，鼠标分别单击线段 CB1 和线段 C1D，右键单击，完成连接。选中【调整】工具 ，将连接后的曲线调圆顺，前袋贴的样板完成。以上操作如图 8-16 所示。

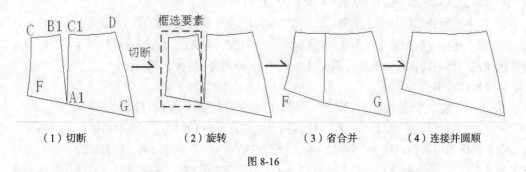

（1）切断　　　　　　　（2）旋转　　　　　　　（3）省合并　　　　　　　（4）连接并圆顺

图 8-16

⑫ 选中【剪断线】工具 ✂，将线段 AF 在 E 点、侧缝线在 H 点和 I 点切断。选中【旋转粘贴/移动】工具 ⬒，按住键盘上的 Ctrl 键，框选需要旋转的部分，右键单击，鼠标分别单击线段 AI 的下端和上端指示旋转的中心点和旋转点，向右移动鼠标再单击，弹出【旋转】对话框，在对话框的【宽度】输入框中输入数值 "8"，单击 "确定" 按钮，纸型展开。选中【智能笔】工具 ✎，将 A 点与 I 点直线连接。同样的方法，在【宽度】输入框中输入数值 "6"，EH 位置再展开，如图 8-17 所示。

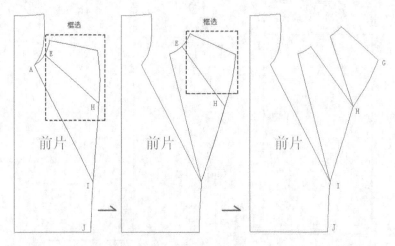

图 8-17

⑬ 选中【专业设计工具栏】中的【加省线】工具 ⬚，将开口封闭。选中【延长曲线端点】工具 ✐，鼠标单击省线的下端，在弹出的【调整曲线长度】对话框的【新长度】输入框中输入数值 "5"，单击 "OK" 按钮，将省线缩短为 5cm。

⑭ 选中【智能笔】工具 ✎，过一个省的右省口点向左下到另一侧省线画出一条活褶斜线。选中【相交等距线】工具 ⬚，间隔量为 0.5，再画出 4 条活褶线。同样的方法画出另一个省部位的活褶。

⑮ 选中【连接】工具 ✐，将线段 GH、HI、IJ 曲线连接。选中【调整】工具 ⬉，将连接后的曲线调圆顺。

⑯ 选中【剪刀】工具 ✂，鼠标框选前片的所有结构线，弹出【拾取纸样结束】对话框，单击 "确定" 按钮，生成前片的基本样板。

以上操作如图 8-18 所示。

（2）后片纸样设计。

① 选中【智能笔】工具 ✎，过后片臀腰侧缝线上端点向右 1cm 画一水平线段，再过水平线段右端点向上 0.3cm 画一竖直线段，上端点为 D1 点。

② 选中【延长曲线端点】工具 ✐，将中间腰线的左端和左侧腰线的右端各延长 0.5cm，端点为 B2、C2。选中【智能笔】工具 ✎，重新画出省道线，省尖点为 A2，再将 C2 点与 D1 点，D 点与臀围线左端点曲线连接。选中【调整】工具 ⬉，将两条曲线调圆顺。

以上操作如图 8-19 所示。

③ 选中【皮尺/测量长度】工具 ⬚，测量出前袋贴的曲线 DG 长度为 10.44cm。

④ 选中【智能笔】工具 ✎，距后中线的上端 12.5cm 找到 K 点，在空白位置单击再定一点，然后距新画出的臀腰侧缝线的上端 10.44cm 找到 G1 点，右键单击结束，后育克线画出。选中【调整】工具 ⬉，将曲线调圆顺，要求前袋口线 FG 与后育克线 G1K 在侧缝对合后线条要圆顺。

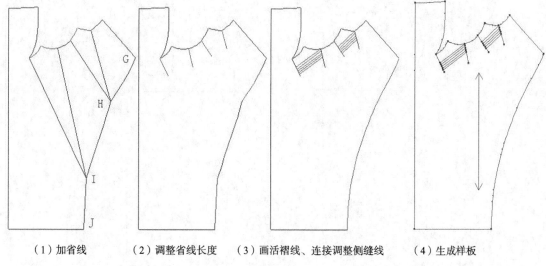

（1）加省线　　　　（2）调整省线长度　　　（3）画活褶线、连接调整侧缝线　　　（4）生成样板

图 8-18

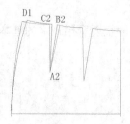

图 8-19

⑤ 选中【成组粘贴/移动】工具，按住键盘上的 Ctrl 键，将前面复制对称的前片臀摆侧缝线的上端与后片臀围线的左端对齐，后片臀摆侧缝线定出。用【智能笔】工具和【水平垂直线】工具画出后衩。

以上操作如图 8-20 所示。

⑥ 选中【橡皮擦】工具，将不需要的辅助线删除。选中【智能笔】工具，鼠标分别框选后中线的上端和衩上线，右键单击，将两线切齐，后衩完成；再框选下摆线的右端与臀摆侧缝线，右键单击，侧摆切齐。

⑦ 选中【橡皮擦】工具，将省道 C2A2B2 的左边省线 C2A2 删除。选中【智能笔】工具，将省线 B2A2 切齐到育克线上，再将 C2 点与 A2 点直线连接。同样的方法将另一个省尖也移至育克线上。

以上操作如图 8-21 所示。

⑧ 选中【剪断线】工具，将臀腰侧缝线在 G1 点、后中线在 K 点位置切断。选中【成组粘贴/移动】工具，将后片育克部分复制一份。选中【橡皮擦】工具，将后片的育克线以上的结构线删除。

⑨ 选中【剪断线】工具，将育克在省尖位置切断；选中【旋转粘贴/移动】工具，按住键盘上的 Ctrl 键，参照前片纸样并省的方法，将省道合并；再选中【连接】工具，将腰口线和育克线接成整线；选中【调整】工具，将曲线调圆顺；选中【橡皮擦】工具，将省线删除。

⑩ 选中【剪刀】工具，鼠标框选后片的所有结构线，弹出【拾取纸样结束】对话框，单击"确定"按钮，生成前片的基本样板。同样的方法生成后育克和前袋贴的基本样板。

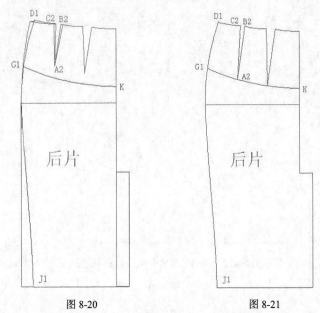

图 8-20   图 8-21

⑪ 将腰头样板画出，并保存文件。辐射窄裙最终的基本纸样如图 8-22 所示。

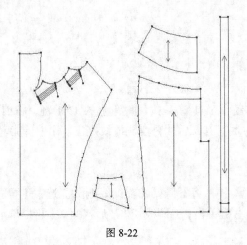

图 8-22

8.1.2　袋鼠裙的纸样设计

袋鼠裙的纸样设计过程如下。

1. 调用纸样变化原型裙样板

（1）鼠标单击【画面工具条】中的【打开文件】工具 ，将"纸样变化原型裙"文件打开。

（2）选择【文档】菜单中的【另存为】命令，弹出【保存为】对话框，输入文件名"袋鼠裙"，单击"保存"按钮即可。

2. 纸样设计

（1）前片纸样设计。

① 选中【智能笔】工具 ，分别过前片省尖点向臀腰侧缝线画直线。选中【剪断线】工具 ，将臀腰侧缝线在交点位置切断，如图 8-23（1）所示。

② 选中【旋转粘贴/移动】工具 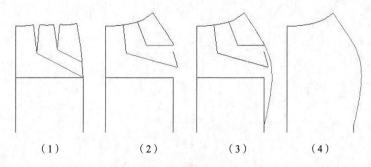，将腰省合并，并在臀腰侧缝线展开，如图 8-23（2）所示。

③ 选中【智能笔】工具 ，重画侧缝线；选中【调整】工具 ，将侧缝线调圆顺，如图 8-23（3）所示。选中【橡皮擦】工具 ，将不要的线删除，用【智能笔】工具 补画侧缝直线，如图 8-23（4）所示。

（1）　　　　（2）　　　　（3）　　　　（4）

图 8-23

④ 选中【连接】工具 ，将腰线接成整线；选中【调整】工具 ，将腰线调圆顺。

⑤ 选中【等份规】工具 ，将腰线 4 等分。选中【智能笔】工具 ，分别过等分点向臀腰侧缝线画直线。选中【专业设计工具栏】中的【刀褶展开】工具 ，鼠标框选前片结构线，右键单击；然后分别单击线段 1、2、3 的上端，将其选择为展开线，右键单击；再单击线段 4，将其选择为上段折线，右键单击；接着单击线段 5，将其选择为下段折线，右键单击，如图 8-26（1）所示。最后鼠标在前片结构线的右侧单击，弹出【刀褶展开】对话框，在对话框中设置如图 8-24 所示。单击"确认"按钮，图形展开，如图 8-26（2）所示。

⑥ 选中【传统设计工具栏】中的【量角器】工具 ，鼠标分别单击侧缝直线的 A、B 两端，在空白位置再单击，弹出【直线】对话框，在对话框中设置如图 8-25 所示，单击"确定"按钮，画出直线 AC。选中【三角板】工具 ，过 D 点作垂线交 AC 于 E 点。选中【智能笔】工具 ，G 点和距 E 点 1.5cm 的 F 点曲线连接，再将 G 点与 H 点曲线连接，并用【调整】工具 将曲线线调圆顺，如图 8-26（3）所示。

⑦ 选中【点】工具 ，将新画的腰线 GH 与裥位线的交点标出。选中【橡皮擦】工具 ，将不要的线删除。再用【智能笔】工具 将线段 AF 切齐，如图 8-26（4）所示。

图 8-24

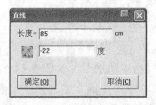

图 8-25

⑧ 用【智能笔】工具 过相应的点，长度 5cm，大致画出裥位线。然后用【调整】工具 移动线的端点，微调线的角度。选中【智能笔】工具 ，过 3 个裥的位置分别画一条裥标示斜线。选中【不相交等距线】工具 ，参照图 8-27 所示的对话框设置，画出每个裥的裥标示斜线。选中【智能笔】工具 ，过 G 点和前中线距 H 点 1cm 的 H1 点曲线连接，再用【调整】工具 将曲线

调圆顺，后腰线画出。

以上操作如图 8-28（1）所示。

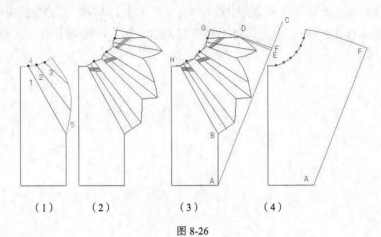

图 8-26

⑨ 选中【智能笔】工具✐，鼠标框选一个裥的所有裥标示斜线，再分别单击两边的裥位线，将裥标示斜线切齐。同样的方法将其他两个裥的裥标示斜线切齐，如图 8-28（2）所示。

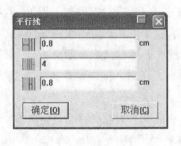

图 8-27

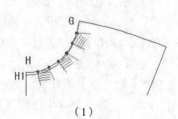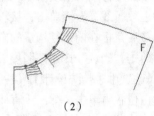

（1）　　　　　　　　　　　（2）

图 8-28

⑩ 选中【智能笔】工具✐，过 A 点向上画垂直线 AJ，如图 8-29（1）所示。选中【旋转粘贴/移动】工具🖼，按住键盘上的 Ctrl 键，旋转前片的结构线，使 AF 与 AJ 对齐，如图 8-29（2）所示。

⑪ 选中【橡皮擦】工具✐，将线段 AJ 删除。选中【延长曲线端点】工具✐，将线段 FA 向下延长 2cm。选中【智能笔】工具✐，重画下摆线，并用【调整】工具➤将下摆调圆顺，如图 8-29（3）所示。

前片纸样设计基本完成。

（2）后片纸样设计。

① 选中【橡皮擦】工具✐，将下摆直线删除。选中【对称粘贴/移动】工具◭，以 A1F 为对称线，将样板对称展开，如图 8-30（1）所示。

② 选中【橡皮擦】工具✐，将图 8-30（1）中左右红色加粗显示的前腰线和后腰线删除，并将所有点全部删除，保留左边的后腰线和右边的前腰线以及裥位线。

③ 选中【成组粘贴/移动】工具🖼，将左边的裥位线移动对齐到后腰线上，没有交到后腰线上的裥位线用【智能笔】工具✐切齐到后腰线，长度有差异的裥位线可用【延长曲线端点】工具✐调齐，最终结果如图 8-30（2）所示。

④ 选中【剪刀】工具✂，框选生成样板，如图 8-31（1）所示。选中【纸样工具栏】中的【布

纹线和两点平行】工具 ▤，鼠标移动到左工作区生成的样板的布纹线上右键单击，将布纹线调成 45° 斜丝，如图 8-31（2）所示。前后片纸样设计完成。

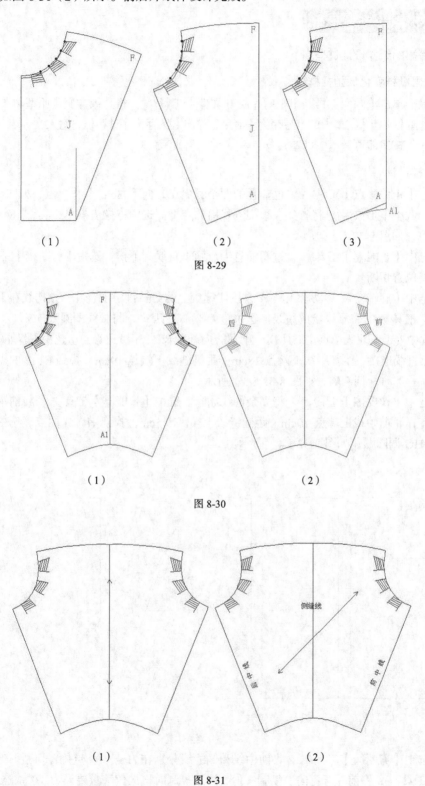

（1）　　　　　　　　（2）　　　　　　　　（3）

图 8-29

（1）　　　　　　　　　　（2）

图 8-30

（1）　　　　　　　　　　（2）

图 8-31

⑤ 将腰头样板画出，袋鼠裙的纸样设计完成，保存文件即可。

8.1.3 育克褶裙的纸样设计

育克褶裙的纸样设计过程如下。

1. 调用纸样变化原型裙样板

（1）鼠标单击【画面工具条】中的【打开文件】工具 📂，将"纸样变化原型裙"文件打开。

（2）选择【文档】菜单中的【另存为】命令，弹出【保存为】对话框，输入文件名"育克褶裙"，单击"保存"按钮即可。

2. 纸样设计

（1）选中【偏移点】工具 🖾，过前片的两个省尖点，向下 3cm 各找一点，如图 8-32（1）所示。选中【调整】工具 🖈，将省尖点移到刚找出的点上。选中【橡皮擦】工具 ✏️，将点删除，将臀围线删除，如图 8-32（2）所示。

（2）选中【智能笔】工具 🖊，过新的省尖点画垂直线到下摆。选中【剪断线】工具 ✂️，将下摆线在交点位置切断。

（3）选中【旋转粘贴/移动】工具 🖾，按住键盘上的 Ctrl 键将省合并，结构线在下摆打开。选中【连接】工具 🖎，将腰线接成整线。选中【调整】工具 🖈，将腰线调圆顺。

（4）选中【延长曲线端点】工具 🖾，下摆线向外延长 5cm 找到 C 点。选中【智能笔】工具 🖊，B 点、C 点直线连接；距前中线下端点 18cm，距侧缝线下端点 19cm，找到 E、F 两点。选中【调整】工具 🖈，将 EF 调圆顺，如图 8-32（3）所示。

（5）选中【橡皮擦】工具 ✏️，将多余的线删除。选中【智能笔】工具 🖊，将前中线和侧缝线在下摆切齐；距前中线上端点 10cm，距侧缝线上端点 9.5cm，找到 H、G 两点。选中【调整】工具 🖈，将 HG 调圆顺，如图 8-32（4）所示。

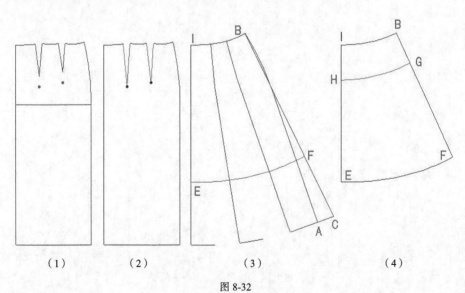

（1）　　　　（2）　　　　（3）　　　　（4）

图 8-32

（6）选中【剪断线】工具 ✂️，将前中线和侧缝线分别在 H 点、G 点位置切断。选中【成组粘贴/移动】工具 🖾，将前片育克向上复制一份，注意复制时横向偏移量要设为"0"。选中【橡皮擦】

工具![工具图标]，将前片多余的线删除。

（7）选中【智能笔】工具![智能笔图标]，在前育克的基础上画出后腰线 BI1，并用【调整】工具![调整图标]将后腰线 BI1 调圆顺。

以上操作如图 8-33 所示。

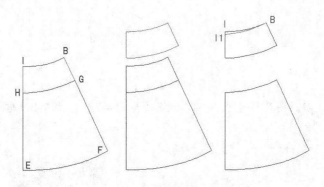

图 8-33

（8）选中【专业设计工具栏】中的【工字褶展开】工具![工字褶展开图标]，鼠标框选前片结构线，右键单击。再次右键单击，再单击育克分割线，将其选择为上段折线，右键单击；接着单击下摆线，将其选择为下段折线，右键单击，如图 8-35（1）所示。最后鼠标在前片结构线的右侧单击，弹出【工字褶展开】对话框，在对话框中的设置如图 8-34 所示，单击"确认"按钮，图形展开，如图 8-35（2）所示。

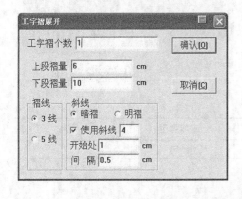

图 8-34

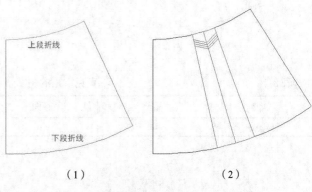

（1）　　　　　　　　（2）

图 8-35

（9）选中【对称粘贴/移动】工具![对称粘贴图标]，前中线为对称线，将育克和前片结构线对称展开。

（10）选中【工字褶展开】工具![工字褶展开图标]，鼠标框选展开的前片结构线，右键单击，然后以前中线为展开线、育克分割线为上段折线、下摆线为下段折线，如图 8-36 所示，在前中线上再加一个工字褶。

（11）选中【智能笔】工具![智能笔图标]，过中间褡位线的上端点向下画一垂直线。选中【旋转粘贴/移动】工具![旋转粘贴图标]，按住键盘上的 Ctrl 键，以中间褡位线为对称轴线，将前片样板调成垂直摆放，如图 8-37 所示。

（12）选中【剪刀】工具![剪刀图标]，生成前育克、后育克和裙片样板，纸样设计过程结束。最终效果如图 8-38 所示。

 巩固练习：

练习 1：将本节所讲的裙子纸样变化设计过程反复练习 2 遍。

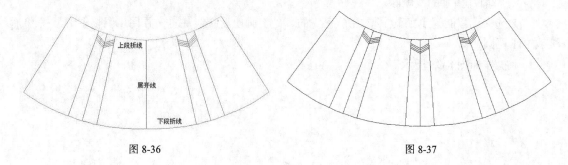

图 8-36　　　　　　　　　　　　　　　　　　图 8-37

练习 2：试一试，参照图 8-39 至图 8-42、表 8-4 至表 8-7，完成这 4 款裙子的纸样设计。

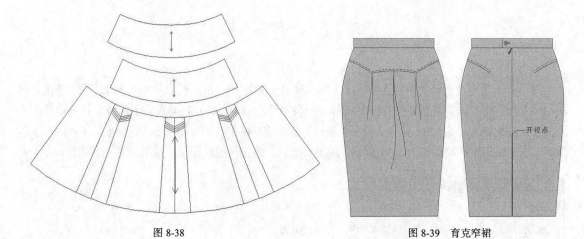

图 8-38　　　　　　　　　　　　　　　　图 8-39　育克窄裙

表 8-4　　　　　　　　　　　　　　　　育克窄裙的制图规格

单位	裙长	腰围	基本臀围	臀高
cm	60	66	90	17

图 8-40

表 8-5　　　　　　　　　　　　　　　　A 字褶裙的制图规格

单位	裙长	腰围	基本臀围	臀高
cm	42	66	90	17

图 8-41

表 8-6 　　　　　　　　　　　　花瓣裙的制图规格

单位	裙长	腰围	基本臀围	臀高
cm	42	66	90	17

图 8-42

表 8-7 　　　　　　　　　　　　圆裙的制图规格

单位	裙长	腰围
cm	60	66

8.2 NAC2000 服装 CAD 系统中的裙子纸样变化设计

 重点、难点：

- 纸样分割与展开。
- 褶裥处理。

8.2.1 辐射窄裙的纸样设计

辐射窄裙的纸样设计过程如下。

1. 调用原型裙样板

（1）进入推板系统，鼠标单击【工具条】中的【文件打开】工具 📂，弹出【打开】对话框，选择需要打开的文件——原型裙，单击"打开"按钮，打开原型裙文件。

（2）单击【工具条】中的【布片全选】工具 🖾，将所有样板放入推板工作区。选择【点放码】菜单中的【删除所有放码规则】命令，弹出【Agrd】对话框，单击"确定"按钮，将所有点的放码规则删除。

（3）选择【编辑】菜单中的【层删除】命令，弹出【层删除】对话框，单击"确定"按钮，将除基础层以外的所有层的样板全部删除。

（4）选择【文件】菜单中的【返回打板】命令，进入打板系统。

（5）选中【删除】工具 ✐，将裙子前片的左半部分、腰头及所有的丝缕线、样板名称、省折线、省中线、刀口等全部删除。

（6）选择【文件】菜单中的【另存为】命令，弹出【另存为】对话框，输入文件名"纸样变化原型裙"，单击"保存"按钮。

（7）再次选择【文件】菜单中的【另存为】命令，弹出【另存为】对话框，输入文件名"辐射窄裙"，单击"保存"按钮即可。

2. 纸样设计

将文字输入法切换到英文输入状态，开始纸样设计。

（1）前片纸样设计。

① 选中【水平线】工具 ▬，在输入框中输入"13"，回车，鼠标单击前中线的上端，在输入框中输入"5.5"，回车，画一水平线段，线段的右端点为 A 点。选中【曲线】工具 ∿，鼠标单击水平线段的右端找到 A 点，在空白位置再定三点，第五点定在前中第一个省的右省线的上端点为 B 点，右键单击；再次单击水平线段的右端找到 A 点，在空白位置再定三点，在输入框中输入"2"（▲的量），回车，鼠标单击中间腰线的左端找到 C 点，右键单击结束。选中【点列修正】工具 ₹，将两条曲线调圆顺，弧线省画出。

② 选中【长度调整】工具 ＼，在输入框中输入 0.5，回车，鼠标依次单击中间腰线的右端和右侧腰线的左端，右键单击，两条曲线各延长 0.5cm，端点为 B1、C1。选中【两点线】工具 ＼，重新画出省道线，省尖点为 A1。

③ 选中【水平线】工具 ▬，过臀腰侧缝线上端点向左 1cm 画一水平线段，选中【垂直线】工具 ▮，过水平线段左端点向上 0.3cm 画一竖直线段，上端点为 D 点。

④ 选中【曲线】工具 ∿，C1 点、D 点，D 点、臀围线右端点曲线连接，选中【点列修正】工具 ₹，将两条曲线调圆顺。

以上操作如图 8-43 所示。

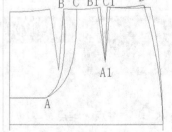

图 8-43

⑤ 选中【曲线】工具 ∿，臀围线右端为起点，向下空白位置再定 3 个点，在输入框中输入"2.5"，回车，鼠标单击下摆线的右端找到 J 点，右键单击结束。选

中【点列修正】工具 ᘿ，将曲线调圆顺，并与下摆线垂直，臀摆侧缝线画出。选中【垂直反转复写】工具 ᔕ，将臀摆侧缝线复制对称一份，留做后片用。

⑥ 选中【两点线】工具 ∖，第一点定在 A 点，在输入框中输入 "13"，回车，鼠标单击臀摆侧缝线下端，第一条裥位线画出；在输入框中输入 "4"，回车，鼠标单击省线 CA 的下端，在输入框中输入 "34"，回车，鼠标单击臀摆侧缝线下端，第二条裥位线画出；鼠标单击省线 B1A1 的下端，在输入框中输入 "8"，回车，鼠标单击省线 CA 的下端，画一条直线；选中【单侧修正】工具 ᔕ，臀腰侧缝线为切断线，将直线切齐，袋口线画出。第一条裥位线、第二条裥位线、袋口线的左端点分别为 A、E、F，右端点分别为 I、H、G。

以上操作如图 8-44 所示。

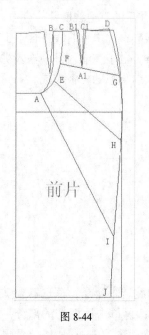

图 8-44

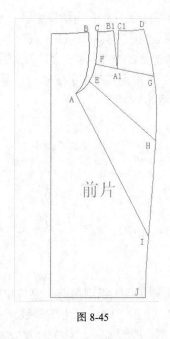

图 8-45

⑦ 选中【删除】工具 ᘿ，将不需要的辅助线删除。选中【连接角】工具 ∨，框选臀摆侧缝线与下摆线的相交部位，将下摆线切齐，再框选弧线省右省线 CA 与中间腰线的相交部位，将中间腰线在左端切齐。

⑧ 选中【长度调整】工具 ᘿ，将弧线省左省线 BA 在上端缩短 0.1~0.2cm。选中【曲线】工具 ⌒，重画左侧腰线。选中【点列修正】工具 ᘿ，将曲线调圆顺。再用【直角化】工具 ᢣ 将腰线与前中线的夹角调成直角。

以上操作如图 8-45 所示。

⑨ 选中【纸样工具条】中的【平移】工具 ᔕ，框选需要剪开的部分，右键单击；再指示袋口线为剪开线，右键单击；左键单击需要移动的部分，在屏幕两点位置单击指示移动的距离，纸样被剪开，如图 8-46 所示。

⑩ 选中【自由移动】工具 ✥，框选前袋贴的样板，将其再移开一些。选中【切断】工具 ᔕ，将线段 FG 在 A1 点切断。

⑪ 选中【旋转移动】工具 ᔕ，框选需要旋转的部分，右键单击；鼠标分别单击省线 B1A1 的下端和上端指示移动前的两点，再分别单击省线 C1A1 的下端和上端指示移动后的对应两点，省道

合并。

图 8-46

⑫ 选中【删除】工具 ⟋ ，将线段 FA1、A1G 和合并后的省道线删除。

⑬ 选中【两点线】工具 ＼ ，将 F 点与 G 点直线连接；选中【曲线拼合】工具 ⊢＼ ，鼠标分别单击线段 CB1 和线段 C1D 指示要进行拼合的要素，右键单击；在输入框中输入拼合后的点数 "4"，回车，右键单击；单击【再表示】按钮 ▣ ，刷新画面，前袋贴的样板完成。

以上操作如图 8-47 所示。

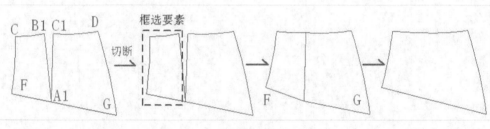

图 8-47

⑭ 选择【纸样】→【纸型剪开】菜单中的【定量旋转】命令，框选需要剪开的部分，右键单击；单击线段 AI 的下端指示为剪开线，右键单击；再单击被框选的部分一侧，输入端点的移动量 "8"，回车，纸型展开。同样的方法，端点的移动量为 6cm，EH 位置再展开，如图 8-48 所示。

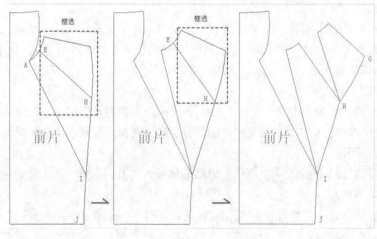

图 8-48

⑮ 选中【省折线】工具 ，将开口封闭。选中【删除】工具 ，将生成的省中线删除。

⑯ 选择【纸样】→【褶】菜单中的【活褶】命令，输入省道长度"5"，回车；输入斜线间隔"1"，回车；鼠标单击第一个省右省口线的上端指示倒向侧的省线，再单击第一个省左省口线的上端指示另一侧的省线，活褶画出。同样的方法画出另一个活褶。

⑰ 选中【曲线拼合】工具 ，将线段 GH、HI、IJ 进行拼合。前片基本纸样设计完成。

以上操作如图 8-49 所示。

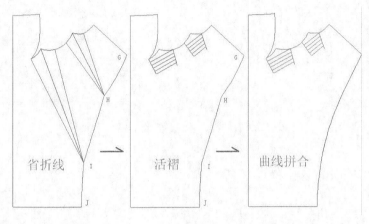

图 8-49

（2）后片纸样设计。

① 参照前片纸样设计，选中【水平线】工具 ，过后片臀腰侧缝线上端点向右 1cm 画一水平线段。选中【垂直线】工具 ，过水平线段右端点向上 0.3cm 画一竖直线段，上端点为D1 点。

② 选中【长度调整】工具 ，在输入框中输入"0.5"，回车，鼠标依次单击中间腰线的左端和左侧腰线的右端，右键单击，两条曲线各延长 0.5cm，端点为 B2、C2。选中【两点线】工具 ，重新画出省道线，省尖点为 A2。选中【曲线】工具 ，将 C2 点与 D1 点，D 点与臀围线左端点曲线连接。选中【点列修正】工具 ，将两条曲线调圆顺。

③ 选中【要素长度】工具 ，测量出前袋贴的曲线 DG 长度为 10.44cm。

④ 选中【曲线】工具 ，在输入框中输入"12.5"，回车，鼠标单击后中线的上端找到 K 点，在空白位置单击再定一点，在输入框中输入"10.44"，回车，鼠标单击新画出的臀腰侧缝线的上端找到 G1 点，右键单击结束，后育克线画出。选中【点列修正】工具 ，将曲线调圆顺，要求前袋口线 FG 与后育克线 G1K 在侧缝对合后线条要圆顺。

⑤ 选中【指定移动复写】工具 ，将前面复制对称的前片臀摆侧缝线的上端与后片臀围线的左端对齐，后片臀摆侧缝线定出。用【水平线】工具 和【垂直线】工具 画出后开衩。

以上操作如图 8-50 所示。

⑥ 选中【删除】工具 ，将不需要的辅助线删除。选中【连接角】工具 ，框选衩上线与后中线的相交部位，后衩完成；框选臀摆侧缝线与下摆线的相交部位，侧摆切齐。

⑦ 选中【端移动】工具 ，鼠标单击省道 C2A2B2 的省尖一端，右键单击；鼠标单击【画面工具条】中的【投影点】 按钮，再单击省中线延长线与育克线相交的位置，将省尖移至育克线上。同样的方法将另一个省尖也移至育克线上。

以上操作如图 8-51 所示。

⑧ 选中【纸样工具条】中的【平移】工具 ，鼠标框选需要剪开的部分，右键单击；然后指示育克线为剪开线，右键单击；再左键单击需要移动的部分，在屏幕两点位置单击指示移动的距离，纸样被剪开，上面为育克，下面为后片，如图 8-52 所示。

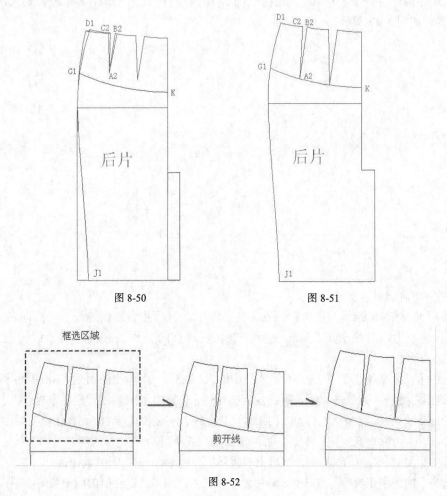

图 8-50   图 8-51

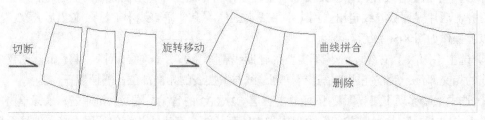

图 8-52

⑨ 选中【切断】工具 ，将育克在省尖位置切断。选中【旋转移动】工具 ，参照前片纸样并省的方法，将省道合并。再选中【曲线拼合】工具 ，将腰口线和育克线拼合圆顺。选中【删除】工具 ，将省线删除。至此，后片纸样设计完成，如图 8-53 所示。

切断   旋转移动   曲线拼合

删除

图 8-53

⑩ 将腰头样板画出，并保存文件。辐射窄裙最终的基本纸样如图 8-54 所示。

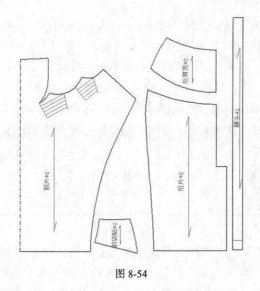

图 8-54

8.2.2 袋鼠裙的纸样设计

袋鼠裙的纸样设计过程如下。

1．调用纸样变化原型裙样板

（1）鼠标单击【画面工具条】中的【打开文件】工具 📂，将"纸样变化原型裙"文件打开。

（2）选择【文件】菜单下的【另存为】命令，弹出【另存为】对话框，输入文件名"袋鼠裙"，单击"保存"按钮即可。

2．纸样设计

将文字输入法切换到英文输入状态，开始纸样设计。

（1）前片纸样设计。

① 选中【两点线】工具 ＼，分别过前片省尖点向臀腰侧缝线画直线，注意找 K 点时，要将定位方式改为投影点 ↘ 。选中【切断】工具 ✂，将臀腰侧缝线在 K 点位置切断，如图 8-55（1）所示。选中【旋转移动】工具 🔁，将腰省合并，并在臀腰侧缝线展开，如图 8-55（2）所示。

② 选中【曲线】工具 ⌒，重画侧缝线，并用【点列修正】工具 ⌒ 调整，如图 8-55（3）所示。选中【删除】工具 ✏，将不要的线删除，用【垂直线】工具 ｜ 补画侧缝直线，如图 8-55（4）所示。

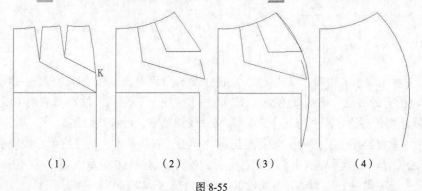

（1）　　　　（2）　　　　（3）　　　　（4）

图 8-55

③ 选中【曲线拼合】工具 ，将腰线拼成一条整线。选中【两点线】工具 ＼，分别过腰线

的 4 等分点向臀腰侧缝线画直线。选择【纸样】→【褶】菜单中的【倒褶】命令，弹出【褶设定】对话框，在对话框中的设置如图 8-56 所示，单击"确定"按钮。然后鼠标框选前片样板，再分别单击线段 1、2、3 的上端，将其选择为褶线，右键单击；再单击线段 4，将其选择为上部折线，右键单击；接着单击线段 5，将其选择为下部折线，右键单击，如图 8-57（1）所示。接着鼠标在前片样板内部的左侧单击指示褶倒向点，再次单击指示固定侧，纸样展开，如图 8-57（2）所示。

图 8-56

④ 选中【角度线】工具，以侧缝直线 AB 为基准线，线的长度为 85cm，A 点为通过点，角度-22°，画出直线 AC。选中【垂线】工具，过 D 点作垂线交 AC 于 E 点，注意输入的垂线长度要为 0，鼠标单击指示垂线的延伸方向点要在 D 点与直线 AC 之间。选中【切断】工具，将直线 AC 在 E 点位置切断。选中【曲线】工具，将 G 点和距 E 点 1.5cm 的 F 点曲线连接，再将 G 点与 H 点曲线连接，并用【点列修正】工具将曲线调圆顺，如图 8-57（3）所示。

⑤ 选中【两点线】工具，参照褶位线的方向与大小，过褶位线与腰线的交点画线段，画线过程中，注意在交点和投影点两种定位方式之间切换。选中【删除】工具，将不要的线删除，再用【连接角】工具将线段 AF 切齐，如图 8-57（4）所示。

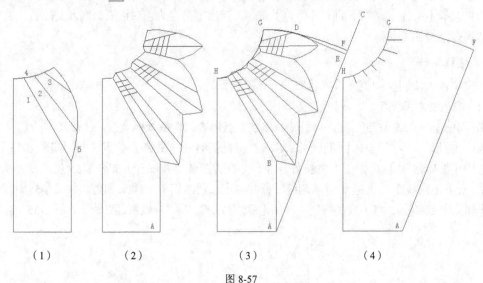

（1）   （2）   （3）   （4）

图 8-57

⑥ 选中【剪切线】工具，线的长度为 5cm，鼠标分别单击褶位线靠近腰线一侧指示固定端，右键单击，将所有的褶位线统一调成 5cm 长。选中【曲线】工具，过 G 点和前中线距 H 点 1cm 的 H1 点曲线连接，再用【点列修正】工具将曲线调圆顺，后腰线画出。

⑦ 选中【垂直补正】工具，鼠标框选前片样板，右键单击，再左键单击线段 AF 指示为垂直要素，任意位置单击指示样板中心位置，样板调整为侧缝线 AF 呈垂线摆放的状态。

⑧ 选中【长度调整】工具，将线段 FA 向下延长 2cm。选中【曲线】工具，重画下摆线，并用【点列修正】工具将下摆调圆顺。前片纸样设计基本完成。

（2）后片纸样设计。

① 选中【删除】工具 ，将下摆直线删除。选中【垂直反转复写】工具 ，以 A1F 为对称线，将样板对称展开，如图 8-58（1）所示。

② 选中【删除】工具 ，将图 8-58（1）中左右蓝色加粗显示的前腰线和后腰线删除，保留左边的后腰线和右边的前腰线以及裥位线，如图 8-58（2）所示。

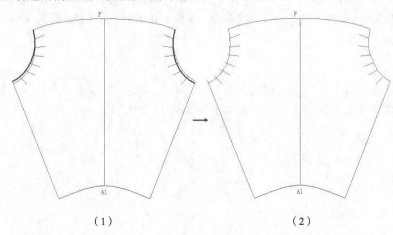

（1）　　　　　　　　　　　　　（2）

图 8-58

③ 选中【单侧修正】工具 ，将左边的裥位线和中线切齐到后腰线上。选中【剪切线】工具 ，将所有裥位线统一调成 5cm 长，如图 8-59 所示。

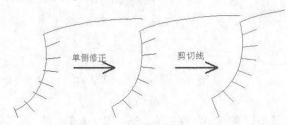

图 8-59

④ 选择【标注】菜单中的【斜线】命令，以斜线间隔 0.8cm，画出所有裥的裥标示斜线。选择【记号】→【纱向】菜单中的【顺时针纱向】命令，以侧缝线为基准线，画出 45° 布纹线，如图 8-60 所示。前后片纸样设计完成。

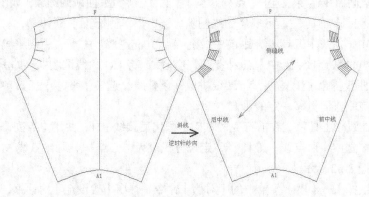

图 8-60

⑤ 将腰头样板画出，袋鼠裙的纸样设计完成。保存文件即可。

8.2.3　育克褶裙的纸样设计

育克褶裙的纸样设计过程如下。

1．调用纸样变化原型裙样板

（1）鼠标单击【画面工具条】中的【打开文件】工具 📂，将"纸样变化原型裙"文件打开。

（2）选择【文件】菜单下的【另存为】命令，弹出【另存为】对话框，输入文件名"育克褶裙"，单击"保存"按钮即可。

2．纸样设计

（1）选中【垂直线】工具 ┃，过前片的两个省尖点，向下 3cm 各画一段线，如图 8-61（1）所示。选中【两点线】工具 ＼，重画省线，如图 8-61（2）所示。

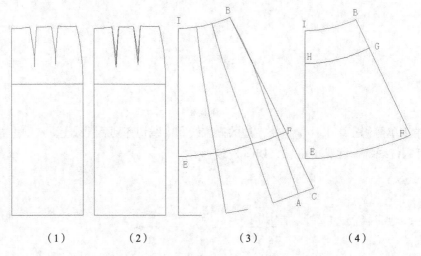

（1）　　　　（2）　　　　（3）　　　　（4）

图 8-61

（2）选中【删除】工具 🖊，将多余的线删除。选中【切断】工具 ✂，将下摆线在交点位置切断。

（3）选中【旋转移动】工具 🖪，将省合并，样板在下摆打开。

（4）选中【长度调整】工具 ＼，下摆线向外延长 5cm 找到 C 点。选中【两点线】工具 ＼，将 B 点、C 点直线连接。选中【曲线】工具 ⌒，距前中线下端点 18cm 找到 E 点、距侧缝线下端点 19cm 找到 F 点，将两点间曲线连接。选中【点列修正】工具 ⌇，将 EF 曲线调圆顺，如图 8-61（3）所示。

（5）选中【删除】工具 🖊，将多余的线删除。选中【单侧修正】工具 ⌐，将前中线和侧缝线在下摆切齐。选中【曲线】工具 ⌒，距前中线上端点 10cm 找到 H 点、距侧缝线上端点 9.5cm 找到 G 点，将两点间曲线连接。选中【点列修正】工具 ⌇，将 HG 曲线调圆顺，如图 8-61（4）所示。

（6）选中【曲线拼合】工具 ⊬，将腰线拼成一条整线。选中【平移】工具 🖽，将前片从育克线剪开，并将育克垂直向上移一定的量。

（7）选中【曲线】工具 ⌒，在前育克的基础上画出后腰线 BI1，并用【点列修正】工具 ⌇ 将后腰线 BI1 调圆顺。选中【两点线】工具 ＼，定位方式改为中心点 ⊹，画出直线 MN。

以上操作如图 8-62 所示。

（8）选择【纸样】→【褶】菜单中的【对褶】命令，弹出【褶设定】对话框，在对话框中的设置如图 8-63 所示，单击"确定"按钮。鼠标框选前片样板，然后单击线段 MN，将其选择为褶线，右键单击；再单击线段 1，将其选择为上部折线，右键单击；接着单击线段 2，将其选择为下部折线，右键单击，如图 8-64（1）所示。接着鼠标在前片样板内部的左侧单击指示固定侧，纸样展开，如图 8-64（2）所示。

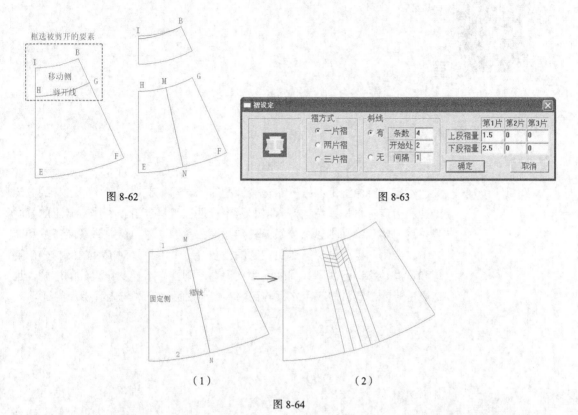

图 8-62　　　　　　　　　　　　　　　　　　　图 8-63

图 8-64

（9）选中【垂直反转复写】工具，前中线为对称线，将育克和前片样板对称展开。

（10）选中【对褶】命令，按照与步骤（8）完全相同的方法，在前片样板中线上加出对褶。选中【垂直补正】工具，以前片中线为基准线，将前片摆正。

（11）选中【指定移动复写】工具，将育克复制一份。选中【删除】工具，将多余的线删除。选中【单侧修正】工具，将中线切齐到后腰线上。

（12）选中【平行纱向】工具，画出前、后育克和裙片的布纹线，纸样设计过程结束，最终效果如图 8-65 所示。

图 8-65

 巩固练习：

练习 1：将本节所讲的裙子纸样变化设计过程反复练习 2 遍。

练习 2：试一试，参照图 8-39 至图 8-42、表 8-6 至表 8-9，完成这 4 款裙子的纸样设计。

小结：

本章介绍了 3 款有代表性的裙子在两套系统中的纸样变化方法，重点是纸样分割、展开、褶裥处理和新工具、新方法的应用，操作流程和方法对照、灵活应用是关键。

第

9 章

原型上衣纸样变化设计

 学习提示：

本章开始原型上衣纸样变化设计的对比学习。在这一章中，纸样的分割处理和省道转移是重点，深入对照两个软件在工具应用和操作方式上的异同是关键。本章的基本思路依然是在熟悉旧工具的同时，重点讲解新工具和新方法的应用。考虑到尽量避免内容的重复介绍，本章只对前片的纸样分割处理和省道转移进行讲解。另外，为加深对原型上衣纸样变化设计的理解，也达到进一步提高软件应用水平的目的，章节后面补充了与内容相应的练习。

1．弯勾省上衣

（1）弯勾省上衣的款式概述。

直筒外形，圆领，衣长齐腰，直筒长袖，袖长齐手腕骨，正面通过纸样分割和省道转移处理，使分割片呈弯勾造型，背面肩部位置左、右各收一个肩胛骨省，如图 9-1 所示。

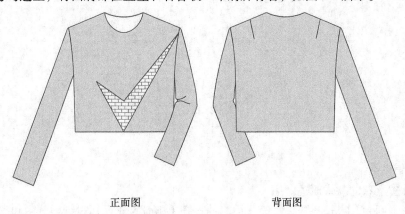

正面图　　　　　　　背面图

图 9-1

（2）弯勾省上衣前片的基本纸样结构和变化。

弯勾省上衣前片的基本纸样结构和变化如图 9-2 所示。

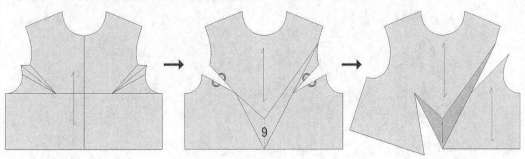

图 9-2

2．辐射省上衣

（1）辐射省上衣的款式概述。

直筒外形，圆领，衣长齐腰，直筒长袖，袖长齐手腕骨，正面在领口有规律收省，使其呈放射状分布，背面肩部位置左、右各收一个肩胛骨省，如图 9-3 所示。

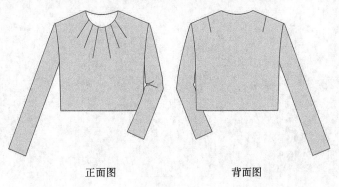

正面图　　　　　　　背面图

图 9-3

（2）辐射省上衣前片的基本纸样结构和变化。

辐射省上衣前片的基本纸样结构和变化如图 9-4 所示。

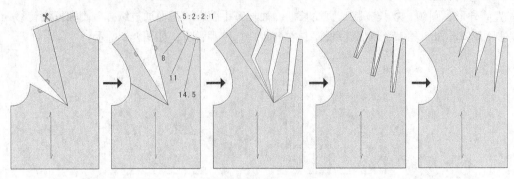

图 9-4

3. 叶脉省上衣

（1）叶脉省上衣的款式概述。

直筒外形，圆领，衣长齐腰，直筒长袖，袖长齐手腕骨，正面通过纸样分割和省道转移处理，使其呈叶脉状分布，背面肩部位置左、右各收一个肩胛骨省，如图 9-5 所示。

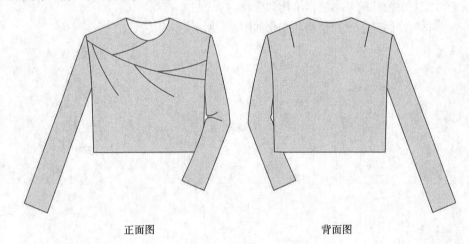

正面图　　　　　　　　　　背面图

图 9-5

（2）叶脉省上衣前片的基本纸样结构和变化。

叶脉省上衣前片的基本纸样结构和变化如图 9-6 所示。

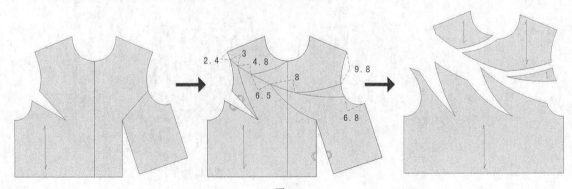

图 9-6

4．曲线省上衣

（1）曲线省上衣的款式概述。

直筒外形，圆领，衣长齐腰，直筒长袖，袖长齐手腕骨，正面做曲线分割，藏省于其中，背面肩部位置左、右各收一个肩胛骨省，如图 9-7 所示。

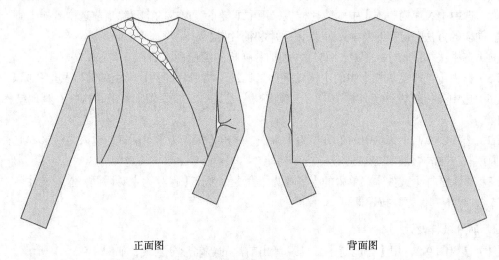

正面图　　　　　　　　　　　　　　　背面图

图 9-7

（2）曲线省上衣前片的基本纸样结构和变化。

曲线省上衣前片的基本纸样结构和变化如图 9-8 所示。

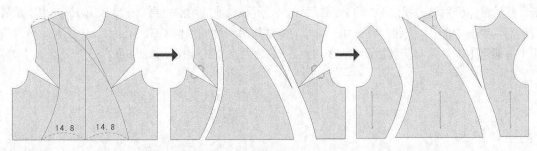

图 9-8

9.1 富怡服装 CAD 系统中的原型上衣纸样变化设计

　重点、难点：

● 纸样分割。

● 省道转移。

9.1.1　弯勾省上衣的纸样设计

弯勾省上衣的纸样设计过程如下。

1. 调用上衣原型纸样

（1）进入设计与放码系统，打开"新日本文化上衣原型"文件。

（2）选择【号型】菜单中的【号型编辑】命令，弹出【设置号型规格表】对话框，在对话框中将 S 码和 L 码删除，重新保存号型规格表文件。

（3）选中【衣片列表框】中的前片样板，用【纸样】菜单中的【删除当前选中纸样】命令将其删除。同样的方法删除其他样板，仅保留后片和袖片样板。

（4）选中【加缝份】工具，将后片和袖片样板的缝份去除。

（5）选中【纸样工具栏】中的【橡皮擦】工具，将后片和袖片样板的剪口及打孔标记删除。

（6）选中【传统设计工具栏】中的【橡皮擦】工具，仅保留前片的结构线，其他结构线全部删除。

（7）选择【文档】菜单中的【另存为】命令，弹出【保存为】对话框，输入文件名"上衣纸样变化原型"，单击"保存"按钮。

（8）再次选择【文件】菜单中的【另存为】命令，弹出【保存为】对话框，输入文件名"弯勾省上衣"，单击"保存"按钮即可。

2. 前片纸样设计

（1）参照图 9-2，用【智能笔】工具画出前片的弯勾形分割线，如图 9-9（1）所示。

（2）选中【橡皮擦】工具，将多余的结构线删除。选中【剪断线】工具，将前片的右袖窿弧线在 B 点切断，将腰线在 G 点切断，如图 9-9（2）所示。

（3）选中【旋转粘贴/移动】工具，按住键盘上的 Ctrl 键，鼠标框选线段 BC、CE，右键单击；然后鼠标分别单击线段 EC 的 E、C 两端，指示移动前的两点，再单击线段 ED，弹出【旋转】对话框，单击"确定"按钮，省合并。同样的方法将另一侧的线段 GH、HI、IJ、JF 旋转，合并省。用【智能笔】工具将旋转后的 E、B 两点、F、G 两点直线连接，如图 9-9（3）所示。

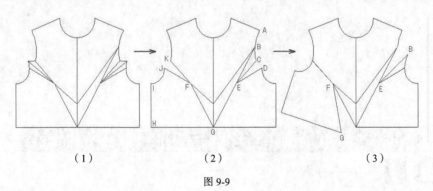

| （1） | （2） | （3） |

图 9-9

（4）选中【剪刀】工具，生成前片的三块样板，前片纸样设计结束，如图 9-10 所示。

图 9-10

（5）单击【保存】按钮，将文件保存。

9.1.2　辐射省上衣的纸样设计

辐射省上衣的纸样设计过程如下。

1．调用上衣原型纸样

（1）进入设计与放码系统，打开"上衣纸样变化原型"文件。

（2）选择【文档】菜单中的【另存为】命令，弹出【保存为】对话框，输入文件名"辐射省上衣"，单击"保存"按钮即可。

2．前片纸样设计

（1）选中【成组粘贴/移动】工具，按住键盘上的 Ctrl 键，将前片结构线移出。选中【橡皮擦】工具，将前片结构线的右半边和左半边的省山线、省中线删除。

（2）选中【等份规】工具，将前领窝线 10 等分。选中【智能笔】工具，参照图 9-4，分别过自下向上第 1、3、5 等分点画直线，线的长度分别为 14.5、11、8。选中【橡皮擦】工具，将等分点删除。

（3）选中【专业设计工具栏】中的【转移】工具，鼠标框选前片结构线，将其选择为转移线，右键单击；然后依次单击线段 3、4、5，将其选择为新省线，右键单击；再鼠标单击线段 6，将其选择为合并省起始边；最后鼠标单击线段 7，将其选择为合并省终止边，省道转移完成，如图 9-11 所示。

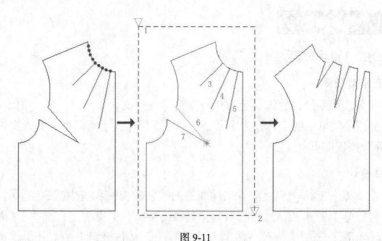

图 9-11

（4）选中【智能笔】工具，将 AB 两点曲线连接，再用【调整】工具将曲线调圆顺，如图 9-12（1）所示。选中【剪断线】工具，将曲线 AB 在 C、D、E、F 位置切断，如图 9-12（2）所示。

（5）选中【橡皮擦】工具，将线段 AC、DE、FB 删除。选中【智能笔】工具，将省线在 C、D、E、F 4 个点位置切齐，如图 9-12（3）所示。

（6）选中【对称粘贴/移动】工具，前中线为对称线，将前片结构线对称展开。

（7）选中【剪刀】工具，生成前片的样板，前片纸样设计结束，如图 9-13 所示。

（8）单击【保存】按钮，将文件保存。

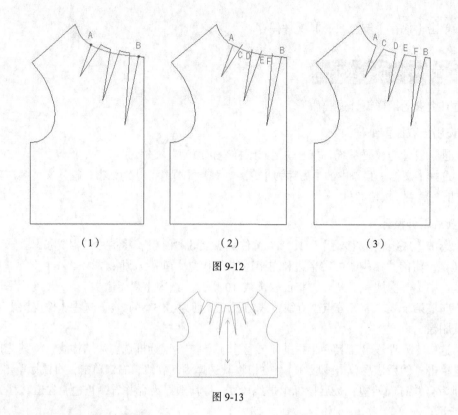

（1）　　　　　　　（2）　　　　　　　（3）

图 9-12

图 9-13

9.1.3　叶脉省上衣的纸样设计

叶脉省上衣的纸样设计过程如下。

1．调用上衣原型纸样

（1）进入设计与放码系统，打开"上衣纸样变化原型"文件。

（2）选择【文档】菜单中的【另存为】命令，弹出【保存为】对话框，输入文件名"叶脉省上衣"，单击"保存"按钮即可。

2．前片纸样设计

（1）选中【橡皮擦】工具 ✐，将前片结构线的内线、省山线和省中线删除。

（2）选中【智能笔】工具 ✐，过右胸点画垂直线到腰线，交点为 A；选中【剪断线】工具 ✗，将腰线在 A 点位置切断；选中【旋转粘贴/移动】工具 ▣，按住键盘上的 Ctrl 键，将胸省由袖窿位置转移到腰线位置，再用【智能笔】工具 ✐ 补画胸腰省线的另一侧。

（3）参照图 9-6，用【智能笔】工具 ✐ 画出叶脉形分割线，再用【调整】工具 ▨ 将曲线调圆顺。

以上操作如图 9-14 所示。

（4）选中【橡皮擦】工具 ✐，将前中线删除。

（5）选中【剪断线】工具 ✗，将左袖窿曲线在 B 点位置切断，将右袖窿曲线在 G 点位置切断，将曲线 BG 在 C 点、E 点位置切断，如图 9-15（1）所示。

（6）选中【成组粘贴/移动】工具 ▣，将前片结构线复制一份。选中【橡皮擦】工具 ✐，在两份前片结构线中分别删除上部分和下部分，如图 9-15（2）所示。

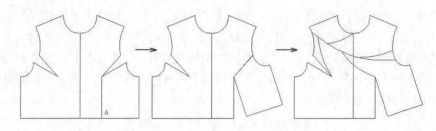

图 9-14

（7）选中【旋转粘贴/移动】工具 ，将前片的下部分的省道合并，选中【橡皮擦】工具 ，将多余的线删除，如图 9-15（3）所示。

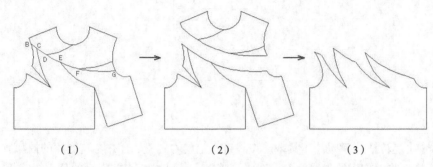

（1）　　　　　　　　　　（2）　　　　　　　　　　（3）

图 9-15

（8）选中【剪刀】工具 ，生成前片各样板，前片纸样设计结束，如图 9-16 所示。

图 9-16

（9）单击【保存】按钮 ，将文件保存。

9.1.4　曲线省上衣的纸样设计

曲线省上衣的纸样设计过程如下。

1．调用上衣原型纸样

（1）进入设计与放码系统，打开"上衣纸样变化原型"文件。

（2）选择【文档】菜单中的【另存为】命令，弹出【保存为】对话框，输入文件名"曲线省上衣"，单击"保存"按钮即可。

2．前片纸样设计

（1）选中【橡皮擦】工具 ，将前片结构线的内线、省山线和省中线删除。

（2）参照图 9-8，用【智能笔】工具 ✐ 画出分割曲线，并用【调整】工具 ↖ 将曲线调圆顺。选中【剪断线】工具 ✄，将线段在 A、B、C、D、E 位置切断，如图 9-17（1）所示。

（3）选中【成组粘贴/移动】工具 ▦，将前片结构线复制一份。选中【橡皮擦】工具 ✐，将两份结构线中多余的部分删除。选中【成组粘贴/移动】工具 ▦，按住 Ctrl 键，将各结构线摆放到合适的位置，如图 9-17（2）所示。

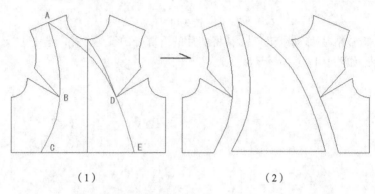

（1）　　　　　　　　　　　　（2）

图 9-17

（4）选中【旋转粘贴/移动】工具 ▧，按住键盘上的 Ctrl 键，合并左右侧片的袖窿省；选中【橡皮擦】工具 ✐，将并省后的省线删除；选中【连接】工具 ↘，将并省后的分割线连接；选中【调整】工具 ↖，将曲线调圆顺，如图 9-18 所示。

（5）选中【剪刀】工具 ↘，生成前片各样板，前片纸样设计结束，如图 9-19 所示。

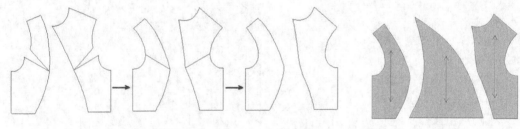

图 9-18　　　　　　　　　　　　　　　　　　　图 9-19

（6）单击【保存】按钮 ▦，将文件保存。

 巩固练习：

练习 1：将本节所讲的原型上衣纸样变化设计过程反复练习 2 遍。

练习 2：试一试，参照图 9-20，用"上衣纸样变化原型"完成这 4 款原型上衣前片的纸样设计。

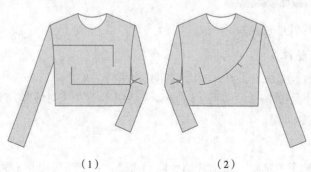

（1）　　　　　　　　　　　　（2）

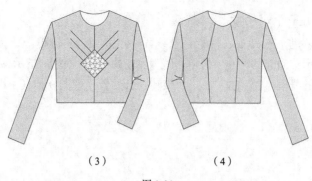

（3）　　　　　　　　（4）

图 9-20

9.2 NAC2000 服装 CAD 系统中的原型上衣纸样变化设计

 重点、难点：

- 纸样分割。
- 省道转移。

9.2.1 弯勾省上衣的纸样设计

弯勾省上衣的纸样设计过程如下。

1. 调用上衣原型纸样

（1）进入推板系统，打开"新文化上衣原型"文件。

（2）单击【布片全选】工具，将所有样板放入推板工作区。选择【点放码】菜单中的【删除所有放码规则】命令，将所有点的放码规则删除。

（3）选择【编辑】菜单中的【层删除】命令，将除基础层以外的所有层的样板全部删除。

（4）选择【文件】菜单中的【返回打板】命令，进入打板系统。

（5）选中【删除】工具，除前片、后片和袖片样板外，其他样板全部删除。再单击【画面工具条】中的【外周】工具按钮，鼠标框选前片样板，然后右键单击，将前片的缝份删除。同样的方法删除后片和袖片的缝份。鼠标单击【再表示】按钮，刷新画面。

（6）选择【文件】菜单中的【另存为】命令，弹出【另存为】对话框，输入文件名"上衣纸样变化原型"，单击"保存"按钮。

（7）再次选择【文件】菜单中的【另存为】命令，弹出【另存为】对话框，输入文件名"弯勾省上衣"，单击"保存"按钮即可。

2. 前片纸样设计

将文字输入法切换到英文输入状态，开始纸样设计。

（1）参照图 9-2，用【两点线】工具和【单侧修正】工具，画出前片的弯勾形分割线，如图 9-21（1）所示。

（2）选中【删除】工具，将多余的结构线删除；选中【切断】工具，将前片的右袖窿弧线在 B 点切断，如图 9-21（2）所示。

（3）选中【旋转移动】工具 🔄，鼠标框选线段 BC、CE，右键单击；然后鼠标分别单击线段 EC 的 E、C 两端，指示移动前的两点，再单击线段 ED 的 E、D 两端，指示移动后的两点，省合并。同样的方法将另一侧的线段 GH、HI、IJ、JF 旋转，合并省，如图 9-21（3）所示。

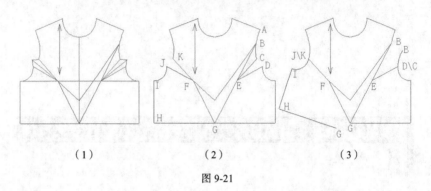

（1）　　　　　　　　（2）　　　　　　　　（3）

图 9-21

（4）选中【两点线】工具 ╲，将 F、G 两点，E、B 两点直线连接，然后用【指定移动复写】工具 🔳、【删除】工具 🖊 和【自由移动】工具 ✛ 将前片的 3 块样板移动摆放到合适位置；选中【平行纱向】工具 Ⅱ，画出每块样板的布纹线，前片纸样设计结束。

以上操作如图 9-22 所示。

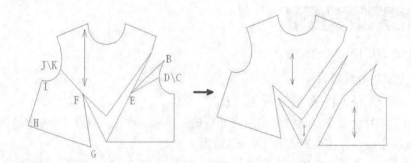

图 9-22

（5）单击【保存文件】工具 💾，将文件保存。

9.2.2　辐射省上衣的纸样设计

辐射省上衣的纸样设计过程如下。

1. 调用上衣原型纸样

（1）进入打板系统，打开"上衣纸样变化原型"文件。

（2）选择【文件】菜单下的【另存为】命令，弹出【另存为】对话框，输入文件名"辐射省上衣"，单击"保存"按钮即可。

2. 前片纸样设计

将文字输入法切换到英文输入状态，开始纸样设计。

（1）选中【自由移动】工具 ✛，将前片纸样移出。选中【删除】工具 🖊，将前片纸样的右半边、布纹线和左半边的结构内线、省山线、省中线删除。

（2）选中【两点线】工具，第一点定在胸点，然后鼠标单击【投影点】按钮，再单击肩斜线，过胸点画一直线到肩斜线，交点为 A。选中【切断】工具，将肩斜线在 A 点位置切断。选中【旋转移动】工具，将胸省由袖窿位置转移到肩斜线位置，再用【两点线】工具补画肩省线的另一侧。

以上操作如图 9-23 所示。

（3）参照图 9-4，用【两点线】工具画出领窝的开省线，省线在领窝的分割比例为 1∶2∶2∶5。选中【剪切线】工具，将 3 根省中线的长度分别调整为 14.5、11、8。选中【删除】工具，将并省后的袖窿省的省线删除。

（4）选择【纸样】→【省】菜单中的【按比例移省】命令，然后按如下步骤操作。

① 鼠标▽1、▽2 框选指示移动要素的领域对角 2 点，然后在▽3 处单击指示省的内侧点，在输入框中输入 "2"，回车。

② 鼠标在▷◁4 处单击指示左侧省线，然后在▷◁5 处单击指示右侧省线，在输入框中输入割线的比率 "0"，回车。

③ 在输入框中输入 "1"，回车，鼠标在▷◁6 处单击指示第一条切开线，在输入框中输入割线的比率 "1"，回车。

④ 在输入框中输入 "1"，回车，鼠标在▷◁7 处单击指示第二条切开线，在输入框中输入割线的比率 "1"，回车。

⑤ 在输入框中输入 "1"，回车，鼠标在▷◁7 处单击指示第三条切开线，在输入框中输入割线的比率 "1"，回车。

⑥ 在输入框中输入 "3"，回车，省道转移完成，如图 9-24 所示。

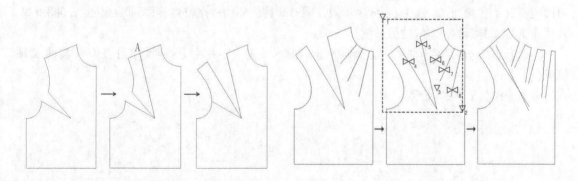

图 9-23　　　　　　　　　　　　　　　　　　图 9-24

（5）选中【删除】工具，将并省后的肩省的省线删除。选中【两点线】工具，将 3 组领口开口线的下端点直线连接，再将上端点与下端点连线的中点直线连接，画出领口省。

（6）选中【删除】工具，将多余的线删除。

以上操作如图 9-25 所示。

（7）选中【垂直反转复写】工具，将前片以前中线为对称线展开。

（8）选中【删除】工具，将前中线删除；选中【平行纱向】工具，画出样板的布纹线，前片纸样设计结束，最终效果如图 9-26 所示。

（9）单击【保存文件】工具，将文件保存。

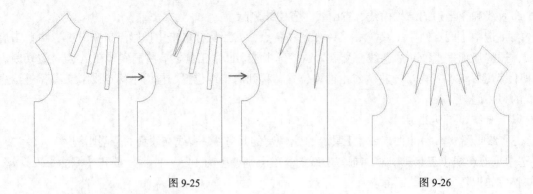

图 9-25　　　　　　　　　　　　　　　　　　　　图 9-26

9.2.3　叶脉省上衣的纸样设计

叶脉省上衣的纸样设计过程如下。

1．调用上衣原型纸样

（1）进入打板系统，打开"上衣纸样变化原型"文件。

（2）选择【文件】菜单中的【另存为】命令，弹出【另存为】对话框，输入文件名"叶脉省上衣"，单击"保存"按钮即可。

2．前片纸样设计

将文字输入法切换到英文输入状态，开始纸样设计。

（1）选中【删除】工具，将前片纸样的布纹线、内线、省山线和省中线删除。

（2）选中【垂直线】工具，过右胸点画垂直线到腰线，交点为 A；选中【切断】工具，将腰线在 A 点位置切断。选中【旋转移动】工具，将胸省由袖窿位置转移到腰线位置，再用【两点线】工具补画胸腰省线的另一侧。

（3）参照图 9-6，用【曲线】工具画出叶脉形分割线，并用【点列修正】工具将曲线调圆顺。

以上操作如图 9-27 所示。

图 9-27

（4）选中【删除】工具，将前中线删除。

（5）选中【平移】工具，鼠标框选前片样板，右键单击；再左键单击线段 BG，将其选为分割线，右键单击；然后鼠标在 BG 上方单击指示移动侧，在输入框中输入"dy10"，回车，将前片样板分成两块。同样的方法将分割后的上片再次分割成 3 块。

（6）选中【切断】工具，将分割后的下片样板在 C 点、E 点位置切断。

（7）选择【编辑】→【复写】菜单中的【旋转移动复写】命令，将左边的袖窿省合并，并在曲线 CI 处打开，将右边的胸腰省合并，并在曲线 EJ 处打开。

以上操作如图 9-28 所示。

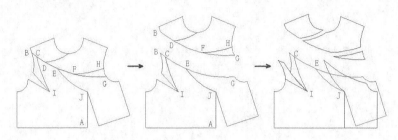

图 9-28

（8）选中【删除】工具 ，将不要的线删除。

（9）选中【平行纱向】工具 ，画出每块样板的布纹线，前片纸样设计结束，最终效果如图 9-29 所示。

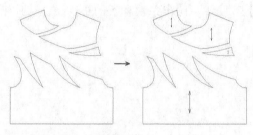

图 9-29

（10）单击【保存文件】工具 ，将文件保存。

9.2.4　曲线省上衣的纸样设计

曲线省上衣的纸样设计过程如下。

1．调用上衣原型纸样

（1）进入打板系统，打开"上衣纸样变化原型"文件。

（2）选择【文件】菜单中的【另存为】命令，弹出【另存为】对话框，输入文件名"曲线省上衣"，单击"保存"按钮即可。

2．前片纸样设计

将文字输入法切换到英文输入状态，开始纸样设计。

（1）选中【删除】工具 ，将前片纸样的布纹线、内线、省山线和省中线删除。

（2）参照图 9-8，用【曲线】工具 画出分割曲线，并用【点列修正】工具 将曲线调圆顺，如图 9-30（1）所示。

（3）选中【删除】工具 ，将前中线删除。

（4）选中【平移】工具 ，将前片各样板分别移开，如图 9-30（2）所示。

（5）选中【旋转移动】工具 ，合并左右侧片的袖窿省；选中【删除】工具 ，将并省后的省线删除。选中【曲线拼合】工具 ，将并省后的分割线拼合，如图 9-31 所示。

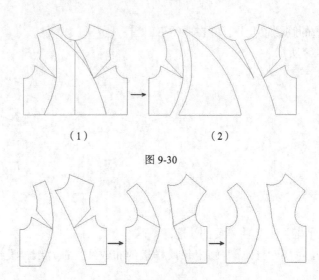

（1）　　　　　　　　（2）

图 9-30

图 9-31

（6）选中【平行纱向】工具 ▦，画出每块样板的布纹线，前片纸样设计结束，最终效果如图 9-32 所示。

图 9-32

（7）单击【保存文件】工具 ▦，将文件保存。

 巩固练习：

练习 1：将本节所讲的原型上衣纸样变化设计过程反复练习 2 遍。

练习 2：试一试，参照图 9-20，用"上衣纸样变化原型"完成这 4 款原型上衣前片的纸样设计。

小结：

本章介绍了 4 款有代表性的原型上衣在两套系统中的纸样变化方法，重点是纸样分割、省道转移和新工具、新方法的应用，方法对照、灵活应用依然是关键。

第

10

章

排料

学习提示：

本章开始服装 CAD 排料的对比学习。在这一章中，不同排料方式的设定是重点，也是关键。深入对照两个软件在工具应用和操作流程与方式上的异同是难点。由于排料的可选方案千变万化，实际操作过程复杂费时，限于篇幅，本书在这里不做详细介绍。同样，为加深对服装 CAD 排料的理解，也达到进一步提高软件应用水平的目的，章节后面补充了相应的练习。

排料是服装生产过程中必不可少的一个环节，也是一项极为重要的工作，其水平的高低直接影响到企业的生产成本和效率。

目前在服装企业，排料的方式有两种：手工排料、计算机排料。随着服装 CAD 技术的深入应用和不断普及，计算机排料将逐渐取代手工排料，并成为服装企业最重要、最高效的排料方式。

10.1 富怡服装 CAD 系统中的排料

 重点、难点：

- 排料设定。
- 算料。
- 交互排料。
- 样片调整。

10.1.1 直筒裙单一排料

单一排料是指一个款式的单个、多个或所有号型的所有样板在同一种面料上排版。

1. 排料

双击 Windows 桌面上的快捷图标 ，进入富怡服装 CAD 排料系统的工作画面。

（1）单击【主工具匣】上的【新建】工具 ，弹出【唛架设定】对话框。

（2）在对话框中设定唛架的宽度和长度、宽度和长度方向的缩水率、边界宽度以及面料的层数，选择料面模式是单向或相对。

（3）单击"确定"按钮，弹出【选取款式】对话框。

（4）单击"载入"按钮，弹出【选取款式文档】对话框。

（5）选中需要打开的款式文件"直筒裙.ptn"，单击"打开"按钮，弹出【纸样制单】对话框，在对话框中的设置如图 10-1 所示。

（6）单击"确定"按钮，回到【选取款式】对话框。

（7）单击"确定"按钮，样片进入排料系统的【纸样窗】。

（8）选择【排料】菜单中的【开始自动排料】命令，【纸样窗】中的所有样片会自动排列在【主唛架】区，同时弹出【排料结果】对话框，如图 10-2 所示。

（9）单击【排料结果】对话框中"确定"按钮，完成全自动排料。

（10）在【主唛架】区左键按住需要移动调整位置的样片，将其移到需要摆放的位置后松开鼠标，在空白位置再单击，完成该样片位置的移动。同样的方法移动其他需要调整位置的样片，直到达到满意的效果为止。

（11）排料过程中，如果需要旋转或翻转样片，则要将【旋转限定】按钮 和【翻转限定】按钮 按起。然后就可用【依角旋转】工具 、【顺时针 90 度旋转】工具 以及【旋转纸样】工具 对样片进行旋转处理；用【水平翻转】工具 、【垂直翻转】工具 以及【翻转纸样】工具 对样片进行翻转处理。

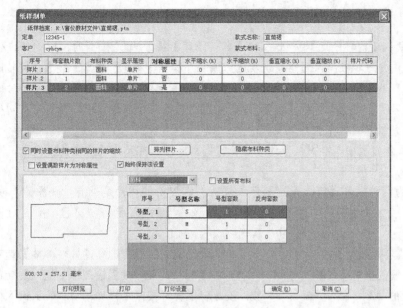

图 10-1

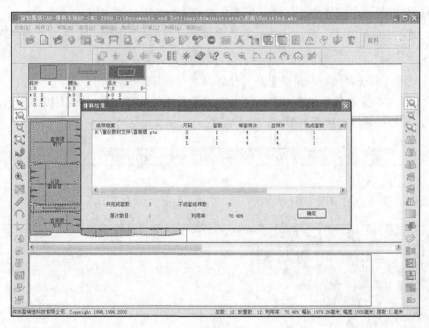

图 10-2

如果需要将单块样片放回【纸样窗】中，可在样片上左键双击；按键盘上的 Ctrl+C 组合键，会弹出【富怡服装 CAD 排料系统 2000】对话框，单击"是"按钮，可将【主唛架】区的所有样片清空，全部放回【纸样窗】中。

双击【尺码列表框】中的样片尺码号，可将样片重新放入【主唛架】区；鼠标按住样片直接拖放，可将样片在【主唛架】区与【辅唛架】区之间相互移动。

在唛架区左键按住裁片拖动鼠标，即可将纸样摆放在任意位置；按住右键拖选可使纸样自动紧靠排放。纸样内出现斜纹表示该纸样被选中，纸样轮廓变蓝色表示该纸样重叠在其他纸样的上方，纸样轮廓变红色表示该纸样重叠在其他纸样的下方。

注意：

❶ 系统默认【旋转限定】按钮和【翻转限定】按钮是按下的，即不允许样片随意旋转或翻转，其目的是杜绝在排料过程中出现的"偏斜"和"一顺跑"现象。其中，旋转限定是为了防止出现"偏斜"现象，翻转限定则为了防止出现"一顺跑"现象。"偏斜"是指样片的丝缕方向与布料的经纬向不在一条直线上或不垂直；"一顺跑"是指在排料过程中，需要左右对称的样片被排成只有两个左片或只有两个右片的现象。

❷ 实际操作过程中，考虑到节约成本，提高用布率，在不影响质量的前提下，可对样片进行小幅度的偏斜。

❸ 样片的翻转操作过后，一定要仔细核对左右配对的样片是否有"一顺跑"现象。当样片很多、排料幅长很长的时候，这个过程将非常复杂，因此，不到万不得已，不要对样片进行翻转操作。

❹ 单击【参数选择】按钮，弹出【参数设定】对话框，选择【排料参数】选项卡，在【样片移动步长】输入框中输入每次移动的距离，在【样片旋转角度】输入框中输入旋转的角度，之后再按小键盘上的"2"、"4"、"6"、"8"键，被选中纸样可按照【样片移动步长】输入框中设定的距离下、左、右、上移动；按小键盘上的"1"、"3"键，被选中纸样可按照【样片旋转角度】输入框中设定的角度顺时针、逆时针旋转（前提是【旋转限定】按钮要按起）。

❺ 按小键盘上的←、↑、→、↓键，被选中纸样可自动移动到最左、最上、最右和最下。

提个醒：

❶ 排料时，以幅长最短、利用率最高为佳，二者相权取幅长。

❷ 排料过程中，系统的状态条上会同步动态显示最新的排料结果，如图 10-3 所示。通过查看该信息，可以准确估算服装的用料情况。

总数: 12 放置数: 12 利用率: 72.41% 幅长:1926.47毫米 幅宽:1500毫米 层数:1 毫米

图 10-3

（12）最终的排料结果如图 10-4 所示。

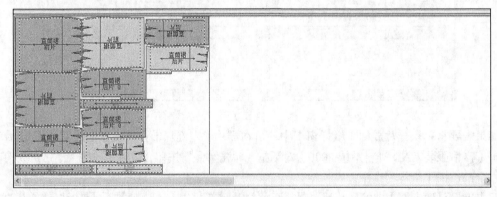

图 10-4

（13）样片全部排好后，单击【主工具匣】上的【保存】工具，弹出【另存唛架文件为】对话框，在对话框中选择文件保存的目标文件夹，输入文件名，单击"保存"按钮，单一排料过程结束。

教师指导：

在排料过程中，【唛架设定】和【纸样制单】对话框的设定是关键。

1.【唛架设定】对话框

（1）幅宽与幅长。

幅宽的设置以面料的实际幅宽为准，幅长的设置以大于排版的实际用料为准。

❶　如果设置的幅长小于实际排版用料长度，则在排料时，只能对部分样板进行排料，导致在排料时出现少排、漏排或不能将所有的样板全部排下的现象。

❷　如果设置了唛架边界，则实际幅宽=唛架上边界宽度+唛架下边界宽度+可用幅宽；实际幅长=唛架左边界宽度+唛架右边界宽度+可用幅长，如图 10-5 所示。

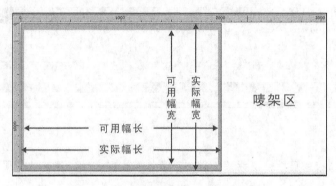

图 10-5

❸　唛架边界与实际幅宽和实际幅长之间的位置对应关系如图 10-6 所示。

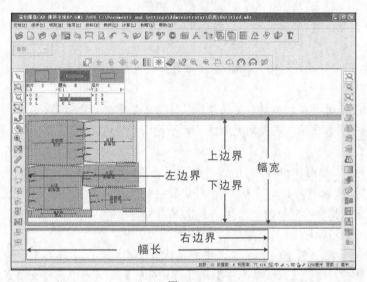

图 10-6

❹　面料在织造过程中，一般都需要留出布边，因此在进行唛架设定时，必须留出唛架上下边界，左右边界则要视具体情况而定。

（2）缩放。

❶　缩放包括两种形式：缩水和放缩。二者的区别在于，假定一块样片的长和宽都是 1000mm，如果缩水 10%，则所需的面料长和宽为 1111.11mm，其放缩率为 11.11%；如果放缩 10%，则所需

的面料长和宽为 1099.99mm，其缩水率为 9.09%。

❷ 假定面料的幅宽为 1500mm、幅长为 10204.08mm，幅宽的缩水率 4%、幅长的缩水率 2%，则在【宽度】输入框中输入 "1440"、【长度】输入框中输入 "10000"、宽度【缩水】输入框中输入 "4"、长度【缩水】输入框中输入 "2" 即可达到设定效果。这时进入唛架区的所有样板都会在经向加 2% 的缩水率，在纬向加 4% 的缩水率，即如果样片的长和宽都是 1000mm，在进入排料区后其宽度变为 1041.7mm，长度变为 1020.4mm。

❸ 实际生产过程中，很多时候都要对面料进行缩水处理。这种处理过程一般不在打板系统中进行，而是在排料系统中进行。【唛架设定】对话框的缩水处理只适合于所有样板缩水率相同的情况，如果用于排料的样板缩水率各不相同，则要在【纸样制单】对话框进行单独设置，如图 10-7 所示。

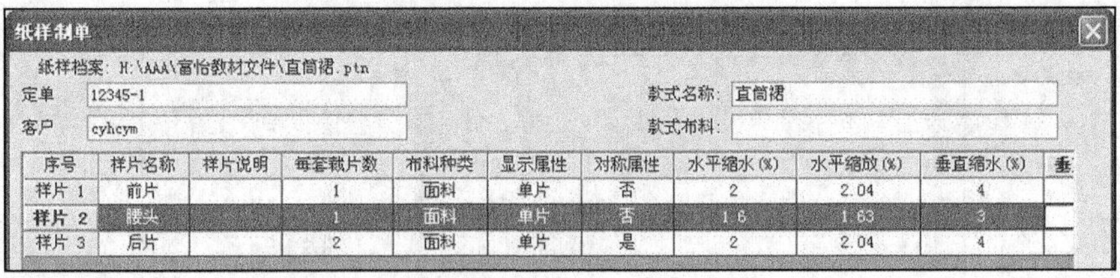

纸样制单									
纸样档案: H:\AAA\富怡教材文件\直筒裙.ptn									
定单 12345-1						款式名称: 直筒裙			
客户 cyhcym						款式布料:			
序号	样片名称	样片说明	每套裁片数	布料种类	显示属性	对称属性	水平缩水 (%)	水平缩放 (%)	垂直缩水 (%)	垂
样片 1	前片		1	面料	单片	否	2	2.04	4	
样片 2	腰头		1	面料	单片	否	1.6	1.63	3	
样片 3	后片		2	面料	单片	是	2	2.04	4	

图 10-7

（3）层数。

层数是指布料铺床的层数，层数量必须小于或等于号型套数，且套数必须是层数的正整数倍，否则将不能正常排料。

❶ 假定布料的层数是 "1"，用于排料的直筒裙各号型的套数皆为 "1"，每套 4 块样片，则样板总数为 12 块。

❷ 假定布料层数是 "10"，用于排料的直筒裙各号型套数皆为 "10"，每套 4 块样片，则样板总数为 120 块。

❸ 不管层数是 "1" 还是 "10"，如果套数与层数的倍数关系相等，由于每套样片的块数相等，其自动排料的结果都是一样的。

❹ 当套数大于层数可正常排料，但必须保证套数是层数的正整数倍。

❺ 当套数小于层数或不是层数的整数倍，则不能正常排料。

（4）料面模式。

料面模式有两种：单向和相对。其中相对料面模式有 3 种折转方式：上折转、下折转和左折转。料面模式选择相对时，面料层数必须为偶数，且套数也必须是层数的倍数，只有这样才能正常排料。排料时，唛架区参加排料的样板的套数是 "套数/层数"。

2.【纸样制单】对话框

【纸样制单】对话框如图 10-8 所示。其中的订单名、客户名、款式名称、样片名称、布料种类等内容在设计与放码系统的【款式信息框】和【纸样资料】对话框中已经设置好了，如图 10-9 所示。当然，这些基本信息也可以在【纸样制单】对话框中重新设定和修改。

❶ 如果在【唛架设定】对话框没有设定面料的缩水率或缩放率，也可以在【纸样制单】对话框中设定。

假定样片的长和宽都是 1000mm，在【纸样制单】对话框将水平缩水率设定为 "2%"（幅长方向），垂直缩水率设定为 "4%"（幅宽方向），在进入排料区后其宽度变为 1041.7mm，长度变为 1020.4mm。

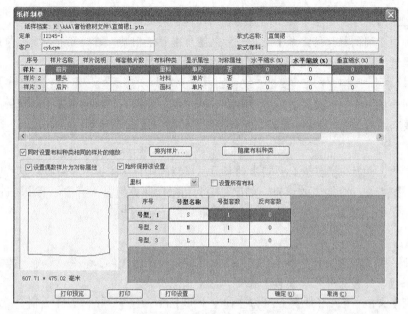

图 10-8

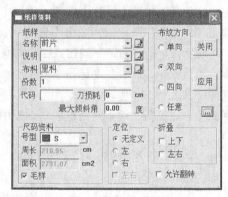

图 10-9

❷ 【唛架设定】对话框中的面料缩放与【纸样制单】对话框中的样片缩放略有差异。如果所有样板的缩水率都相同，在【唛架设定】对话框中或在【纸样制单】对话框中都可以设置；如果样板的缩水率不同，则只能在【纸样制单】对话框中设置。

❸ 【唛架设定】对话框中是对面料进行缩放，与之相对应的是样板会一起缩放；【纸样制单】对话框中是对样片进行缩放，面料不进行缩放。

比如在【唛架设定】对话框中设定面料的幅宽为 1440mm、幅长为 10000mm，宽度缩水率为"4%"、长度缩水率为"2%"，在【纸样制单】对话框中就无须再对样片进行设置，此时唛架区的幅宽为 1500mm、幅长为 10204.08mm，进入唛架区的所有样片在宽度方向加了"4%"的缩水率，在长度方向加了"2%"的缩水率；如果在【唛架设定】对话框中设定面料的幅宽为 1440mm、幅长为 10000mm，且不给面料加缩水率，则在【纸样制单】对话框中就需要对样片进行缩水率设置，假定垂直缩水率为"4%"、水平缩水率为"2%"，此时唛架区的幅宽为 1440mm、幅长为 10000mm，进入唛架区的所有样片在宽度方向加了"4%"的缩水率，在长度方向加了"2%"的缩水率。

❹ 在【纸样制单】对话框中，如果要使采用相同面料的样片具有相同的缩水率，则要勾选【同时设置布料种类相同的样片的缩放】选项，如果缩水率各不相同，则要取消勾选；勾选【设置偶数样片为对称属性】选项，可将【样片列表框】中的所有偶数样片设为对称。

❺ 另外，单击"排列样片"按钮，会弹出【排列样片次序】对话框，可选择样片按不同的方式在【样片列表框】中排列次序；单击"隐藏布料种类"按钮，可将所有样片的布料属性隐藏，按钮变为"恢复布料种类"，再次单击该按钮，所有样片的布料属性显示。

2. 算料

排料过程中，系统的状态条上会同步动态显示最新的排料结果，在上面可以查到单层的用布幅长和用布率，这就是一个初步的算料。如果要更为精确地计算用料，可按如下步骤进行。

（1）新建一个层数为"100"、套数也是"100"的直筒裙排料文件。

 提个醒：

如果要排的款式只有一种布料，就选择【新建单布号算料文件】命令，如果要排的款式有多种布料，就选择【新建多布号算料文件】命令。

（2）单击【文档】菜单中【算料文件】命令下的【新建单布号算料文件】命令，弹出【富怡服装 CAD 排料系统 2000】对话框，单击"否"按钮，弹出【选择算料文件名】对话框，在【文件名】输入框中输入文件名，单击【保存】按钮，弹出【创建算料文件】对话框。

（3）单击"自动分床"按钮，弹出【自动分床】对话框，在对话框中的设置如图 10-10 所示，单击"确定"按钮。因为共有 3 个尺码：S、M、L，每个尺码 100 套，总数就是 300 套；一床是 100 层，一层面料上 3 个尺码各一套，共 3 套，这样一床就是 300 套。

（4）回到【创建算料文件】对话框。对话框中的【已选套数】是指一层上的套数。

图 10-10

（5）单击"生成文件名"按钮，在【选择算料文件名】对话框保存的文件名会出现在【文件名】输入框中，如图 10-11 所示。

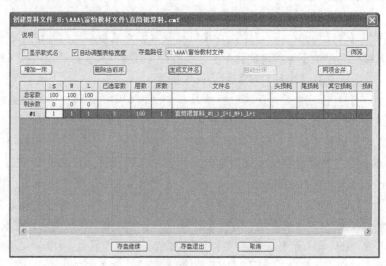

图 10-11

（6）如果需要的话，可输入【头损耗】、【尾损耗】、【其他损耗】以及【损耗率】（损耗是以不计损耗的情况下所需的总用布量的百分率来计算的），单击【存盘继续】按钮，弹出【算料】对话框。

（7）单击"单位设置"按钮，弹出【单位设置】对话框，在对话框中可修改"用布量单位"和"重量单位"，之后在【单位重量】输入框输入单位面积克重，如图 10-12 所示。单击"确定"按钮，回到【算料】对话框。

（8）单击"自动排料"按钮，即可算出该床在自动排料方案下的用布量、重量和自动排料的用布率，如图 10-13 所示。

图 10-12

图 10-13

图 10-14

从图中可以准确地知道自动排料的布料利用率为 70.66%；总用布量为 193.47m、平均每层用料 1.9347m；面料总重量为 139396.24g，平均每层用料重量为 139.396g。这与图 10-14 所示的【状态条】上显示自动排料信息是完全一致的，但比状态条上显示的信息更多，而且略有差异，具体表现为 3 点：一是【算料】对话框中显示的是用料总长度，而【状态条】上显示是单层用料长度；二是【算料】对话框中显示了布料的总重量，这对于针织服装的算料是至关重要的，而【状态条】上不显示；三是【算料】对话框中可以计算损耗，而【状态条】上显示的无法计算损耗。

（9）如果要通过人工排料的方式来算料，可在要进行人工排料的床号的【人工排料用布率】输入框内单击，"人工排料"按钮被激活，鼠标单击该按钮，回到排料系统工作画面，在主唛架区进行手工排料，然后单击【文档】菜单中的【采用返回】命令。

（10）再次回到【算料】对话框，人工排料的用布率会自动显示。

（11）最后单击"保存"按钮，算料全过程结束。

（12）单击【文档】菜单中【算料文件】命令下的【打开单布号算料文件】命令，弹出【打开算料文件】对话框，选中刚保存的算料文件，可将其打开。

10.1.2　直筒裙、直筒裤与男衬衫混合排料

混合排料是指 2 个或 2 个以上款式的单个、多个或所有号型的所有样板在同一种面料上排版。这里假定直筒裙、直筒裤与男衬衫采用同一种面料，将其进行混合排料。

（1）按照与单一排料完全相同的设定方式，选取直筒裙款式文件后，回到【选取款式】对话框，如图 10-15 所示。

图 10-15

（2）单击"载入"按钮，弹出【选取款式文档】对话框。

（3）选中需要打开的款式文件"直筒裤后.ptn"，单击"打开"按钮，弹出【纸样制单】对话框，在对话框中进行全码单套的相关设置。

（4）单击"确定"按钮，回到【选取款式】对话框，直筒裤款式文件进入到【选取款式】对话框中，如图 10-16 所示。

图 10-16

（5）按照与步骤（2）～（4）完全相同的方法，选取男衬衫款式，如图 10-17 所示。

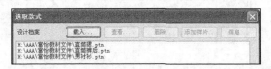

图 10-17

（6）单击"确定"按钮，3 个款式的所有样片进入排料系统的【纸样窗】。之后的排料方式与单一排料完全相同，自动排料结果如图 10-18 所示。

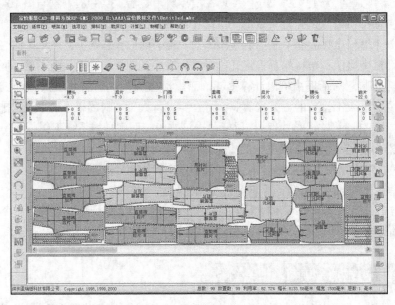

图 10-18

（7）单击【主工具匣】上的【保存】工具 ，弹出【另存唛架文件为】对话框，在对话框中选择文件保存的目标文件夹，输入文件名，单击"保存"按钮，混合排料过程结束。

教师指导：

❶ 混合排料能成功实现的关键是参与排料的所有款式的款式资料与纸样资料的形式一定要相同。

❷在【选取款式】对话框中，选取一个已经载入的款式，所有按钮被激活，如图 10-19 所示。单击"查看"按钮，可重新打开选择款式的【纸样制单】对话框；单击"删除"按钮，可将选择的

款式删除；单击"添加样片"按钮，会弹出【选取款式文档】对话框，在对话框中选取号型数与选择款式相同的款式文件，将其打开，会弹出如图 10-20 所示的【添加样片】对话框。在对话框中选择需要添加的样片，单击"确定"按钮，即可将另一个款式的部分或全部样片添加到选择款式的纸样制单对话框中，一起进行排料。

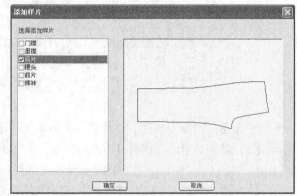

图 10-19　　　　　　　　　　　　　　　　　图 10-20

10.1.3 男衬衫分床排料

分床排料是指一个款式的单个、多个或所有号型分属不同材料的所有样板分别在不同的面料上排版。

（1）先在富怡服装 CAD 设计与放码系统中编辑好男衬衫的款式资料与纸样资料，设置样片的不同面料属性，并保存文件。

（2）进入富怡服装 CAD 排料系统的工作画面，设定唛架，注意不要给幅宽和幅长加缩水率。选择款式，弹出【纸样制单】对话框，在对话框中单击"排列样片"按钮，弹出【排列样片次序】对话框，在对话框中选择【按布料种类排列】的方式。

（3）单击"确定"按钮，【纸样制单】对话框的【样片列表框】中共有 17 块样片、4 种面料，如图 10-21 所示。

序号	样片名称	样片说明	每套裁片数	布料种类	显示属性	对称属性	水平缩水 (%)	水平缩放 (%)	垂直缩水 (%)
样片 1	门襟贴边		1	格子面料	单片	否	0	0	0
样片 2	覆肩		1	格子面料	单片	否	0	0	0
样片 3	贴袋		1	格子面料	单片	否	0	0	0
样片 4	袖头		1	格子面料	单片	否	0	0	0
样片 5	里襟袂		1	格子面料	单片	否	0	0	0
样片 6	门襟袂		1	格子面料	单片	否	0	0	0
样片 7	后片		1	面料	单片	否	0	0	0
样片 8	前里襟片		1	面料	单片	否	0	0	0
样片 9	前门襟片		1	面料	单片	否	0	0	0
样片 10	翻领		1	面料	单片	否	0	0	0
样片 11	袖子		1	面料	单片	否	0	0	0
样片 12	领座面		1	面料	单片	否	0	0	0
样片 13	领座底		1	面料	单片	否	0	0	0
样片 14	翻领		1	树脂衬	单片	否	0	0	0
样片 15	领座面		1	树脂衬	单片	否	0	0	0
样片 16	袖头		1	树脂衬	单片	否	0	0	0
样片 17	门襟贴边		1	无纺衬	单片	否	0	0	0

纸样制单
纸样档案：H:\AAA\富怡教材文件\男衬衫2.ptn
定单　12345-3　　　　　款式名称　男衬衫
客户　cyhcym　　　　　款式布料

图 10-21

（4）在对话框中设置所有样片的缩水率，如图 10-22 所示。

纸样制单

	纸样档案：H:\AAA\富怡教材文件\男衬衫2.ptn										
	定单	12345-3				款式名称：	男衬衫				
	客户	cyhcym				款式布料：					
序号	样片名称	样片说明	每套裁片数	布料种类	显示属性	对称属性	水平缩水 (%)	水平缩放 (%)	垂直缩水 (%)	
样片 11	袖子		1	面料	单片	否	2	2.04	4	
样片 12	领座面		1	面料	单片	否	2	2.04	4	
样片 13	领座底		1	面料	单片	否	2	2.04	4	
样片 14	翻领		1	树脂衬	单片	否	1	1.01	2	
样片 15	领座衬		1	树脂衬	单片	否	1	1.01	2	
样片 16	袖头		1	树脂衬	单片	否	1	1.01	2	
样片 17	门襟贴边		1	无纺衬	单片	否	1.5	1.52	3	

图 10-22

（5）单击"确定"按钮，样片进入排料系统的【纸样窗】。【布料工具匣】自动激活，其中会自动生成所有布料的列表，如图 10-23 所示。

（6）单击【布料工具匣】中的下拉按钮，选择一种面料，【纸样窗】中即可显示与之相对应的样片，这些样片可在与之相对应的面料的唛架区分床排料。

图 10-23

（7）所有样板排好后，单击【主工具匣】上的【保存】工具，弹出【另存唛架文件为】对话框，在对话框中选择文件保存的目标文件夹，输入文件名，单击"保存"按钮，分床排料过程结束。

10.1.4　直筒裙与直筒裤混合分床排料

混合分床排料是指 2 个或 2 个以上款式的单个、多个或所有号型分属不同材料的所有样板在分别在不同的面料上排版。

（1）先在富怡服装 CAD 设计与放码系统中设置好直筒裙与直筒裤的款式资料与纸样资料，并保存文件。

（2）进入富怡服装 CAD 排料系统的工作画面，按照与分床排料完全相同的方式，先在【纸样制单】对话框中对直筒裙进行设置，如图 10-24 所示。

纸样制单

	纸样档案：H:\AAA\富怡教材文件\直筒裙.ptn									
	定单	12345-1				款式名称：	直筒裙			
	客户	cyhcym				款式布料：				
序号	样片名称	样片说明	每套裁片数	布料种类	显示属性	对称属性	水平缩水 (%)	水平缩放 (%)	垂直缩水 (%)	垂
样片 1	前片		1	里料	单片	否		1.01	1	
样片 2	后片		2	里料	单片	否		1.01	1	
样片 3	腰头		1	面料	单片	否	2	2.04	4	
样片 4	后片		2	面料	单片	是	2	2.04	4	
样片 5	前片		1	面料	单片	否	2	2.04	4	
样片 6	开衩衬		2	无纺衬	单片	是	0	0	0	
样片 7	腰衬		1	腰衬	单片	否	0	0	0	

图 10-24

（3）再按照与混合排料完全相同的方式，载入直筒裤，并在【纸样制单】对话框中对进行设置，如图 10-25 所示。

（4）单击"确定"按钮，回到【选取款式】对话框，再单击"确定"按钮，样片进入【纸样窗】，【布料工具匣】自动激活，如图 10-26 所示。

（5）按照与分床排料完全相同的方式，完成直筒裙与直筒裤混合分床排料。

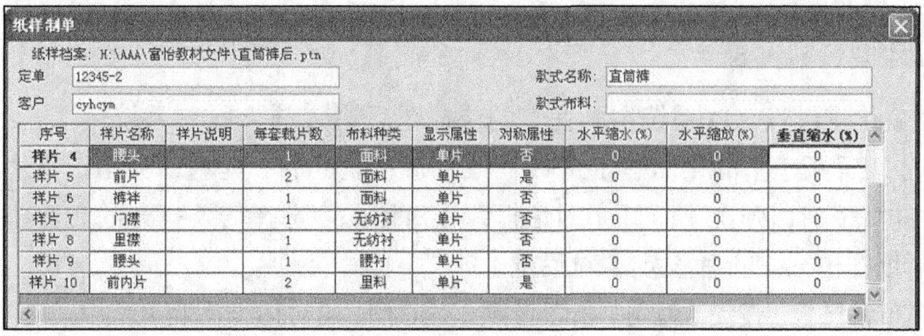

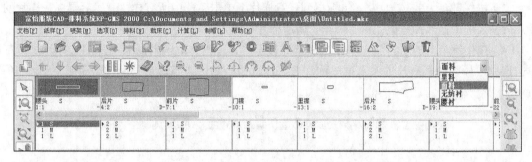

图 10-25

图 10-26

（6）所有样板排好后，单击【主工具匣】上的【保存】工具 ，弹出【另存唛架文件为】对话框，在对话框中选择文件保存的目标文件夹，输入文件名，单击"保存"按钮，混合分床排料过程结束。

👍 **问题与巩固练习：**

问题 1：在执行自动排料时，为什么会出现少排、漏排等不能将所有的样板全部排下的现象？

问题 2：【唛架设定】对话框中的缩放功能与【纸样制单】对话框中的缩放功能有何区别与联系？

问题 3：排料过程中，在系统的状态条上同步动态显示的排料结果与通过【文档】菜单中的【算料文件】命令得到的算料结果有何差异？

问题 4：为什么在混合排料时选择的款式有的能参与排料，有的却不能？

问题 5：分床排料的前提条件是什么？如何设置？

练习 1：将 4 种排料方式各反复练习 3 遍。

练习 2：将单布号算料过程反复练习 3 遍。

10.2 NAC2000 服装 CAD 系统中的排料

✍ **重点、难点：**

- 布片、号型设定。
- 交互排料。
- 样片调整。

10.2.1　直筒裙单一排料

▋　双击 NAC2000 服装 CAD 系统主画面上的快捷图标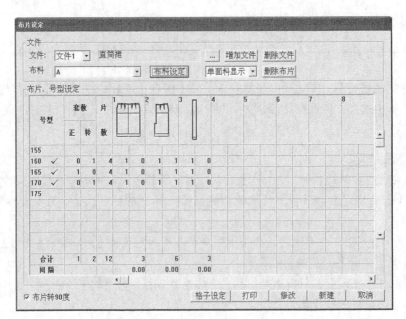，进入排料系统。

（1）单击【工具条】上的【新建】工具□或【布片设定】工具◻，弹出【布片设定】对话框。单击"增加文件"按钮，弹出【打开】对话框，在对话框中选择需要打开的文件"直筒裙"，单击"打开"按钮，纸样进入【布片设定】对话框。

（2）单击"布料设定"按钮，弹出【布料设定】对话框，在对话框中将布料 A 的幅宽设为 144cm。鼠标在【号型】列表框中不需要排料的号型"155"和"175"上单击，将其去除（再次单击选择）。

（3）按住键盘上的 Ctrl 键，鼠标移到任意样片上单击，选中所有样片，然后鼠标在样片的左片片数输入框中输入片数值"1"，回车，所有样片被输入相同的左片片数。

（4）按住键盘上的 Ctrl 键，鼠标在任意样片上右键单击，取消对所有样片的选择。鼠标左键单击选中后片，在其右片数输入框中输片数"1"，回车确认，布片与号型设定完成，如图 10-27所示。

图 10-27

（5）最后单击"新建"按钮，样片进入排料系统的【布片待排区】。

（6）选择【自动排料】菜单中的【自动排料】命令，所有样板会以相同的方式自动排列在【小排料区】和【大排料区】。

（7）鼠标在需要移动调整位置的样片上单击，选中样片，松开鼠标，将样片移到需要摆放的位置后，再单击，完成该样片位置的移动；或选中样片后，按下左键拖放可使纸样自动紧靠排放。同样的方法移动其他需要调整位置的样片，直到达到满意的效果为止。

（8）排料过程中，如果需要旋转或翻转样片，则要将【旋转锁定】按钮⇆和【翻转锁定】按钮＋按起。之后就可通过按 F1 和 F2 键对样片进行翻转处理；通过按 F3、F4、F5、F6、F71 和 F8键对样片进行旋转处理。

（9）如果需要将单块样片放回【布片待排区】中，可在样片选中状态下，按键盘上的 Delete键；选中【排片编辑】下的【全片复归】命令，可将【排料区】的所有样片清空，全部放回【布片待排区】中。

（10）单击【布片待排区】中的样片片数号，可将样片重新移入【排料区】；鼠标按住样片直接拖放，可将样片在【小排料区】与【大排料区】之间相互移动。

（11）最终的排料结果如图 10-28 所示。

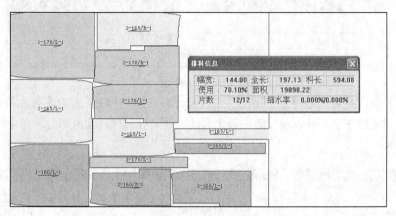

图 10-28

 提个醒：

关于【布片设定】对话框、【布片待排区】、【小排料区】与【大排料区】和排料操作的更多介绍，可参看辅助教学光盘中的相关内容。

10.2.2　直筒裙、直筒裤与男衬衫混合排料

（1）进入排料系统，单击【工具条】上的【布片设定】工具 ，弹出【布片设定】对话框。

（2）单击"布料设定"按钮，弹出【布料设定】对话框，在对话框中将布料 A 的幅宽设为144cm。

（3）单击"增加文件"按钮，弹出【打开】对话框，在对话框中选择需要打开的文件"直筒裙"，单击"打开"按钮，纸样进入【布片设定】对话框，自动生成文件 1。

（4）鼠标在【号型】列表框中不需要排料的号型"155"和"175"上单击，将其去除。

（5）设定直筒裙每块裁片的单件片数。

（6）再次单击"增加文件"按钮，按照与步骤（3）～（5）完全相同的方法，设定直筒裤每块裁片的单件片数。

（7）仍然单击"增加文件"按钮，按照与步骤（3）～（5）完全相同的方法，设定男衬衫每块裁片的单件片数。

3 个文件的【布片设定】对话框如图 10-29 所示。

图 10-29

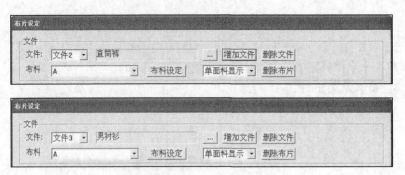

图 10-29（续）

（8）男衬衫设定好以后，单击"新建"按钮，样片进入排料系统的【布片待排区】，【工具条】上会显示设定的 3 个文件，单击选中一个文件，其对应的样片会全部显示在【布片待排区】，如图 10-30 所示。

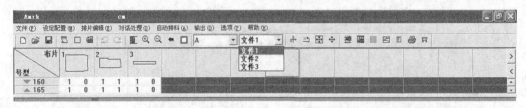

图 10-30

（9）选中【自动排料】菜单中的【自动排料】命令，所有样板会以相同的方式自动排列在【小排料区】和【大排料区】。

（10）然后通过手动的方式移动摆放样板，直到达到满意的效果。单击【保存文件】工具，在弹出的【另存为】对话框中输入文件名，单击"保存"按钮，混合排料全过程结束。

提个醒：

3 个文件也可以各自分床排料，以不同的文件名保存即可。只是在排料时只能采取手动的方式，不能采用全自动排料的方式。

10.2.3 男衬衫分床排料

（1）在推板系统中打开男衬衫文件，选中【编辑】菜单中的【面料设定】命令，弹出【面料设定】对话框，如图 10-31（1）所示。

（2）在对话框中选择【面料 1】，鼠标单击需要采用面料 1 的衣片；再选择【面料 2】，鼠标单击需要采用面料 2 的衣片；依此类推，所有衣片的面料属性设置好后单击"关闭"按钮即可。

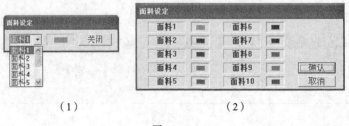

（1）　　　　　　　　（2）

图 10-31

操作提示：

① 一次只能设置一块衣片。

② 该【面料设定】对话框与在主画面上双击【面料设定】快捷图标后弹出的【面料设定】对话框是一致的，如图 10-31（2）所示。

（3）单击【文件保存】工具 ，保存文件，选中【文件】菜单中的【返回排料】命令，进入排料系统。

（4）单击【工具条】上的【布片设定】工具 ，弹出【布片设定】对话框，选择布料的显示方式为"全面料显示"，在推板系统中设定不同面料属性的样板会以不同的颜色显示，如图 10-32 所示。推板系统中设定的"面料 1"对应【布片设定】对话框中的"布料 A"，"面料 2"对应"布料 B"，"面料 3"对应"布料 C"，依此类推，共有 10 种面料可对应。

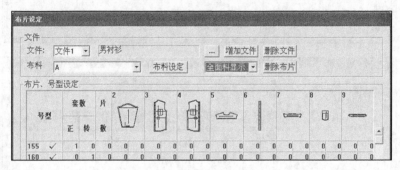

图 10-32

（5）选择布料的显示方式为"单面料显示"，【布片设定】对话框只显示隶属面料 A 的所有布片，鼠标在【号型】列表框中不需要排料的号型"155"和"175"上单击，将其去除。再设定隶属面料 A 的每块布片的单件片数。

（6）选择布料的类型为 B，【布片设定】对话框只显示隶属面料 B 的所有布片，按照与步骤（5）同的方法，完成号型与每块布片的单件片数设置。

（7）按照与步骤（6）相同的方法，完成隶属面料 C 和面料 D 的号型与每块布片的单件片数设置。全部设定好了以后，单击"新建"按钮，回到排料系统，在【工具条】上单击选中一种面料，其对应的样片会全部显示在【布片待排区】。

（8）选择一种面料，选择【自动排料】菜单中的【自动排料】命令，隶属该面料的所有样板会以相同的方式自动排列在排料区，之后进行手动调节，直到达到满意效果为止。同样的方法完成隶属其他 3 种面料的样板的各自分床排料。分床排料如图 10-33 所示。

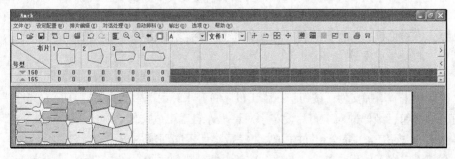

图 10-33

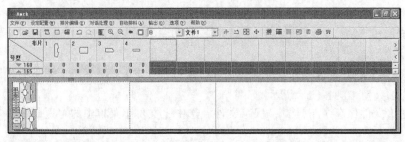

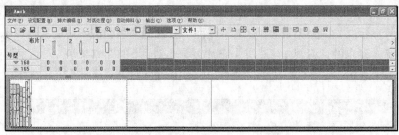

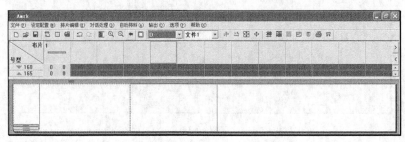

图 10-33（续）

（9）单击【保存文件】工具 ，在弹出的【另存为】对话框中输入文件名，单击"保存"按钮，男衬衫分床排料全过程结束。

10.2.4　直筒裙与直筒裤混合分床排料

（1）在推板系统中，按照与男衬衫分床排料相同的设定方法，完成直筒裙与直筒裤的面料设定。

（2）单击【文件保存】工具 ，保存文件，选择【文件】菜单中的【返回排料】命令，进入排料系统。

操作提示：

直筒裙与直筒裤采用相同面料的样板，其在面料设定时面料的类型要相同。

（3）单击【布片设定】工具 ，弹出【布片设定】对话框，单击"增加文件"按钮，弹出【打开】对话框，在对话框中选择需要打开的文件"直筒裙"，单击"打开"按钮，纸样进入【布片设定】对话框，自动生成文件 1。

（4）按照与男衬衫分床排料相同的设定方法，完成隶属不同面料的布片的设定。

（5）再次单击"增加文件"按钮，在弹出的【打开】对话框中选择需要打开的文件"直筒裤"，单击"打开"按钮，纸样进入【布片设定】对话框，自动生成文件 2。

（6）按照与步骤（4）完全相同的方法，完成隶属不同面料的布片的设定。

（7）全部设定好了以后，单击"新建"按钮，回到排料系统，在【工具条】上单击选中一种面料，其对应的样片会全部显示在【布片待排区】。

（8）接下来的排料过程和方法与男衬衫分床排料完全相同。

（9）单击【保存文件】工具，在弹出的【另存为】对话框中输入文件名，单击"保存"按钮，直筒裙与直筒裤混合分床排料全过程结束。

 问题与练习：

问题 1：在【布片设定】对话框中，是如何一次性全部选中或取消选中所有布片的？

问题 2：主画面、推板系统和排料系统中的面料设定是如何对应的？

练习：将 4 种排料方式各反复练习 3 遍。

小结：

本章介绍了 4 种排料方式在两套系统中的具体操作流程和方法，其中排料设定是重点，也是关键。

第11章 纸样输入与输出

 学习提示：

这一章将详细介绍富怡服装 CAD 系统和 NAC2000 服装 CAD 系统纸样输入、输出的具体流程和方法。为达到熟悉流程、了解方法、掌握技巧的目的，本章将以典型范例为依托，以实际设备为载体，结合软件的具体环境和要求，全面介绍纸样输入、输出的操作流程和方法。

纸样的输入与输出是实践性很强的工作，涉及的知识和内容较多，出现的问题和症状也千奇百怪，一定要多实践、多操作、多尝试、多思考、多总结，只有这样才能熟练掌握。

如果手边现在还没有这些设备，不妨将这一章好好看一看，先做一个准备；如果现在正在操作它们，那就太好了！

目前，在国内服装企业，手工打板、计算机放码的方式依然很普遍，这就使得纸样输入成为一项必不可少的工作。计算机打板只是将手工制板的方式转移到计算机上，并不能直接生成用于工业生产的纸样，要得到用于实际生产的纸样，就必须输出。在现代服装企业，用于纸样输入的设备主要是数字化仪，而用于纸样或排料图输出的设备主要是绘图机。

富怡服装 CAD 系统中的纸样输入与输出

富怡服装 CAD 系统的纸样输入是在设计与放码系统中进行的，纸样输出也是在设计与放码系统中进行的，排料图则是在排料系统中输出。

　重点、难点：

- 数字化仪设置的流程和方法。
- 基本纸样的读入。
- 绘图机设置的流程和方法。
- 纸样或排料图的输出。

11.1.1　纸样输入

1．数字化仪设置

（1）选择设备与设置端口

① 在富怡服装 CAD 设计与放码系统中选择【文档】菜单中的【数化板设置】命令，弹出【数化板设置】对话框。

② 鼠标单击【数化板选择】选择框右侧的下拉按钮，在弹出的下拉菜单中选择所连接的数字化仪的名称，这里仍然选择的是 Numonics 读图板；再单击【数化板幅面】选择框右侧的下拉按钮，选择数化板的幅面宽度，一般在服装企业常用的是 A0 幅面；然后单击【端口】选择框右侧的下拉按钮，选择数化板在计算机上的连接口，通常选择 COM1 端口。

（2）按键设置

鼠标单击【按键】选择框右侧的下拉按钮，先选择 "1 键"，【功能】选择框中会自动出现该键的功能，如果希望该键执行其他功能，则打开【功能】选择框中的下拉菜单，选择一种功能即可。【按键】选择框中定义了 16 个按键，【功能】选择框则有与之相对应的 16 项功能。

如果不想修改软件的默认设置，只需将【选择缺省的按键功能设置】选项勾选即可。建议采用这种方式。

通常情况下只需设置这两项即可。单击"确定"按钮，完成设置。

系统缺省的按键功能设置如图 11-1 所示。

2．数字化仪输入说明

（1）游标的使用方法

在确保数字化仪正常工作（绿色指示灯亮）并与软件有效连接的情况下，将游标定位器的 " + "字准星与需要输入的轮廓线对齐，按下按键进行输入。

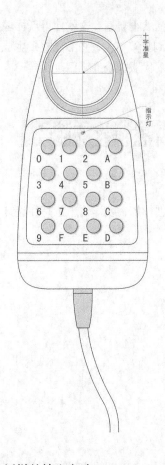

0 按键——圆。

1 按键——直线放码点。

2 按键——闭合/完成。

3 按键——剪口点。

4 按键——非放码/弧线点。

5 按键——尖褶点。

6 按键——钻孔点。

7 按键——放码/弧线点。

8 按键——剪开线。

9 按键——眼位。

A 按键——非放码/直线点。

B 按键——扣位。

C 按键——复原。

D 按键——布纹线。

E 按键——放码。

F 按键——辅助功能。

图 11-1

（2）纸样的输入方法

① 输入布纹线——按Ⓓ按键输入布纹线的起点与终点。

② 直线——在起点和终点按①按键。

③ 连续直线——按①按键指示各点。

④ 曲线——按①按键指示曲线端点，按④按键依次指示曲线上中间各点，按①按键指示曲线终点。

⑤ 输入剪口——剪口可依附在直线放码点、弧线放码点、非放码直线点和非放码弧线点上，读图时先按①、⑦、Ⓐ或④按键，之后再按③按键即可；也可以单独读入，但必须在轮廓线输入结束后才可以。

⑥ 输入不闭合的纸样辅助线——按下【读纸样】对话框中的【读不闭合的纸样辅助线】工具按钮▨，按照与读轮廓线相同的方法读入。

⑦ 输入闭合的辅助线——按下【读纸样】对话框中的【读闭合的纸样辅助线】工具按钮▨，按照与读轮廓线相同的方法读入。

⑧ 输入放码网状图—— 先将基础码衣片外轮廓线输入完毕，然后在【读纸样】对话框中按下【读放码网状图】工具按钮▨，用游标按键①输入基码纸样的某一放码点，再用按键Ⓔ按从小到大的顺序读入与该点相对应的其他各码的点，基码除外。

⑨ 消除——当纸样读入错误时，按Ⓒ按键依次向前返回，可多次撤销。

⑩ 纸样闭合—— 按②按键，闭合纸样，完成一块纸样轮廓的输入。

⑪ 重读纸样——如果前一块纸样输入有误，单击【重读纸样】按钮，将这一纸样重新读一遍。

⑫ 读下一块纸样——一块纸样读完后，单击【读新纸样】按钮，读下一块纸样。

⑬ 结束——所有纸样读完后，单击【结束读样】按钮，结束数字化仪输入。

3. 纸样输入具体操作实例

（1）基本纸样输入

① 用胶带把准备好的纸样贴在数字化仪的面板上（如果是带塑料盖板的，纸样放好后，盖下盖板即可，不需要用胶带贴），纸样可以以任何方向放置。

② 鼠标单击设计与放码系统【快捷工具栏】上的【读纸样】工具，或者直接按键盘上的 F11键，弹出【读纸样】对话框。

③ 在对话框中选择剪口类型（软件默认是 **T** 型剪口），按下【读轮廓线】工具按钮（软件默认该按钮为按下状态），然后开始读图。

 提个醒：

【读纸样】对话框中有 4 个工具按钮，分别控制 4 种不同的读图类型：其中工具按钮按下表示读轮廓线；工具按钮按下表示读不闭合的纸样辅助线；工具按钮按下表示读闭合的纸样辅助线；工具按钮按下表示读放码网状图。

④ 先读样板的外轮廓，将游标的十字准星对齐需要输入的轮廓线上的点，按照顺时针的顺序依次读入。读图时，要先从直线放码点开始，具体过程如图 11-2 所示。

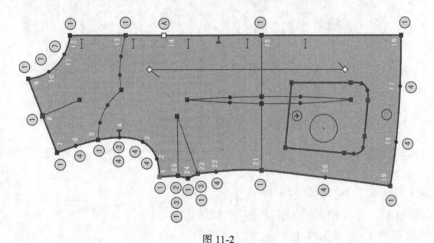

图 11-2

❶ 在图 11-2 所示样板的轮廓线上共设置了 25 个读入点，并按照读图的先后顺序依次编号。读图时先从 1 号点（红色点）开始，在该点上按下游标的①键，移动游标到 2 号点按下④键，然后到 3 号点按下④键……一直到 25 号点上先按①键，再按③键，最后按②键，外轮廓线读入完成。

❷ 在图 11-2 中，1、5、7、8、9、12、11、15、16、19、21、23、24、25 号点都为直线放码点，按①键，其中 23、25 号点上打了剪口，按了①键后，还要再按③键；2、3、4、6、17、18、20、22 号点都为非放码弧线点，按④键，其中 4 号点上打了剪口，按了④键后，还要再按③键；14 号点为非放码直线点，按④键；11 号点为放码弧线点，按⑦键（正常情况下，11 号点为非放码弧线点，按④键，考虑到介绍按键功能的需要，这里将其设定为放码弧线点）。

❸ 8 号点如果不给放码量，则可将其设定为非放码直线点，按④键。

❹ 23、24、25 号点是多性质的点，可以是直线放码点，按①键；可以是非放码直线点，按Ⓐ键；也可以是放码弧线点，按⑦键；还可以是非放码弧线点，按④键。总之，要视这几点的性质而定。

⑤ 再读入布纹线，在 26、27 号点上按Ⓓ键；读入前中线上的剪口，在 28 号点上按③键。

⑥ 然后读入前门襟的扣眼位置，依次在 29、30、31、32、33、34、35、36、37、38 号点上按⑨键。

⑦ 接下来读入纽扣位，在 39 号点上按Ⓑ键，会出现"⊙⊙"形的纽扣标记；读入圆，先在 40 号点上按⓪键读入圆心，然后在作为圆周上任意一点的 41 号点上按⓪键，圆自动生成；读入打孔位置，在 42 号点上按⑥键。

⑧ 再往下读入尖褶，依次在 43、44 号点上按⑤键，系统会自动完成尖褶的输入。

⑨ 继续往下读入肩斜的剪开线，依次在 45、46 号点上按⑧键即可（注意：在读入轮廓线时，45 号点必须先设为直线放码点，按①键，只有这样，完成轮廓线之后才可以在该位置读入剪开线）。

步骤⑤～步骤 9 的操作如图 11-3 所示。

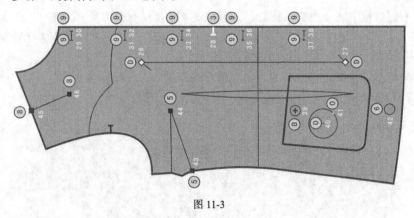

图 11-3

 小贴士：

尖褶也叫尖省，服装 CAD 系统中的尖褶是由 4 个点构成的：褶宽的两个端点、两端点的中间点和褶尖点，如图 11-4 所示。

⑩ 按下【读纸样】对话框中的【读不闭合的纸样辅助线】工具按钮▨，【读轮廓线】工具按钮◠会自动按起。游标在 47 号点上按①键，在 48 号点上按④键……最后在 53 号点上按①键，再按②键，完成前片育克线

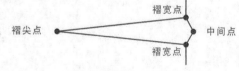

图 11-4

的读入；在 54 号点上按①键，在 55 号点上按①键，再按②键，完成前片腰线的读入。

⑪ 按下【读纸样】对话框中的【读闭合的纸样辅助线】工具按钮▨，【读不闭合的纸样辅助线】工具按钮▨会自动按起。游标在 56 号点上按①键，在 57 号点上按④键……最后在 63 号点上按④键，再按②键，完成前片腰省的读入；在 64 号点上按①键，在 65 号点上按①键……最后在 73 号点上按①键，再按②键，完成前片贴袋的读入。

步骤⑩～步骤⑪的操作如图 11-5 所示。至此，第一块样板的读入操作完成。

⑫ 单击【读纸样】对话框中的【读新纸样】按钮，同样的方法，进行第二块纸样的读入，完成后在再单击【读新纸样】按钮，读第三块……直到所有纸样都读完。

⑬ 所有纸样都输入完成后，单击【结束读样】按钮，结束描板。

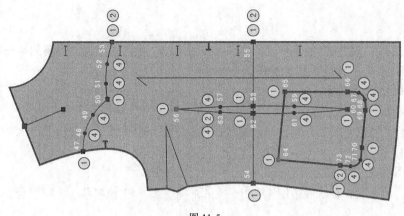

图 11-5

🔔　提个醒：

❶ 读纸样时，必须首先读轮廓线，之后再读其他的内容，如剪口、布纹线、纽扣、辅助线等，这些内容在读的时候没有先后顺序。

❷ 当纸样读入错误时，可按ⓒ按键依次向前返回。

❸ 如果前一块纸样输入有误，可单击【重读纸样】按钮，将这一纸样重新读一遍。

（2）网状图输入

① 将各码纸样按从小到大的顺序，以某一边为基准，整齐地交叠在一起，并将其固定在数字化仪面板上。

② 选中设计与放码系统中【号型】菜单中的【号型编辑】命令，在弹出的【设置号型规格表】对话框中对纸样的号型进行编辑，要求编辑的号型数量与读入的放码网状图的号型数量一致。

③ 按读图的规则先读入基码纸样，然后在【读纸样】对话框中按下【读放码网状图】工具按钮🔲，或使用 F 键切换。

④ 用游标按键①输入基码纸样的某一放码点，再用按键Ｅ按从小到大的顺序读入与该点相对应的其他各码的点，基码除外。

⑤ 参照此法，输入各码其他放码点；最后一点回到起点位置，如图 11-6 所示。

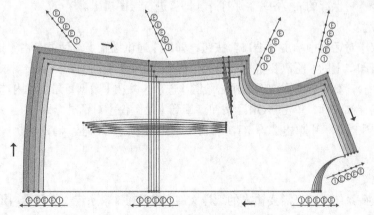

图 11-6

⑥ 显示放码表，按纸样的放码点，放码表中可显示该点的放码量。

提个醒：

图 11-6 所示的红色点为基础码的轮廓点，读图时按①键，黑色点为各码的放码网格点，读图时按Ⓔ键，整个一组点的读入按键顺序是由内向外①ⒺⒺⒺⒺ。

（3）超大范围纸样的输入

当纸样太大，超过数字化仪的读图范围时，可采用以下步骤将纸样输入。

① 在纸样上画临时的"分割"线，把大纸样分割成几个小纸样。在每个小纸样上画上与大纸样相同的纱向。

② 按读图规则分别将各小纸样读入。

③ 各纸样输入后，在软件中用【合并两个纸样】工具▓按钮将各小纸样拼合成大纸样。

11.1.2 纸样输出

1. 绘图机设置

（1）选择设备、设置输出方式。

① 确保绘图机与计算机正确连接并准备就绪、驱动程序正确安装的情况下，在富怡服装 CAD 设计与放码系统中单击【快捷工具栏】上的【纸样绘图】工具按钮▣，弹出【绘图】对话框。

② 鼠标单击"设置"按钮，弹出【绘图仪】对话框。

③ 在对话框中根据绘图要求确定是否勾选【使用轮廓字】和【每页暂停】，【优化绘图顺序】选项必须勾选，这样才能选择绘图质量的等级；单击【当前绘图仪】选择框右侧的下拉按钮，选择"HP DesignJet430"绘图机，【纸张大小】选择框中会自动显示与之相匹配的纸张类型。

如果所装入的纸张与默认纸张不一致，可在【纸张大小】选择框中选择"自定义"。在对话框中填入纸的长、宽，单击"确定"按钮，回到【绘图仪】对话框，自定义的纸长宽会在【纸张大小】选择框中显示出来。

④ 如果将【输出到文件】复选框选中，再单击"浏览"按钮，会弹出【输出文件名】对话框，可将文件只以"plt"格式保存，但不输出。如果需要将保存的 plt 格式文件输出，可在软件安装的根目录下找到可执行文件▣，双击该图标即可打开【绘图中心】对话框。选择【绘图】菜单中的【打开】命令，将保存的 plt 格式文件打开，即可进行绘图输出。

（2）端口设置。

在【绘图仪】对话框中单击"端口"按钮，弹出【通讯设置】对话框。由于 HP DesignJet430 绘图机是连在打印口上的，所以要将端口设为"LPT1"。如果使用的是网络绘图仪，且当前绘图仪连接的是另外一台计算机，则需勾选【网络绘图】选项，并在【数据目录】栏内选择当前绘图仪所连接计算机的路径和名称，单击"OK"按钮，回到【绘图仪】对话框。

在【绘图仪】对话框中单击"确定"按钮，回到【绘图】对话框，将对话框关闭，绘图机设置完成。

2. 样板绘图

在设计与放码系统中打开需要输出的纸样文件，或者在排料系统中打开排料图，鼠标单击【纸样绘图】工具按钮▣，在弹出的【绘图】对话框中设定绘图尺寸，单击"确定"按钮，会弹出【绘图中心】窗口，显示数据传输进度，数据传输完成即执行绘图，如图 11-7 所示。

提个醒：

　　绘图仪在绘制纸样时出现误差是常有的现象，因此所有的服装 CAD 软件都有绘图机校正功能。一般情况下，绘图仪在第一次使用的时候，或者搬运过后都需要校正。

　　在富怡服装 CAD 系统中，第一次使用绘图机的时候也需要进行绘图仪误差修正，具体方法如下。

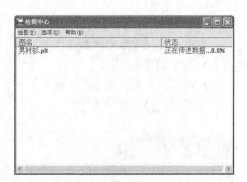

图 11-7

　　❶ 先绘制一块 110cm×110cm 的纸样，将其输出，用尺子测出其长宽的实际尺寸；

　　❷ 在【绘图仪】对话框中单击"误差修正"按钮，弹出【密码】对话框，如图 11-8 所示（在此处设置密码是为了防止其他非工作人员乱改绘图仪设置，而造成绘图数据出错。若需修正绘图仪最好由专业技术人员操作）。输入密码"56789"，单击"OK"按钮，弹出【绘图误差修正】对话框，如图 11-9 所示。

图 11-8

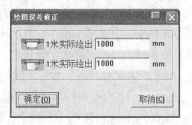

图 11-9

　　❸ 在【1 米实际绘出】输入框中填入实测的长宽尺寸，单击"确定"按钮即可。

小贴士：

　　多数服装 CAD 软件都自带【绘图中心】，用以控制纸样或排料图的输出。但不同的服装 CAD 系统，其【绘图中心】的功能不尽相同。例如，NCA2000 服装 CAD 系统，其【绘图中心】只支持输出从该系统传输的文件，而富怡服装 CAD 系统的【绘图中心】则是一个相对独立的模块，只要是 PLT 格式的文件，都可以在该中心输出。其输出过程如下。

　　❶ 双击【绘图中心】快捷图标 ，打开【绘图中心】窗口。

　　❷ 选择【选项】菜单中的【通讯设置】命令，弹出【通讯设置】对话框，在对话框中进行相关设置后单击"确定"按钮，回到【绘图中心】窗口。

　　❸ 选择【绘图】菜单中的【打开】命令，在弹出的【打开】对话框中选择 PLT 格式的文件，将其打开，即可执行绘图。

　　另外，现代的服装 CAD 硬件供应商，其生产的绘图机一般都自带【绘图中心】。如服装大师绘图机，其【绘图输出控制中心】不仅支持 PLT 格式文件的输出，也支持 DXF 格式文件的输出。

11.2 NAC2000 服装 CAD 系统中的纸样输入与输出

　　NAC2000 服装 CAD 系统的纸样输入可在打板系统中进行，也可以在推板系统中进行，如果是放码网状图的输入，则必须在推板系统中进行；纸样输出是在输出系统中进行，排料图则是在排料系统中输出。

重点、难点：

- 数字化仪设置的流程和方法。
- 基本纸样的读入。
- 绘图机设置的流程和方法。
- 纸样或排料图的输出。

11.2.1 纸样输入

1. 数字化仪设置

（1）选择设备。

① 确保数字化仪与计算机正确连接并准备就绪的情况下，在 NAC2000 服装 CAD 系统的安装路径 C:\NAC2000 下找到文件 DevSet.exe，双击该文件的快捷图标 ，弹出【DevSet】对话框，在对话框中输入密码 "1234"，进入【DevSet】对话框。

② 选择【Input Device】选项卡，在下方的【Existent Device】列表中选择所连接的数字化仪的名称。如果列表中没有列出所连接的数字化仪的名称，可在【New Device Name】输入框中填入新增的数字化仪名称，单击 "Add Device" 按钮，就可以将新数字化仪添加到【Existent Device】列表中。

系统【Existent Device】列表中列出的数字化仪（读图板）有以下几种：Dig、Summagraphics、Calcomp、Hipo、DecoSystem，本书在写作时采用的是 Numonics 数字化仪，不在系统所列的范围内，因此需要添加。

（2）端口设置。

单击 "Port Setup" 按钮，弹出【Port setup】对话框，在对话框进行相关设置，如图 11-10 所示，然后单击 "OK" 按钮。在一般情况只改【Port】，即串行口选项，多数时候是选择 COM1。

 教师指导：

对于端口的设置与连接，不同的服装 CAD 系统会略有差异。例如，在 Optitex 服装 CAD 系统中，其端口设置与连接的方式如图 11-11 所示，而且这种方式必须与 Windows 操作系统设备管理器中的通讯连接端口一致。

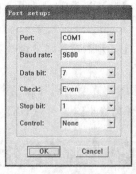

图 11-10

图 11-11

（3）测试按键。

在确保数字化仪正常连接的情况下，单击 "Botton Test" 按钮，弹出测试对话框，在对话框中单击 "Start" 按钮，⓪键变红闪烁，如图 11-12 所示；在数字化仪上按下游标的 "0" 键，①键变红闪烁；

在数字化仪上按下游标的"1"键，[2]键变红闪烁。依此类推，直到[F]键变红闪烁，如图 11-13 所示。在数字化仪上按下游标的"F"键，完成测试，最后单击"OK"按钮，保存并退出测试。

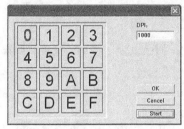

图 11-12

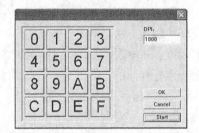

图 11-13

（4）设置各键功能。

单击"Botton Func"按钮，弹出【内部线】对话框，在对话框进行相关设置，然后单击"确定"按钮。注意各键功能可以自定义，但不可一键多用。

所有设置完成后回到【DevSet】对话框，单击"OK"按钮即可。

2. 数字化仪输入说明

（1）游标定位器按键功能介绍。

游标定位器（简称游标）外观如图 11-14 所示，每个按键的具体功能如下所示。

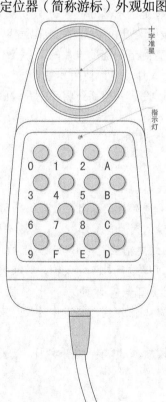

0 按键——删除最后输入的衣片。

1 按键——端点、确定领域的对角两点。

2 按键——曲线点。

3 按键——刀口。

4 按键——纱向（纱向两端）。

5 按键——标记（打孔，记号）。

6 按键——任意方向刀口（方向点）。

7 按键——网状图基础点。

8 按键——网状图放码点。

9 按键——内部线端点（与其他端点重叠）。

A 按键——滚动输入画面。

B 按键——内部线的端点（落在其他线上）。

C 按键——终止当前要素。

D 按键——回退。

E 按键——输入结束。

F 按键——衣片闭合。

图 11-14

（2）游标的使用方法。

在确保数字化仪正常工作（绿色指示灯亮）并与软件有效连接的情况下，将游标定位器的"+"字准星与需要输入的轮廓线对齐，按下按键进行输入。

（3）纸样的输入方法。

① 输入纱向——按④按键输入纱向的始点与终点（如已设定了纱向的长度，则第一点是纱向的始点，第二点是纱向的方向）。

② 直线——在起点和终点按①按键。

③ 连续直线——按①按键指示各点。

④ 曲线——按①按键指示曲线端点，按②按键依次指示曲线上中间各点（到第十五点自动结束），按①按键指示曲线终点。

⑤ 输入对刀——如果在直线上输入，先按①按键输入直线端点，按③按键指示对刀的位置，再按①按键指示终点；如果在曲线上输入，按①按键指示曲线始点，在要素与对刀的交叉点上按③按键，其余位置按②按键，按①按键指示终点。

⑥ 输入内线——按⑨按键或Ⓑ按键输入内部线的端点，与其他端点重叠时使用⑨按键，投影在其他线上时使用Ⓑ按键，曲线中间点及刀口的输入方法同外周上的方法用②按键和③按键，内部线结束使用Ⓒ按键。

⑦ 输入网状图——先将衣片外轮廓线输入完毕，按⑦按键指示基础板上的放码点，按⑧按键指示放完码后的点即可（须在推板系统中操作，注意号型设置与推板系统中的放码号型要一致）。

⑧ 消除——当输入错误时，按Ⓓ按键依次向前返回，直到退回当前衣片的第一点（在使用了Ⓒ按键或Ⓕ按键后，不可用Ⓓ按键回退）。如果要删除整个衣片，可以使用Ⓞ按键。

⑨ 移动画面——当数字化仪一个幅面的样板输入完后，按Ⓐ按键系统将移动一幅画面，可以继续在新的位置输入样板。

⑩ 纸样闭合——按Ⓕ按键，闭合纸样，完成一块纸样轮廓的输入。

⑪ 结束——按Ⓔ按键，结束数字化仪输入。

注意：

❶ 用数字化仪输入纸样时，建议先关闭其他所有程序；用游标读点时，最好不要动鼠标。

❷ 曲度小的曲线，输入时点距要大；曲度大的曲线，输入时点距要小。

❸ 一条曲线上的点数最多不能超过 15 个，在输入长曲线之前应先考虑好输入点的位置。

❹ 在打板系统与推板系统中（建议在推板系统中）都可以进行数字化仪输入，在推板系统中输入网状图时，必须预先设置展开号型，输入后单击【展开】工具🔒即可。

❺ 不管数字化仪面板上的纸样是水平摆放还是垂直摆放，输入到系统工作区，结束描板后，所有样板统一被调整为丝向线呈垂直状态摆放（软件）。

❻ 纸样输入时，默认的设置是样板丝向线呈垂直状态摆放，刀口为"**T**"字形，记号点为"**+**"字形。当然，这些设置可根据自己的习惯做相应修改。

3. 纸样输入具体操作实例

（1）基本纸样输入。

① 选择推板系统中【数字化仪输入】菜单命令下的【衣片输入】命令，或者是打板系统中【文件】菜单的【数字化仪输入】菜单命令下的【布片输入】命令，鼠标在工作区的任意位置▼1 处（建议在屏幕的左下角）单击指示输入窗口的坐标原点，如图 11-15 所示。

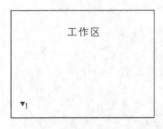

图 11-15　　　　　　　　　　　　　　　　　　　图 11-16

② 移动游标，在数字化仪面板上按游标定位器的①键指示数字化仪上的对角领域 2 点，如图 11-16 所示，然后开始描板。

③ 按游标定位器的④键输入衣片内纱向 2 点，再按照顺时针的顺序输入纸样轮廓，按⑤键将其闭合，然后依次输入衣片的其他要素，具体如图 11-17 所示。

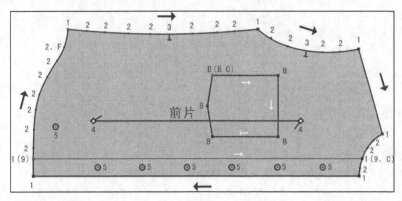

图 11-17

⚠ 注意：

图 11-17 中的数字或字母代表在样板的这一位置按游标上相应的按键；红色点代表描板的起点；箭头代表描板的方向。

描板的具体过程如下：

❶ 先读入纱向线的两个端点：

④④

❷ 再读入轮廓线上的点：

①②②②②③②②②①①②②②③②②①①②②②②①②①①①②②②②②②②②Ⓕ

❸ 然后读入门襟压线：

⑨⑨Ⓒ

❹ 接下来读入贴袋位置：

ⒷⒷⒷⒷⒷⒷⒸ

如果只需要贴袋转折角部位的关键点，可将其以钻孔的方式读入，其方式为

⑤⑤⑤⑤⑤

❺ 再往下读入 6 个纽扣位置：

⑤⑤⑤⑤⑤⑤

❻ 最后按⑤按键读入钻孔位置，一块纸样输入结束。

④ 一块纸样输入结束后，再按照与步骤③相同的方法输入第二块纸样，如图 11-18 所示。

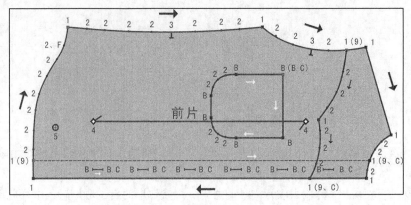

图 11-18

 提个醒：

❶ 前育克线的读入方法是：

⑨②②②①②②②⑨Ⓒ

❷ 前胸贴袋的读入方法是：

ⒷⒷⒷ②②②ⒷⒷ②②②ⒷⒷⒸ

❸6 个扣眼的读入方法是：

ⒷⒷⒸ　ⒷⒷⒸ　ⒷⒷⒸ　ⒷⒷⒸ　ⒷⒷⒸ　ⒷⒷⒸ

❹ 其他部位的读入与图 11-17 相同。

⑤ 仍按照与步骤③相同的方法输入第三块纸样，如图 11-19 所示。

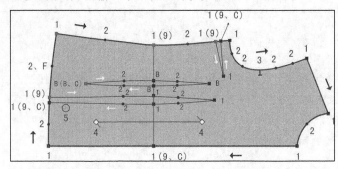

图 11-19

 提个醒：

❶ 前下摆开口省的读入方法是：

⑨②①②①②①②⑨Ⓒ

❷ 前枣核省的读入方法是：

Ⓑ②Ⓑ②Ⓑ②Ⓑ②ⒷⒸ

如果只需要点位，前枣核省的关键点也可以以钻孔的方式读入。

❸ 前腋下省的读入方法是：

⑨①⑨Ⓒ

❹ 其他部位的读入与图 11-17 相同。

⑥ 仍按照与步骤③相同的方法输入第四块纸样，如图 11-20 所示。

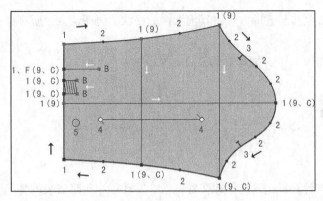

图 11-20

🔔 提个醒：

❶ 袖中线、袖肥线、袖肘线的读入方法都是：

⑨⑨Ⓒ

❷ 袖开衩、袖口祯位的读入方法都是：

Ⓑ⑨Ⓒ

❸其他部位的读入与图 11-17 相同。

⑦ 一组纸样输入结束后，按Ⓐ键左移工作区屏幕，再输入另一组衣片。

⑧ 所有纸样都输入结束后，按Ⓔ键结束描板。

（2）网状图输入。

① 在推板系统中选择【展开】菜单中的【选择要放码的衣号】命令，弹出【选择要放码的衣号】对话框，在对话框中勾选要推板的号型（勾选时，从基础码开始，按照从小到大、从上往下选择，选择的推板号型的个数要与读入的样板的号型数量要完全一样），单击"确定"按钮。

② 按照与"基本纸样输入"相同的方法，完成网状图基础码的轮廓和样板内其他要素的输入。

③ 在基础码的轮廓点（图 11-21 所示的红色点）上按⑦按键指示基点，然后按照由内向外、从小号到大号的原则依次在对应的放码点（图 11-21 所示的黑色点）上按⑧按键指示网格点，即⑦⑧⑧⑧⑧，如图 11-21 所示。一组点读完后再读下一组，直到所有放码点全部读完。

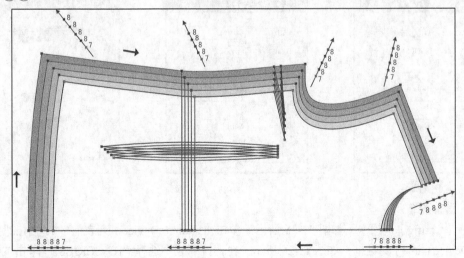

图 11-21

④ 按照从步骤②到步骤③的方法将其他纸样的网状放码图读入，所有样板全部读完后，按 Ⓔ 按键结束描板。

⑤ 单击【展开】工具 ，即可看到放码效果。

11.2.2 纸样输出

1. 绘图机设置

（1）选择设备。

① 确保绘图机与计算机正确连接并准备就绪、驱动程序正确安装的情况下，在 NAC2000 服装 CAD 系统的安装路径 C:\NAC2000 下找到文件 DevSet.exe，双击该文件的快捷图标 ，弹出【DevSet】对话框，在对话框中输入密码"1234"，进入【DevSet】对话框。

② 选择【Output Device】选项卡，在下方的【Existent Device】列表中选择所连接的绘图机的名称。如果列表中没有列出所连接的绘图机的名称，可在【New Device Name】输入框中填入新增的绘图机名称，单击"Add Device"按钮，就可以将新绘图机添加到【Existent Device】列表中。

本书在写作时采用的是 HP-DesignJet 430 绘图机，在系统所列的范围内，选择的时候，只要选"HP-SERIES"即可。

（2）端口设置。

单击"Port Setup"按钮，弹出【Port setup】对话框，在对话框进行相关设置，如图 11-22 所示。通常情况下，绘图机连接在计算机的打印接口上，因此其【Port】设置一般为 LPT1。也有绘图机是 COM 接口的，则其【Port】设置一般为 COM1，如图 11-23 所示。

（3）指令设置。

单击"Command"按钮，弹出【设备名：HP-SERIES】对话框，在对话框进行相关设置。

（4）坐标设置。

单击"Coord"按钮，弹出【Coordinate】对话框，在对话框中连续单击"Change"按钮，选择坐标方式（共有 8 种方式可供选择），直到出现图 11-24 所示的坐标方式，再单击"OK"按钮即可。

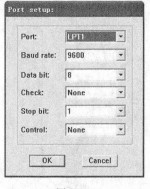

图 11-22

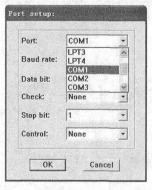

图 11-23

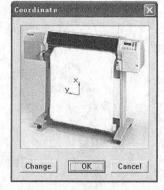

图 11-24

（5）添加设备。

选择【Config】选项卡，如图 11-25 所示。单击【Output Device】列表框下的"Add"按钮，弹出【Device name】对话框，如图 11-26 所示。在下拉列表中选择"HP-SERIES"，单击"OK"按钮，回到图 11-25 所示对话框，设备被添加，并出现在【Output Device】列表框中。

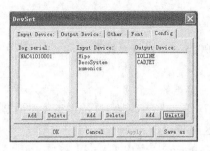

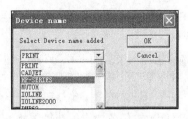

图 11-25　　　　　　　　　　　　　　　　　　　　图 11-26

所有设置完成后单击"OK"按钮即可。

　教师指导：

需要特别提醒的是，添加的绘图机不能编排在【Output Device】列表框中的第一项，否则该绘图机将无法使用。例如，在图 11-25 所示的【Output Device】列表框中，IOLINE 绘图机是排在第一位的，在输出系统的【绘图仪参数设定】对话框的【打印设备】列表框中会采用同样的排列顺序，如图 11-27 所示。

图 11-27

很显然选择第一项 IOLINE 绘图机时，纸张无法设定，所以该设备无效。而选择第二项 CADJET 绘图机或第三项 HP-SERIES 绘图机时，纸张可以设定，因而是有效的，如图 11-28、图 11-29 所示。

图 11-28　　　　　　　　　　　　　　　　　　　　图 11-29

2．样板绘图

（1）进入输出系统，打开需要输出的纸样文件。如果要输出排料图，则进入排料系统，打开排料图文件。

（2）鼠标单击工具条上的【绘图仪设置】工具 ，弹出【绘图仪参数设定】对话框，如图 11-29 所示。在【打印设备】选择框中选择刚添加的"HP-SERIES"绘图仪，在【用纸设定】选择框中选择纸张的类型为"User"，然后在【纸宽】输入栏中填入≤90 的数值，在【纸长】输入栏中根据实际需要填写数值，设置完成后单击"确认"按钮即可。

提个醒：

❶ HP-DesignJet 430 绘图机的最大绘图宽度为 90cm，所以【纸宽】输入栏中填入的数值要小于或等于 90。

❷ 选择纸张的类型为"User"时，用户可自行设定纸的长和宽。

（3）鼠标单击工具条上的【自动排片】工具，弹出【自动排料间隔设定】对话框，输入水平间隔和垂直间隔，单击"确认"按钮，布片选择区的布片全部自动排列到工作区。

（4）鼠标单击任务栏上的快捷图标，如图 11-30 所示，弹出【Adat】窗口。

单击该图标

图 11-30

如果任务栏上没有快捷图标，可打开 Windows 系统的【开始】菜单，在【所有程序】下的【启动】菜单中单击【PlotterCentre】命令，将其打开。

（5）鼠标单击【Adat】窗口中的【Select Plotter】工具，弹出【选择绘图仪】对话框。

（6）鼠标在【输出设备列表】列表框中单击选中"HP-SERIES"，然后单击"增加"按钮，该设备的名称进入【当前连接的设备】列表框中再单击"确定"按钮，弹出【打印管理】窗口，将该窗口最小化，回到输出系统。

（7）鼠标单击工具条上的【打印】工具，弹出【打印信息-打印】对话框，勾选【立刻打印】选项，填写打印的份数，单击"确认"按钮即可进行绘图。

（8）【打印管理】窗口会显示打印的进度。

 提个醒：

❶ 步骤（1）～步骤（8）是第一次使用绘图机的全过程，再次绘图输出时，只需执行步骤（1）、（2）、（3）和（7）即可。

❷ 要养成一个好习惯。在打印绘图之前，务必检查绘图机的电源是否打开，是否准备就绪以及【打印管理】窗口是否打开。

❸ 第一次使用绘图机的时候需要进行绘图仪校正。在【绘图仪参数设定】对话框中单击"绘图仪校正"按钮，弹出【绘图仪精度校正】对话框，如图 11-31 所示。单击"开始测试"按钮，绘图仪开始自行校正，并绘制出一个矩形。量出矩形的长、宽尺寸，填到弹出的【绘图仪精度校正】对话框的【测试矩形的实际宽度】和【测试矩形的实际高度】输入框中，如图 11-32 所示，单击"确认"按钮，回到【绘图仪参数设定】对话框，单击"确认"按钮即可。

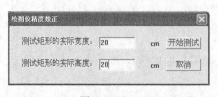

图 11-31

图 11-32

❹【测试矩形的实际宽度】输入框中的数值是 X 方向的值，即纸长方向，【测试矩形的实际高度】输入框中数值是 Y 方向的值，即纸宽方向，如图 11-33 所示。

图 11-33

👍 巩固复习：

不要尝试去记住本章的内容，这完全没有必要！只要在需要参考的时候，将其翻开，寻找有用的帮助，这就足够了。

复习 1：富怡服装 CAD 系统的数字化仪设置主要有哪些内容？

复习 2：富怡服装 CAD 系统的绘图机设置主要有哪些内容？

复习 3：NAC2000 服装 CAD 系统的数字化仪设置主要有哪些内容？

复习 4：NAC2000 服装 CAD 系统的绘图机设置主要有哪些内容？

练习 1：对照书本介绍，将富怡服装 CAD 系统和 NAC2000 服装 CAD 系统数字化仪、绘图机设置的具体流程和方法反复练习 3 遍。

练习 2：对照书本介绍，仔细比照分析富怡服装 CAD 系统和 NAC2000 服装 CAD 系统纸样输入的具体流程和方法的异同。

📝 小结：

本章主要介绍了富怡服装 CAD 系统和 NCA2000 服装 CAD 系统纸样输入、输出的具体流程和方法。重点是数字化仪和绘图机的设置，难点是用数字化仪进行纸样输入，关键在于实践。

参 考 文 献

［1］陈义华. NAC 2000 服装制板实用教程［M］. 北京：人民邮电出版社，2009.

［2］张玲，张辉. 服装 CAD 板型设计［M］. 北京：中国纺织出版社，2004.

［3］王家馨. 服装 CAD 制板基础与案例［M］. 北京：人民邮电出版社，2007

［4］马仲岭. 男装 CAD 制板案例精选［M］. 北京：人民邮电出版社，2008